AMPLIFICADORES OPERACIONAIS E FILTROS ATIVOS

P468a   Pertence Jr, Antonio.
　　　　　Amplificadores operacionais e filtros ativos : eletrônica
　　　　analógica / Antonio Pertence Jr. – 8. ed. – Porto Alegre :
　　　　Bookman, 2015.
　　　　　xvi, 311 p. : il. color. ; 25 cm.

　　　　ISBN 978-85-8260-276-8

　　　　1. Engenharia elétrica - Amplificadores. I. Título.

　　　　　　　　　　　　　　　　　　　　　CDU 621.375

Catalogação na publicação: Poliana Sanchez de Araujo – CRB 10/2094

ANTONIO PERTENCE JR., MSc.

ELETRÔNICA ANALÓGICA
AMPLIFICADORES OPERACIONAIS E FILTROS ATIVOS

8ª EDIÇÃO

Reimpressão 2017

2015

© 2015 Bookman Companhia Editora

Gerente editorial: *Arysinha Jacques Affonso*

Colaboraram nesta edição:

Capa e projeto gráfico: *Paola Manica*

Imagem da capa: *Ermes Sangiorgi/Hemera/Thinkstock*

Editoração: *Techbooks*

Reservados todos os direitos de publicação, em língua portuguesa, à
BOOKMAN EDITORA LTDA., uma empresa do GRUPO A EDUCAÇÃO S.A.
A série Tekne engloba publicações voltadas à educação profissional, e tecnológica.
Av. Jerônimo de Ornelas, 670 – Santana
90040-340 – Porto Alegre – RS
Fone: (51) 3027-7000   Fax: (51) 3027-7070

É proibida a duplicação ou reprodução deste volume, no todo ou em parte, sob quaisquer formas ou por quaisquer meios (eletrônico, mecânico, gravação, fotocópia, distribuição na Web e outros), sem permissão expressa da Editora.

Unidade São Paulo
Av. Embaixador Macedo Soares, 10.735 – Pavilhão 5 – Cond. Espace Center
Vila Anastácio – 05095-035 – São Paulo – SP
Fone: (11) 3665-1100   Fax: (11) 3667-1333

SAC 0800 703-3444 – www.grupoa.com.br

IMPRESSO NO BRASIL
PRINTED IN BRAZIL
Impresso sob demanda na Meta Brasil a pedido de Grupo A Educação.

Autor

Antonio Pertence Júnior, MSc., é engenheiro eletrônico e de telecomunicações pelo IPUC de Minas Gerais, especialista em processamento de sinais pela Ryerson University do Canadá e mestre em engenharia pela UFMG. É membro da Sociedade Brasileira de Matemática (SBM), do Instituto Brasileiro de Inventores (IBI) e da Sociedade Brasileira de Eletromagnetismo (SBMAG). Atualmente é professor do curso de engenharia de telecomunicações da FUMEC (MG) e professor titular da faculdade de Sabará (MG). O autor também é diretor da PECTEL® – Eletrônica, Computação e Telecomunicações.

Colaboradores

Gilberto Mendes, doutor pela UFMG e professor da FEA/FUMEC de Minas Gerais. Também é especialista em processamento de sinais, responsável pelo tutorial de conversores A/D e D/A.

Bernardo Afonseca Bernardes, professor de eletrônica do CETEL/SENAI-MG, que colaborou na criação dos arquivos em Multisim® para as experiências do capítulo 9.

Só quem escreve um livro com seriedade...
Só quem escreve um livro com responsabilidade...
Só quem escreve um livro com experiência de vida...
Sabe o quanto é difícil escrever um livro!

    (APJ)

Para Eneida, Vanessa e Adiene, porque vocês fizeram o motivo e a diferença.

Para minha tia Maria da Piedade Ferreira Pinto (*in memoriam*) pelo muito que me ensinou.

Para minha mãe, Elvira de Assis Martins Pertence, pelo constante carinho e incentivo.

Para Emmanuel, meu filho, uma nova força e uma nova luz em minha vida...

    (APJ)

Agradecimentos

Desejo expressar meu agradecimento a todos que colaboraram comigo neste projeto mas, principalmente, às pessoas listadas abaixo, em ordem alfabética, pois elas participaram de forma especial:

- À equipe do Grupo A, por acreditar na qualidade desta obra.
- A Juarez L. Boari, pela amizade e colaboração.
- A Lindomar C. Silva, pela paciência e senso analítico.
- À Rita de Cássia Oliveira, por ter compreendido meus hieróglifos.
- A Wilson L. M. Leal, ex-diretor industrial da SID Microeletrônica S.A., pela autorização dada ao autor para reproduzir as folhas de dados sobre circuitos integrados.
- Aos colegas e ex-alunos da FEA/FUMEC e do CETEL/SENAI.

Prefácio

Os amplificadores operacionais (AOPs) continuam sendo os circuitos integrados mais importantes em termos da quantidade e diversidade de suas aplicações.

Este livro tem como objetivo preencher um espaço na literatura nacional sobre o assunto. O texto aborda de forma objetiva os aspectos teóricos e práticos dos amplificadores operacionais. Ao longo do mesmo encontram-se diversas orientações úteis aos projetistas de circuitos eletrônicos, bem como aos técnicos e engenheiros de manutenção de sistemas eletrônicos e de instrumentação em geral. Existe um capítulo específico sobre proteções e análise de falhas de circuitos com amplificadores operacionais. A utilização de manuais (*databooks*) foi bastante enfatizada.

Apresentamos dois capítulos sobre teoria e projetos de filtros ativos. Acreditamos que este é o primeiro trabalho publicado sobre o assunto em nosso idioma. A crescente importância dos filtros ativos em sistemas de telecomunicações, instrumentação industrial e bioeletrônica justifica plenamente o seu estudo.

Um trabalho como este ficaria incompleto se não existissem algumas experiências simples, mas importantes, para serem realizadas pelos leitores ou estudantes que disponham dos equipamentos e materiais necessários às mesmas. As experiências podem também ser executadas no *software Electronics Workbench*® ou *Multisim*®, com pequenas alterações em algumas delas. Os arquivos em Multisim® podem ser encontrados no site do livro no endereço www.grupoa.com.br. Outro aspecto que não poderia deixar de compor este livro são os "problemas analíticos" colocados no Apêndice B. Esses problemas têm por objetivo aprimorar a capacidade analítica do estudante em termos de análise de circuitos com amplificadores operacionais.

Nas Leituras recomendadas indicamos diversos *sites* muito úteis aos leitores desta obra.

Outro ponto que merece destaque são os projetos orientados colocados no último capítulo. São projetos simples mas muito úteis para desenvolver um pouco mais a capacidade de análise e pesquisa dos estudantes.

Aos professores, queremos sugerir que, em um primeiro curso sobre amplificadores operacionais, os Capítulos 7 e 8, bem como o segundo grupo de experiências do Capítulo 9, sejam omitidos. Entretanto, a decisão final fica a critério dos caros colegas, pois ela depende da carga horária disponível e também dos objetivos da disciplina.

Nesta edição, procuramos aprimorar o livro, melhorando alguns pontos de modo a torná-lo mais claro, preciso e atual. A acolhida deste livro, não apenas no Brasil, mas em Portugal e também na Espanha (onde o mesmo foi traduzido), obriga o autor a melhorá-lo continuamente em uma atitude de respeito aos colegas, aos alunos e aos profissionais que o utilizam. Foi exatamente por isso que acrescentamos nesta edição um tutorial sobre conversores A/D e D/A elaborado pelo meu colega, professor Gilberto Mendes. Além disso, fizemos algumas correções no texto. Chamamos a atenção dos leitores para as inúmeras notas de rodapé colocadas ao longo do livro.

Finalmente, esperamos continuar recebendo os comentários e as críticas dos usuários deste texto. As correspondências poderão ser dirigidas ao autor por meio da editora ou do seguinte email: pertencechair@uaivip.com.br. Por essa ajuda antecipadamente agradecemos.

APJ

Sumário

PARTE I AMPLIFICADORES OPERACIONAIS

capítulo 1 *Conceitos fundamentais* 3

O amplificador operacional (AOP) 4
Conceito de tensão de *offset* de saída 8
Ganho de tensão de um amplificador 9
Comentários sobre as características de um amplificador 10
Alimentação do AOP 13
Conceitos de décadas e oitavas 13
Exercícios resolvidos 14
Exercícios de fixação 14

capítulo 2 *Realimentação negativa (RN)* 15

Modos de operação do AOP 16
Amplificador genérico com RN 17
Conceito de curto-circuito virtual e terra virtual 19
Curva de resposta em malha aberta e em malha fechada 21
Slew-rate 23
Saturação 24
Outras vantagens da RN 25
Frequência de corte e taxa de atenuação 27
Rise-time (tempo de subida) 32
Overshoot 33
Exercícios resolvidos 34
Exercícios de fixação 35

capítulo 3 *Circuitos lineares básicos com AOPs* 37

O amplificador inversor 38
O amplificador não inversor 39
Considerações práticas e tensão de offset 40
O seguidor de tensão (buffer) 43
Associação de estágios não interagentes em cascata 45
O amplificador somador 46
O amplificador somador não inversor 47
O amplificador diferencial com AOP ou subtrator 48
Razão de rejeição de modo comum (CMRR) 49
O amplificador de instrumentação 51
Algumas considerações sobre resistores *versus* frequência 55

Amplificador de CA com AOP   55
Distribuição de correntes em um circuito com AOP   57
Exercícios resolvidos   59
Exercícios de fixação   60

capítulo 4   *Diferenciadores, integradores e controladores*   61

O amplificador inversor generalizado   62
O diferenciador   62
O diferenciador prático   64
O integrador   66
O integrador prático   68
Controladores analógicos com AOPs   70
Conceitos básicos sobre controle de processos   71
Controlador de ação proporcional   73
Controlador de ação integral   75
Controlador de ação derivativa   76
Exercícios resolvidos   77
Exercícios de fixação   79

capítulo 5   *Aplicações não lineares com AOPs*   81

Comparadores   82
Comparador regenerativo ou Schmitt *trigger*   89
Oscilador com ponte de Wien   95
O temporizador 555   99
O multivibrador astável com AOP   101
Gerador de onda dente de serra   104
Circuitos logarítmicos   107
Retificador de precisão com AOP   112
O AOP em circuitos de potência   115
Reguladores de tensão integrados   120
Considerações finais   123
Exercícios resolvidos   123
Exercícios de fixação   125

capítulo 6   *Proteções e análise de falhas em circuitos com AOPs*   127

Proteção das entradas de sinal   128
Proteção da saída   128
Proteção contra *latch-up* (ou sobretravamento)   129
Proteção das entradas de alimentação   130
Proteção contra ruídos e oscilações da fonte de alimentação   131
Análise de falhas em circuitos com AOPs   131

Alguns testes especiais para determinação de falhas em sistemas com AOPs   133
Teste de AOPs utilizando osciloscópio   134
Alguns procedimentos adicionais   135
Considerações finais   137
Exercícios de fixação   137

PARTE II   FILTROS ATIVOS

capítulo 7   *Filtros ativos I: Fundamentos*   141

Definição   142
Vantagens e desvantagens dos filtros ativos   142
Classificação   143
Ressonância, fator Q_0 e seletividade   147
Filtros de Butterworth   150
Filtros de Chebyshev   152
Filtros de Cauer ou elípticos   154
Defasagens em filtros   155
Exercícios resolvidos   156
Exercícios de fixação   157

capítulo 8   *Filtros ativos II: Projetos*   159

Estruturas de implementação   160
Filtros passa-baixas   160
Filtros passa-altas   166
Filtros de ordem superior à segunda   170
Filtros passa-faixa   172
Filtros rejeita-faixa   175
Circuitos deslocadores de fase   177
Filtros ativos integrados   180
Considerações práticas   181
Tabelas para projetos   181
Exercícios resolvidos   184
Exercícios de fixação   185

PARTE III   EXPERIÊNCIAS E PROJETOS

capítulo 9   *Experiências com AOPs (laboratório)*   189

Observações importantes relativas às práticas de laboratório   191
Primeiro grupo: Experiências de 1 a 17   191
Segundo grupo: Experiências de 18 a 22   213

capítulo 10 *Projetos orientados* 221

Projeto 1   Fonte simétrica   222
Projeto 2   Indicador de balanceamento de ponte   222
Projeto 3   Interface óptica para TTL   223
Projeto 4   Fotocontrole para relé   224
Projeto 5   Circuito prático de um amplificador logarítmico   226
Projeto 6   Amplificador de ganho programável   227

Apêndice A *O amplificador diferencial*   229

Considerações básicas   230
Diagrama em blocos do AOP   231
Análise do amplificador diferencial básico   231
Tensão de *offset* de entrada e tensão de *offset* de saída   234
Conclusão   235

Apêndice B *Problemas analíticos*   237

Apêndice C *Tutorial de conversores A/D e D/A*   255

Introdução   256
Conversor D/A por chaveamento de resistores com pesos binários   258
Conversor D/A por chaveamento de resistores em rede R-2R   260
Conversor A/D do tipo flash   262
Conversor A/D com contador binário   266
Conversor A/D por aproximação sucessiva   268
Conversor A/D tipo rampa dupla   272

Apêndice D *Folhas de dados do CA741, CA747, CA1458*   277

Apêndice E *Folhas de dados do CA324*   285

Apêndice F *O temporizador 555 e as folhas de dados*   291

Apêndice G *Folhas de dados do AOP PA46 da Apex*   299

Leituras recomendadas   305

Índice   309

PARTE I

AMPLIFICADORES OPERACIONAIS

capítulo 1 Conceitos fundamentais

capítulo 2 Realimentação negativa (RN)

capítulo 3 Circuitos lineares básicos com AOPs

capítulo 4 Diferenciadores, integradores e controladores

capítulo 5 Aplicações não lineares com AOPs

capítulo 6 Proteções e análise de falhas em circuitos com AOPs

capítulo 1

Conceitos fundamentais

Este capítulo inicial aborda alguns tópicos que irão servir de base para nossos estudos sobre os amplificadores operacionais (AOPs), especialmente o conceito de ganho de tensão e as explicações sobre as características ideais de um amplificador. A evolução tecnológica dos AOPs é bastante rápida, mas, se o leitor dominar os conceitos fundamentais e os tipos de circuitos e aplicações mais importantes dos AOPs, ele não terá dificuldades em utilizar os novos dispositivos que a cada dia são lançados no mercado. Os fundamentos são imutáveis.

Objetivos de aprendizagem

>> Conceituar AOP

>> Definir algumas propriedades importantes de um AOP

❯❯ O amplificador operacional (AOP)

❯❯ Definição

> O AOP é um amplificador CC multiestágio com entrada diferencial cujas características se aproximam das de um amplificador ideal.[1]

No Apêndice A fazemos um pequeno estudo do amplificador diferencial, bem como da estrutura interna do AOP. Sugerimos, neste ponto, a leitura deste apêndice para uma melhor compreensão da definição.

Características ideais de um AOP:

a) resistência de entrada infinita
b) resistência de saída nula
c) ganho de tensão infinito
d) resposta de frequência infinita (CC a infinitos Hertz)
e) insensibilidade à temperatura (*drift* nulo)

❯❯ Aplicações dos AOPs

É muito difícil enumerar a totalidade das aplicações desse fantástico circuito (ou componente) denominado amplificador operacional. De modo geral, podemos dizer que suas aplicações estão presentes nos sistemas eletrônicos de controle industrial, na instrumentação industrial, na instrumentação nuclear, na instrumentação biomédica (ramo da engenharia biomédica), nos computadores analógicos, nos equipamentos de telecomunicações, nos equipamentos de áudio, nos sistemas de aquisição de dados, etc.

Neste livro, pretendemos apresentar as bases teóricas mínimas necessárias à compreensão dos AOPs. Apresentamos, também, uma série de aplicações básicas dos mesmos, de modo que o estudante possa adquirir conhecimentos suficientes para analisar, implementar e até mesmo executar projetos com AOPs.

❯❯ PARA SABER MAIS

Na seção "Comentários sobre as características de um amplificador" (p. 10) explicaremos detalhadamente cada uma dessas características, utilizando um amplificador de tensão genérico.

---

[1] Ao longo deste livro, quando nos referirmos a um amplificador, deverá ficar implícito que se trata de um amplificador de tensão.

>> Simbologia do AOP

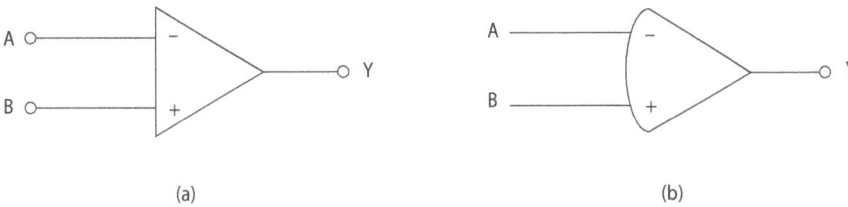

(a)   (b)

Figura 1.1

A – Entrada inversora
B – Entrada não inversora
Y – Saída

O símbolo da Figura 1.1 (a) é o mais usual e será utilizado neste livro.

>> Um pouco da história dos AOPs

Os AOPs foram desenvolvidos na década de 40 e eram construídos com válvulas. Evidentemente as características desses primitivos AOPs eram bastante precárias. Com o advento do transistor, no final da década de 40, foi possível a construção de AOPs com características razoáveis. Porém, em 1963, surgiu o primeiro AOP monolítico (CIRCUITO INTEGRADO) lançado pela Fairchild (EUA): μA702. Esse AOP apresentava uma série de problemas, tais como: baixa resistência de entrada, baixo ganho, alta sensibilidade a ruídos, necessidade de alimentação positiva e negativa de valores diferentes (p. ex., $-6V$ e $+12V$), etc. Foi então que a própria Fairchild, graças aos esforços de uma equipe chefiada por Robert Widlar, lançou em 1965 o conhecido μA709. Este último é considerado o primeiro AOP realmente confiável lançado no mercado. A seguir, a mesma equipe projetou o famoso μA741, o qual foi lançado pela Fairchild em 1968. Até hoje esse AOP ocupa posição de destaque. Evidentemente existem hoje diversos AOPs com características superiores às do 741, por exemplo: LF 351 (National), CA 3140 (RCA), etc.

A tecnologia utilizada na fabricação do 741 e do 709 é denominada bipolar, pois a sua estrutura interna utiliza transistores bipolares. Por outro lado, o 351 utiliza tecnologia bifet, pois a sua estrutura interna utiliza uma combinação de transistores bipolares com transistores jfet (daí a denominação bifet para essa tecnologia de fabricação de AOPs).[2] A tecnologia bifet permite que sejam aproveitados os méritos de ambos os tipos de transistores. Uma grande vantagem da tecnologia bifet é a altíssima resistência de entrada do AOP, graças à utilização de transistores FET no estágio de entrada do mesmo.

---

[2] Existe uma outra tecnologia, desenvolvida pela RCA, denominada bimos (da qual o CA 3140 é um exemplo). Essa tecnologia utiliza uma combinação de transistores bipolares e mosfet. Entretanto, a tecnologia bifet é superior à bimos em quase todos os aspectos.

Podemos, portanto, classificar os AOPs em função das diversas tecnologias utilizadas desde que os mesmos foram concebidos na década de 40. Temos:

- 1945 – 1ª geração – AOPs a válvulas
- 1955 – 2ª geração – AOPs a transistores
- 1965 – 3ª geração – AOPs monolíticos bipolares
- 1975 – 4ª geração – AOPs monolíticos bifet e bimos
- 1985 – 5ª geração – AOPs monolíticos de potência para aplicações gerais
- 1995 aos dias atuais – surgiram muitas inovações, mas sob o aspecto comercial ainda não se tem uma tendência tecnológica definida para se adotar como 6ª geração de AOPs

>> Pinagem

Na realidade, os AOPs possuem pelo menos oito terminais. Veja a Figura 1.2, na qual tomamos como exemplo os famosos AOPs μA741 (Fairchild) e LF 351 (National).

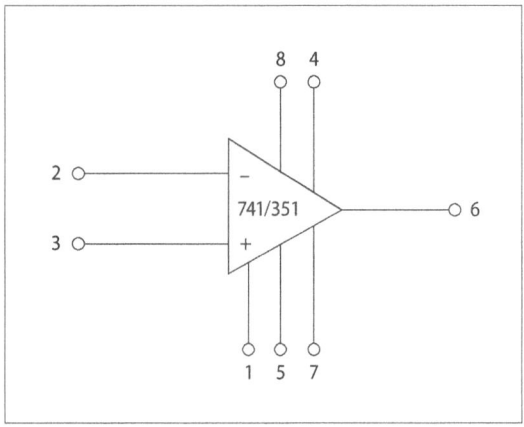

Figura 1.2

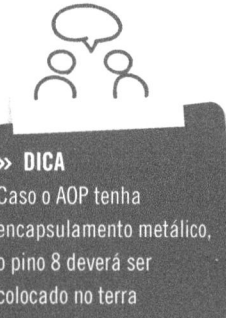

>> DICA
Caso o AOP tenha encapsulamento metálico, o pino 8 deverá ser colocado no terra

A descrição dos pinos é a seguinte:

- 1 e 5 – destinados ao balanceamento do AOP [ajuste da tensão de *offset* – veja a seção "Conceito de tensão de *offset* de saída" (p. 8)]
- 2 – entrada inversora
- 3 – entrada não inversora
- 4 – alimentação negativa ($-3V$ a $-18V$)
- 7 – alimentação positiva ($+3V$ a $+18V$)
- 6 – saída
- 8 – não possui nenhuma conexão

>> Código de fabricantes e folhas de dados

Existem inúmeros fabricantes de circuitos integrados no mundo. Cada fabricante possui uma codificação para seus produtos. Um mesmo integrado pode ser produzido por vários fabricantes diferentes. Assim, é importante que o projetista conheça os diferentes códigos para discernir o fabricante, buscar o manual (*databook*) do mesmo, pesquisar as características do dispositivo, estabelecer equivalências, etc.

Na Tabela 1.1, temos a codificação utilizada pelos fabricantes mais conhecidos no mundo e, principalmente, no Brasil. Para ilustrar, tomamos o 741 como exemplo.

Tabela 1.1

Fabricantes	Códigos
FAIRCHILD	µA741
NATIONAL	LM741
MOTOROLA	MC 1741
RCA	CA741
TEXAS	SN741
SIGNETICS	SA741
SIEMENS	TBA221(741)

Um apêndice muito útil é o Apêndice D, no qual se acham as folhas de dados (*data-sheets*) do AOP CA741 e similares. Nesse apêndice fizemos algo incomum e interessante: apresentamos as folhas de dados retiradas do manual da SID Microeletrônica, uma empresa nacional.[3] O leitor irá observar que os dados fornecidos sobre os dispositivos estão em português. Acreditamos que isso irá contribuir para uma melhor compreensão dos termos técnicos em inglês utilizados em nossos estudos de AOPs e encontrados nos manuais americanos. Essa compreensão é muito útil aos que trabalham na área de projetos e manutenção de sistemas eletrônicos envolvendo AOPs.

Finalmente, falaremos um pouco sobre encapsulamentos. Na Figura 1.3 (p. 8), temos os tipos mais comuns de encapsulamentos. Na Figura 1.3(a), temos um encapsulamento plano ou *flat-pack* de 14 pinos; na Figura 1.3(b), temos um encapsulamento metálico ou *metal can* de 8 pinos; e, finalmente, na Figura 1.3(c), temos dois tipos de encapsulamentos em linha dupla ou DIP (*dual-in-line package*). Para todos eles são mostradas as diferentes formas de identificação adotadas pelos fabricantes.

Para o AOP 741 podemos encontrar encapsulamentos DIP de 8 pinos (mais usual) e 14 pinos. Podemos, também, encontrar os encapsulamentos *flat-pack* de 10 pi-

---
[3] Infelizmente a SID não está mais atuando na fabricação de componentes eletrônicos, mas as folhas de dados dos Apêndices D, E e F continuam perfeitamente válidas.

nos e *metal can* de 8 pinos. A pinagem do encapsulamento DIP de 8 pinos corresponde exatamente à pinagem do encapsulamento metálico de 8 pinos.

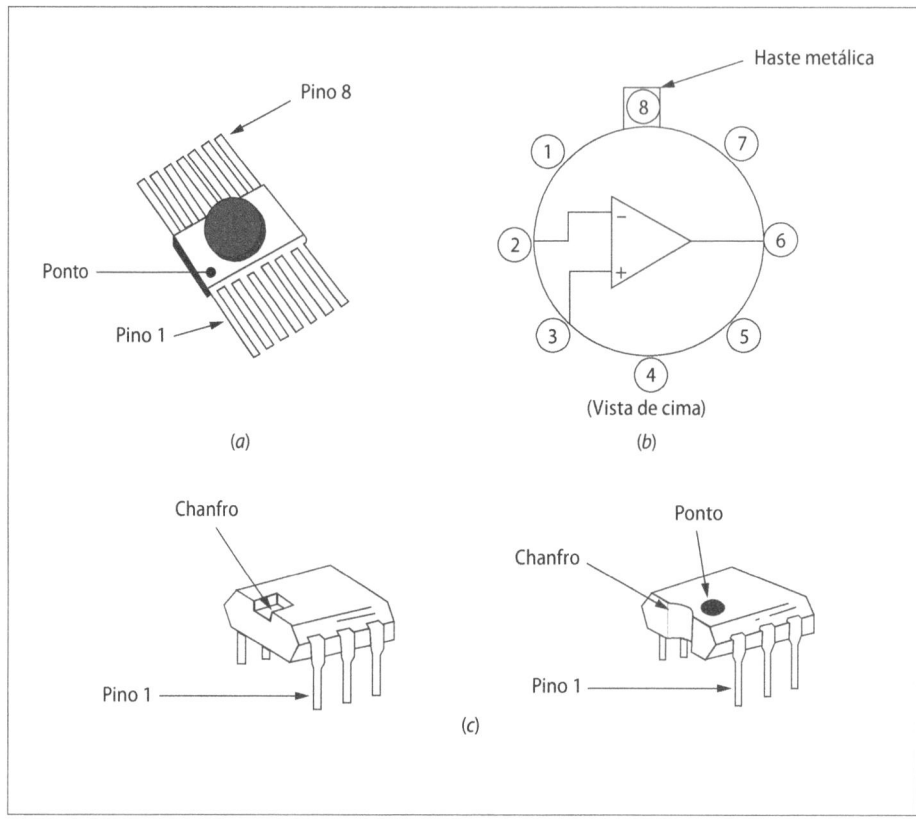

Figura 1.3

>> Conceito de tensão de offset de saída

O fato dos transistores do estágio diferencial de entrada do AOP (veja o Apêndice A) não serem idênticos provoca um desbalanceamento interno do qual resulta uma tensão na saída denominada tensão de *offset* de saída, mesmo quando as entradas são aterradas. Assim, os pinos 1 e 5 do AOP 741 (ou 351) são conectados a um potenciômetro e ao pino 4. Isso possibilita o cancelamento do sinal de erro presente na saída através de um ajuste adequado do potenciômetro. Veja a Figura 1.4 (p. 9).

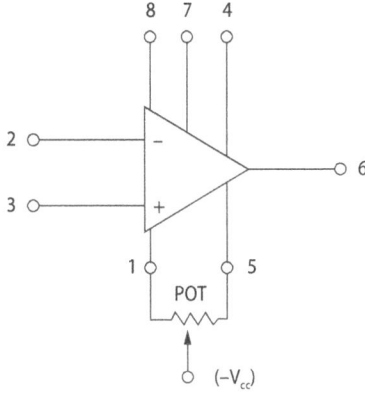

ATENÇÃO: a conexão errada do POT pode danificar o AOP. Em caso de dúvida, consulte o manual do fabricante.

Figura 1.4

A importância do ajuste de *offset* está nas aplicações em que se trabalham com pequenos sinais (da ordem de mV), por exemplo:

- » instrumentação petroquímica
- » instrumentação nuclear
- » engenharia biomédica
- » etc.

Retornaremos a este assunto no Capítulo 3.

>> Ganho de tensão de um amplificador[4]

Na Figura 1.5, temos o símbolo de um amplificador genérico.

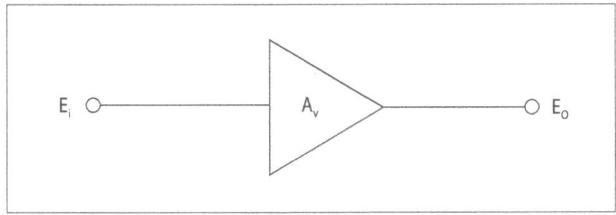

Figura 1.5

---

[4] Às vezes, por hábito, utilizaremos apenas a palavra "ganho". Nestes casos, deverá ficar implícito que se trata de ganho de tensão.

> **IMPORTANTE**
> A importância da utilização do ganho de tensão em decibéis (dB) justifica-se quando são utilizados grandes valores para Av, por exemplo:
> $A_V = 1 \to A_V(dB) = 0$
> $A_V = 10 \to A_V(dB) = 20$
> $A_V = 10^2 \to A_V(dB) = 40$
> $A_V = 10^3 \to A_V(dB) = 60$

Definiremos os seguintes parâmetros:

E_i = sinal de entrada
E_o = sinal de saída
A_v = ganho de tensão

Assim, podemos escrever:

$$A_v = \frac{E_o}{E_i} \qquad (1\text{-}1)$$

Em decibéis, temos:

$$A_V \text{ (em decibéis)} = 20 \log \frac{E_o}{E_i}$$

Ou simplesmente:

$$A_v(dB) = 20 \log \frac{E_o}{E_i} \qquad (1\text{-}2)$$

A observação ao lado pode ser generalizada:

$$A_V = 10^n \to A_V(dB) = 20n$$

A utilização de decibéis facilita a representação gráfica de muitas grandezas que têm uma ampla faixa de variação.

>> Comentários sobre as características de um amplificador

Falaremos a seguir sobre as características ideais que qualquer amplificador deveria ter. Os AOPs reais tentam se aproximar dessas características ideais.

>> Resistência de entrada e resistência de saída de um amplificador

Consideremos o circuito dado na Figura 1.6 (p. 11). Este circuito representa o modelo de uma fonte alimentando um amplificador, o qual, por sua vez, alimenta uma carga.

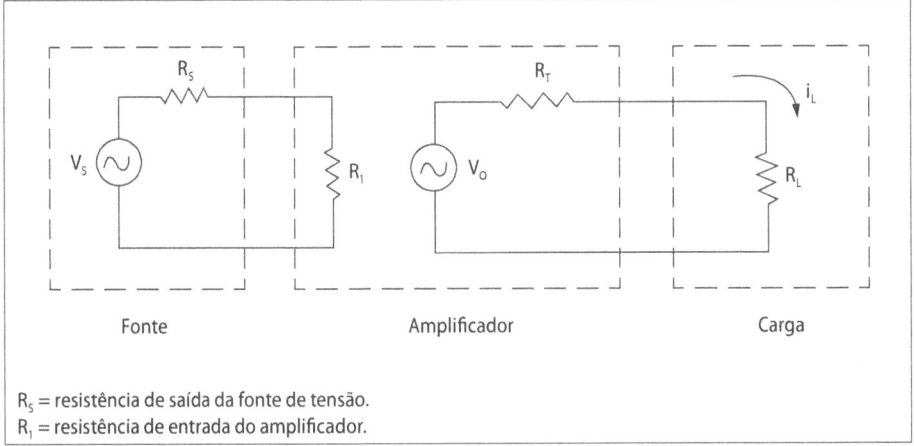

R_s = resistência de saída da fonte de tensão.
R_1 = resistência de entrada do amplificador.

Figura 1.6

O gráfico da Figura 1.7 nos mostra as variações de corrente, tensão e potência presentes na carga R_L do circuito anterior. O ponto A é o ponto no qual se tem a máxima transferência de potência entre o amplificador e a carga. Veremos, porém, que essa situação não é a que mais nos interessa nos circuitos com AOPs.

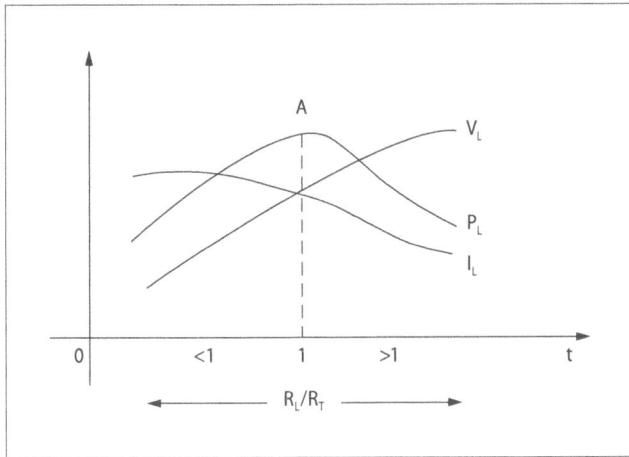

Figura 1.7

Do circuito da Figura 1.6, podemos obter a seguinte equação:

$$V_{R_1} = \frac{R_1 V_s}{R_1 + R_s} \qquad (1\text{-}3)$$

Se na equação anterior estipularmos uma certa porcentagem de tensão sobre R_1, poderemos estabelecer uma relação entre R_1 e R_s. Assim, por exemplo:

se $V_{R_1} = 90\% \, V_s$
temos: $R_1 = 9 R_s$

> **ATENÇÃO**
> Nos manuais dos fabricantes são fornecidos os valores das resistências de entrada e saída do AOP, as quais representaremos, respectivamente, por R_i e R_o.

Se, por outro lado,

$$V_{R_1} = 99\% V_s$$
temos: $R_1 = 99 R_s$

Analisando a Equação 1-3, podemos concluir o seguinte:

$$R_1 \to \infty \Rightarrow V_{R_1} = V_s \qquad (1\text{-}4)$$

Ou seja: quanto maior R_1 em relação a R_s, maior será a proporção de V_s aplicada sobre R_1. Assim sendo, para minimizar a atenuação do sinal aplicado na entrada do amplificador, é necessário que a resistência de entrada do mesmo seja muito alta (idealmente infinita) em relação à resistência de saída da fonte.

Por outro lado, para se obter todo sinal de saída sobre a carga, é necessário que a resistência de saída do amplificador (R_T) seja muito baixa.

De fato, sendo:

$$V_{R_L} = V_O - i_L \cdot R_T$$

Supondo $R_T = 0$, teremos:

$$V_{R_L} = V_O \qquad (1\text{-}5)$$

Nessa condição, a corrente i_L é limitada pelo valor de R_L. Evidentemente, existe um valor máximo de i_L que pode ser fornecido pelo amplificador.

No caso do AOP 741, essa corrente máxima é denominada corrente de curto-circuito de saída (representada por I_{os}) e seu valor típico é 25mA.

A equação anterior nos diz que sobre R_L teremos exatamente a tensão de entrada V_O desde que a resistência de saída R_T seja nula. Esta é uma condição ideal.

Note que não estamos preocupados com a máxima transferência de potência, mas sim com a máxima transferência de sinal sobre R_L. Na maioria das aplicações dos AOPs, esta situação é mais útil.

> **ATENÇÃO**
> Nos manuais dos fabricantes encontra-se o valor do ganho de tensão dos AOPs, o qual representaremos por A_{vo}. Voltaremos a esse assunto no Capítulo 2.[5]

>> Ganho de tensão

Para que a amplificação seja viável, inclusive para sinais de baixa amplitude como, por exemplo, sinais provenientes de transdutores ou sensores, é necessário que o amplificador possua um alto ganho de tensão. Idealmente esse ganho seria infinito.

>> Resposta de frequência (BW)

> **ATENÇÃO**
> Nos manuais dos fabricantes encontra-se o valor de largura de faixa máxima do AOP, a qual representaremos genericamente por BW (*bandwidth*).

É necessário que um amplificador tenha uma largura de faixa muito ampla, de modo que um sinal de qualquer frequência possa ser amplificado sem sofrer corte ou atenuação. Idealmente BW deveria se estender desde zero a infinitos hertz.

---

[5] Para o AOP 741, o valor típico de A_{vo} é de 200.000, mas existem AOPs com A_{vo} da ordem de 12×10^6 ou mais!

>> Sensibilidade à temperatura (DRIFT)

As variações térmicas podem provocar alterações acentuadas nas características elétricas de um amplificador. A esse fenômeno chamamos DRIFT. Seria ideal que um AOP não apresentasse sensibilidade às variações de temperatura.

>> *Alimentação do AOP*

Normalmente os AOPs são projetados para serem alimentados simetricamente. Em alguns casos, podemos utilizar o AOP com monoalimentação. Existem, inclusive, alguns AOPs fabricados para trabalharem com monoalimentação. Quando não dispomos de fontes simétricas, podemos improvisá-las utilizando fontes simples, conforme indicado na Figura 1.8. Em qualquer caso, o ponto comum das fontes será o terra (ou massa) do circuito como um todo, ou seja, todas as tensões presentes nos terminais do AOP terão como referência esse ponto comum das fontes.

> **>> ATENÇÃO**
> Nos manuais dos fabricantes encontram-se os valores das variações de corrente e tensão no AOP, provocadas pelo aumento de temperatura. A variação da corrente é representada por $\Delta I/\Delta t$ e seu valor é fornecido em nA/°C. A variação da tensão é representada por $\Delta V/\Delta t$ e seu valor é fornecido em μV/°C.

>> *Conceitos de décadas e oitavas*

Dizemos que uma frequência f_1 variou de uma década quando f_1 assume um novo valor f_2, tal que:

$$f_2 = 10f_1$$

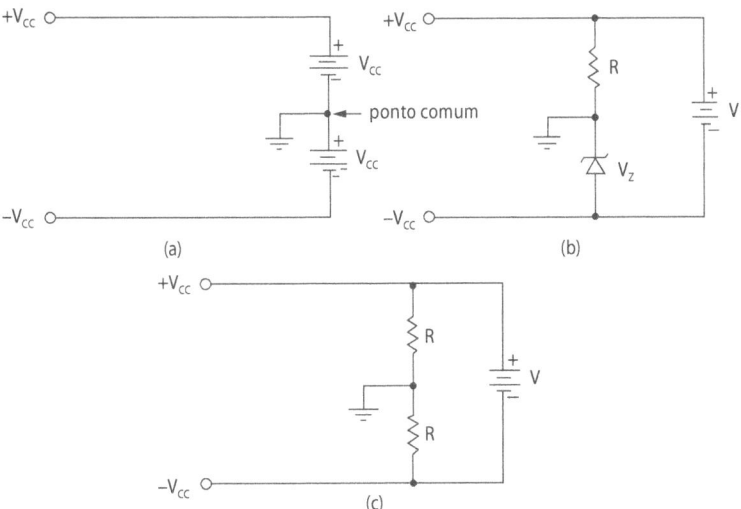

Observação: os resistores podem ser de 10KΩ, 1/4 Watt e 1% de tolerância.

Figura 1.8

De modo geral, dizemos que f_1 variou de n décadas quando:

$$f_2 = 10^n f_1$$

Dizemos que uma frequência f_1 variou de uma oitava quando f_1 assume um novo valor f_2, tal que:

$$f_2 = 2f_1$$

De modo geral, dizemos que f_1 variou de n oitavas quando:

$$f_2 = 2^n f_1$$

Os conceitos de décadas e oitavas serão muito úteis durante nossos estudos de AOPs e filtros ativos.

Exercícios resolvidos

1 Determine quantas décadas separam as frequências de 0,5Hz e 50KHz.

Solução

Seja $f_1 = 0{,}5Hz$ e $f_2 = 50KHz$, temos:

$$f_2 = 10^n f_1$$

$$50.000 = 10^n \cdot 0{,}5 \therefore n = \log\frac{50.000}{0{,}5}$$

$$\boxed{n = 5 \text{ décadas}}$$

2 Se f_2 está oito oitavas acima de $f_1 = 3Hz$, determine f_2.

Solução

Temos: $f_2 = 2^8 \cdot 3 \therefore$ $\boxed{f_2 = 768Hz}$

Exercícios de fixação

1 Defina AOP.

2 O que você entende por amplificador CC multiestágio?

3 Cite as características ideais de um AOP e explique o significado de cada uma delas.

4 Cite os tipos básicos de encapsulamentos dos AOPs.

5 Explique, com suas próprias palavras, o conceito de tensão de *offset* de saída.

6 Conceitue ganho de um amplificador. O que é decibel?

7 Explique como se pode obter uma fonte simétrica utilizando uma fonte simples.

8 Conceitue décadas e oitavas.

9 Quantas décadas existem entre 1Hz e 1KHz?

10 Quantas oitavas existem entre 1Hz e 1KHz?

11 A frequência f_1 está cinco oitavas abaixo de f_2. Se $f_1 = 30Hz$, determine f_2.

12 Quantas oitavas existem num intervalo de n décadas?
Resposta = 3,322 n

capítulo 2

Realimentação negativa (RN)

Este capítulo desenvolve mais alguns conceitos necessários ao estudo dos AOPs em suas mais diversas aplicações. Dentre esses conceitos, o de realimentação negativa é, sem dúvida, o mais importante, pois sua utilização permite uma grande otimização de algumas características básicas dos AOPs.

Objetivos de aprendizagem

» Conceituar realimentação negativa

» Conceituar curto-circuito virtual e terra virtual

» Definir alguns parâmetros importantes de um AOP

❯❯ Modos de operação do AOP

Basicamente o AOP trabalha de três modos:

❯❯ a) Sem realimentação

Este modo é também denominado operação em malha aberta, e o ganho do AOP é estipulado pelo próprio fabricante, ou seja, não se tem controle sobre o mesmo. Esse tipo de operação é muito útil quando se utiliza circuitos comparadores. Na Figura 2.1 temos um AOP em malha aberta. Este circuito é um comparador e será estudado em detalhes no Capítulo 5.

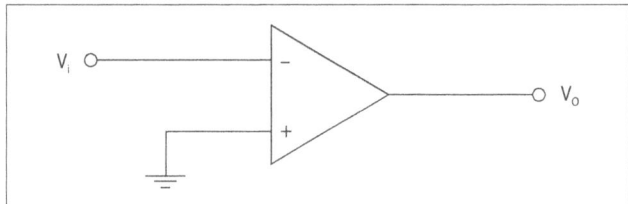

Figura 2.1

❯❯ b) Com realimentação positiva

Esse tipo de operação é denominada operação em malha fechada. Apresenta como inconveniente o fato de conduzir o circuito à instabilidade. Uma aplicação prática da realimentação positiva está nos circuitos osciladós. A Figura 2.2 nos mostra um AOP submetido à realimentação positiva.

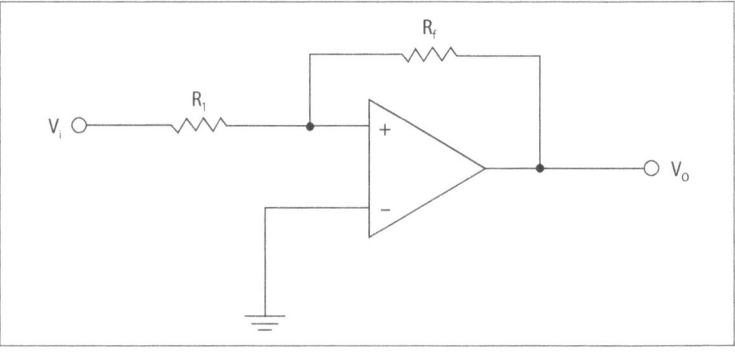

Figura 2.2

Nota-se que a saída é reaplicada à entrada não inversora do AOP através de um resistor de realimentação R_f.

Nesse modo de operação, o AOP não trabalha como amplificador, pois sua resposta é não linear.

c) Com realimentação negativa

Esse modo de operação é o mais importante em circuitos com AOPs. Na Figura 2.3, temos um AOP operando com realimentação negativa.

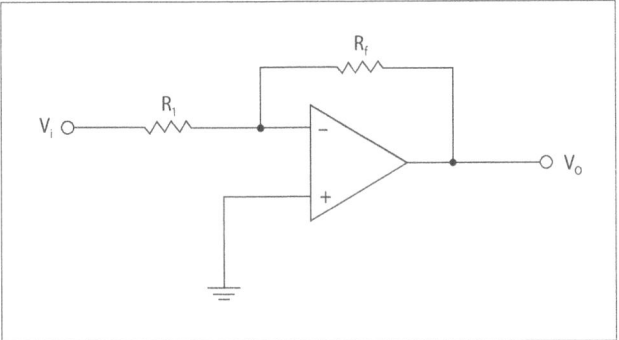

Figura 2.3

Veja que a saída é reaplicada à entrada inversora do AOP através de R_f. As aplicações dos AOPs com RN são inúmeras:

- seguidor de tensão (*buffer*)
- amplificador não inversor
- amplificador inversor
- somador
- amplificador diferencial ou subtrator
- diferenciador
- integrador
- filtros ativos, etc.

Esse modo de operação é também uma operação em malha fechada, mas, nesse caso, a resposta é linear, e o ganho de tensão em malha fechada pode ser controlado pelo projetista.

Amplificador genérico com RN

Analisaremos, a seguir, um amplificador genérico submetido à realimentação negativa. Na Figura 2.4 (p. 18) temos:

- V_i é o sinal de entrada
- V_o é o sinal de saída
- A_{vo} é o ganho de tensão em malha aberta (dado pelo fabricante no caso de um AOP)
- B é o fator de RN (varia de 0 a 1 conforme veremos no Capítulo 3)
- V_d é o sinal diferencial (ou sinal de erro) da entrada
- V_f é o sinal realimentado na entrada

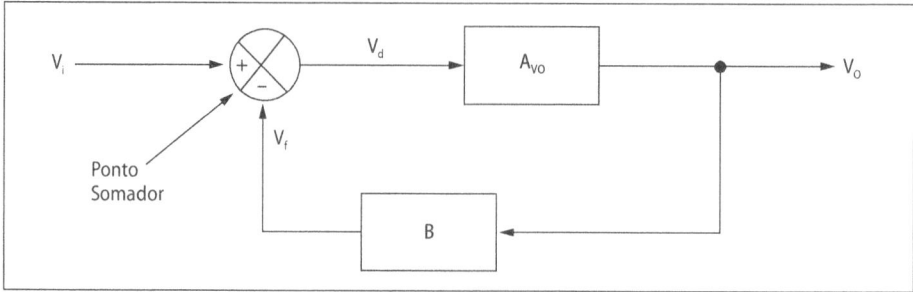

Figura 2.4

Observando o circuito, podemos constatar que:

$$V_d = V_i - V_f \tag{2-1}$$

$$V_d = \frac{V_o}{A_{vo}} \tag{2-2}$$

$$V_f = BV_o \tag{2-3}$$

Substituindo a Equação 2-2 na Equação 2-1, temos:

$$\frac{V_o}{A_{vo}} = V_i - V_f \tag{2-4}$$

Substituindo a Equação 2-3 na Equação 2-4, temos:

$$\frac{V_o}{A_{vo}} = V_i - BV_o \tag{2-5}$$

Rearranjando a Equação 2-5, obtemos:

$$\frac{V_o}{A_i} = \frac{A_{vo}}{1 + BA_{vo}} \tag{2-6}$$

Nesse caso, a relação $\frac{V_o}{V_i}$ passa a se denominar "ganho de tensão em malha fechada", o qual representaremos por A_{vf}.

Logo:

$$A_{vf} = \frac{A_{vo}}{1 + BA_{vo}} \quad \text{(Equação de Black)}[1] \tag{2-7}$$

Se $A_{vo} \to \infty$, então:

$$A_{vf} = \frac{1}{B} \tag{2-8}$$

---

[1] Harold S. Black desenvolveu a teoria da realimentação negativa em 1927, quando trabalhava na Bell Laboratories (EUA).

Ou seja, o ganho de tensão em malha fechada pode ser controlado através do circuito de realimentação negativa. Esse é um dos grandes méritos da RN!

>> Conceito de curto-circuito virtual e terra virtual

Na Figura 2.5, temos um modelo bastante simples de um AOP real. No momento, não interessa a função do circuito utilizado para explicar os conceitos de curto-circuito virtual e terra virtual. Notemos que a entrada apresenta uma resistência R_i infinita, colocada entre os terminais inversor e não inversor. O modelo incorpora uma realimentação negativa através de R_2. A impedância infinita de entrada impede que se tenha corrente penetrando nos terminais inversor e não inversor do AOP.

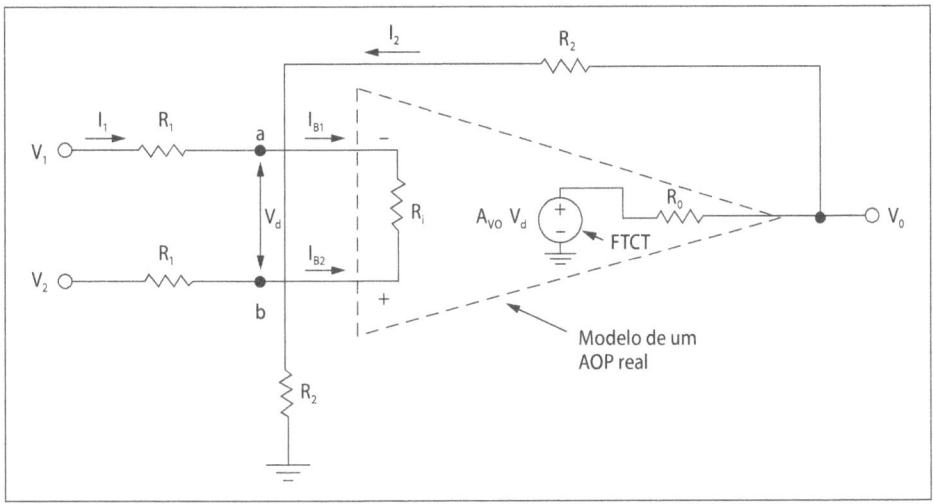

Figura 2.5

Logo:

$$I_{B1} \simeq I_{B2} \simeq 0 \qquad (2\text{-}9)$$

As correntes I_{B1} e I_{B2} são chamadas correntes de polarização das entradas, pois elas estão relacionadas com os transistores presentes no estágio diferencial de entrada do AOP.

Consultando o manual do fabricante do AOP741, encontramos a denominação *input bias current*, ou seja, corrente de polarização de entrada, representada por I_B, a qual é a média das correntes I_{B1} e I_{B2}. Portanto:

$$I_B = \frac{I_{B1} + I_{B2}}{2} \qquad (2\text{-}10)$$

Para o CA 741, o valor típico de I_B é de 80nA (ver o Apêndice D). Nota-se que é um valor muito pequeno, mas não nulo, posto que o AOP 741 apresenta $R_i = 2M\ \Omega$ e, portanto, está longe de ser um AOP ideal. Existem AOPs com entrada diferencial utilizando FET, nos quais I_B é da ordem de pA (p. ex., LF 351, CA 3140, etc.). Para o LF 351 o valor típico de I_B especificado pelo fabricante original (National) é de 50 pA, ou seja, 1.600 vezes menor do que o valor de I_B para o CA 741! É conveniente informar que a resistência de entrada típica do LF 351 é de $10^{12}\ \Omega (1T\ \Omega)$.

O modelo anterior inclui uma fonte de tensão controlada por tensão (FTCT),[2] a qual possui um valor igual ao produto do ganho em malha aberta pela tensão diferencial de entrada (V_d). Por definição $V_d = V_b - V_a$ (ver p. 128).

Observando o circuito da Figura 2.5, podemos escrever:

$$I_1 + I_2 = 0$$

Aplicando a lei das correntes de Kirchhoff (LCK), temos:

$$\frac{V_1 - V_a}{R_1} + \frac{A_{vo}V_d - V_a}{R_0 + R_2} = 0$$

Fazendo $V_d = V_b - V_a$ e substituindo na expressão anterior, obtemos:

$$V_b = \frac{V_a(A_{vo}R_1 + R_0 + R_1 + R_2) - V_1(R_0 + R_2)}{A_{vo}R_1}$$

Calculando o limite de V_b quando A_{vo} tende a infinito, temos:

$$V_b = V_a \Big|_{A_{vo} \to \infty}$$

Assim, quando $A_{vo} \to \infty$, podemos escrever:[3]

$$\boxed{V_d = V_b - V_a = 0} \qquad (2\text{-}11)$$

Esse resultado só foi possível graças à realimentação negativa aplicada no circuito, a qual tende a igualar os potenciais dos pontos **a** e **b** quando o ganho em malha aberta tende a infinito. Já tivemos oportunidade de verificar um fato semelhante a esse quando fizemos o estudo de um sistema genérico realimentado negativamente. Veja a Equação 2-2.

A Equação 2-11 nos diz que a diferença de potencial entre **b** e **a** é nula, independentemente dos valores de V_2 e V_1. Devido a esse fato, dizemos que entre os terminais não inversor e inversor de um AOP realimentado negativamente existe um curto-circuito virtual.

No caso particular de $V_2 = 0$ e o terminal não inversor estar no terra, o potencial do terminal inversor será nulo como consequência da Equação 2-11. A esse fato denominamos terra virtual, o qual é um caso particular do curto-circuito virtual.

---

[2] A denominação FTCT está relacionada com o fato do AOP, como amplificador, poder ser comparado a uma fonte de tensão cuja saída é função da tensão diferencial de entrada do AOP e do seu ganho em malha aberta.

[3] De fato, na prática, V_d é um sinal muito pequeno, pois $V_d = \frac{V_o}{A_{vo}}$. Por exemplo, se $V_o = 6V$ e $A_{vo} = 200.000$, temos $V_d = 30\mu V$.

O termo virtual pode parecer estranho, mas consultando um bom dicionário verifica-se que o mesmo diz respeito a alguma coisa que existe como propriedade intrínseca, porém sem efeito real. De fato, essa é a situação que se tem no momento, pois no curto-circuito real temos V = 0 e I ≠ 0, mas no curto-circuito virtual temos V = 0 e I = 0.

As Equações 2-9 e 2-11 são fundamentais para a análise de circuitos com AOPs realimentados negativamente. Essas equações serão muito úteis no Capítulo 3.

É importante ressaltar que circuitos com AOPs em malha aberta ou com realimentação positiva (exclusivamente) não apresentam as propriedades de curto-circuito virtual ou de terra virtual. Em outras palavras, tais circuitos não operam como amplificadores lineares.

>> Curva de resposta em malha aberta e em malha fechada

Observando a folha de dados do fabricante do AOP CA741, por exemplo, constatamos uma curva denominada ganho de tensão em malha aberta *versus* frequência (*open loop voltage gain as a function of frequency*), a qual apresentamos na Figura 2.6 (p. 22).

Observando a curva anterior, nota-se que a largura de faixa (BW), na qual se tem o ganho máximo, é da ordem de 5Hz, denominada frequência de corte fc, a qual é completamente impraticável na maioria das aplicações de AOPs. Nota-se, também, que do ponto A ao ponto B a curva apresenta uma atenuação constante da ordem de 20dB/década. Essa característica é determinada pelo projeto da estrutura interna do AOP. Para se conseguir isso, utiliza-se (como veremos) um capacitor de 30pF. Esse capacitor tem uma outra função muito importante: impedir que o AOP apresente instabilidade à medida que a frequência sofre variações. A isso chamamos compensação interna de frequência.

A frequência no ponto B da Figura 2.6 é denominada frequência de ganho unitário e será representada por f_T. No caso do AOP 741, temos f_T = 1MHz.

Existem AOPs que não possuem compensação interna de frequência. Nesses casos, a mesma é feita utilizando resistores e capacitores externos ao AOP. Como exemplo, podemos citar o µA709. Os manuais dos fabricantes indicam os procedimentos necessários para se efetuar a compensação em frequência dos dispositivos não compensados internamente.[4]

O gráfico da Figura 2.6 refere-se à operação em malha aberta. Porém, quando utilizamos realimentação negativa, podemos estipular um ganho e consequente-

---
[4] Para esses tipos de AOPs, a taxa de atenuação e a frequência de ganho unitário costumam sofrer variações em função da compensação efetuada externamente (p. ex., o LM 301 A).

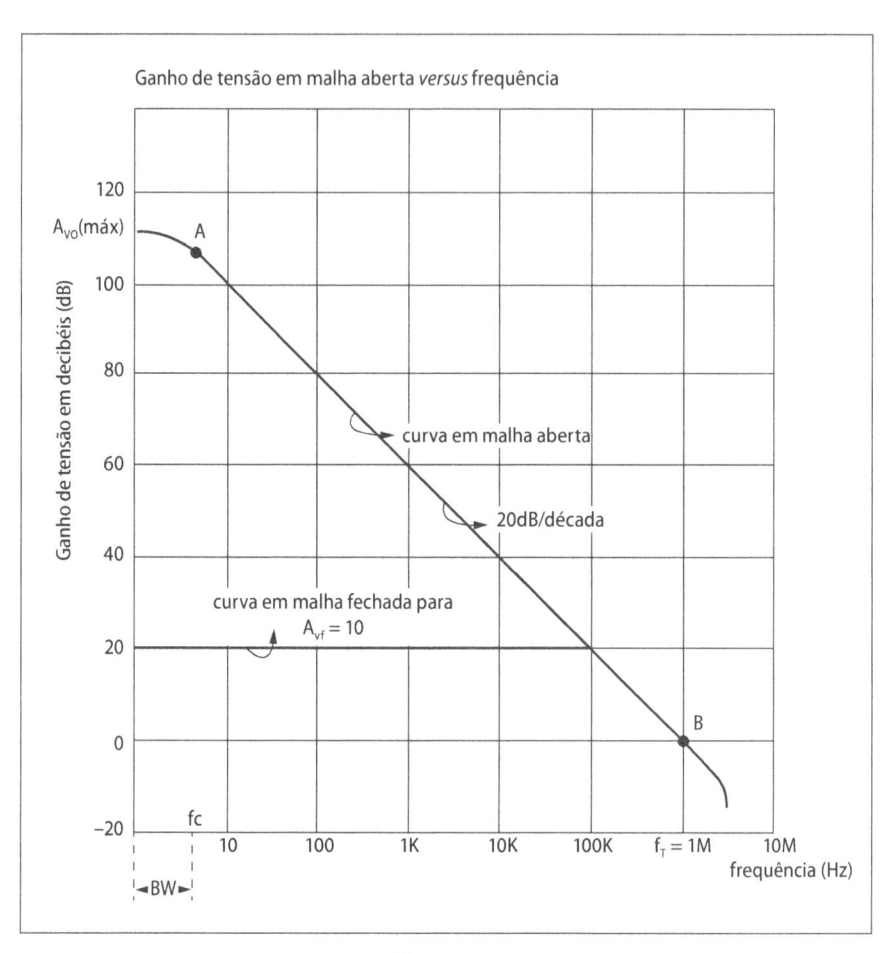

Ganho de tensão em malha aberta *versus* frequência

Figura 2.6

mente a largura de faixa do AOP. De fato, em qualquer amplificador realimentado negativamente, o produto ganho *versus* largura de faixa é sempre uma constante igual à frequência de ganho unitário f_T.

Assim, temos:

$$PGL = A_{vf} \times BW = f_T \qquad (2\text{-}12)$$

Onde:

PGL = produto ganho *versus* largura de faixa.

Como se pode deduzir da equação anterior, a largura de faixa em malha fechada fica condicionada aos valores de A_{vf} e f_T. Na Figura 2.6 temos a curva em malha fechada para um ganho $A_{vf} = 10(20dB)$ e $BW = \dfrac{1MHz}{10} = 100KHz$. Note que depois de 100KHz a curva em malha fechada se confunde com a curva em malha aberta e o sinal passa a sofrer uma atenuação de 20dB/década até atingir o ponto $B(f_T)$.

No caso dos AOPs LM 318 e LF 351, temos $f_T = 15$ MHz e $f_T = 4$ MHz, respectivamente (em alguns manuais e livros f_T é denominada frequência de transição ou, ainda, largura de faixa de ganho unitário).

Assim, o projetista deverá escolher o AOP mais adequado às suas necessidades, em função do ganho em malha fechada e da largura de faixa necessários ao projeto.

>> Slew-rate

Define-se *slew-rate* (SR) de um amplificador como sendo a máxima taxa de variação da tensão de saída por unidade de tempo. Normalmente o SR é dado em V/μs.

Em termos gerais, podemos dizer que o valor do SR nos dá a velocidade de resposta do amplificador. Quanto maior o SR, melhor será o amplificador.

O AOP 741 possui o SR = 0,5 V/μs, o LF 351 possui SR = 13 V/μs e o LM 318 possui SR = 70 V/μs.

Em textos nacionais costuma-se traduzir o *slew-rate* por taxa de subida, taxa de resposta, taxa de giro, etc.

Vamos estudar o SR, considerando um sinal senoidal aplicado à entrada do AOP. Esse sinal produzirá um correspondente sinal senoidal na saída, o qual representaremos por:

$$V_o = V_p \cdot \operatorname{sen}\omega t$$

Mas, pela definição de SR, temos:

$$SR = \frac{dv_o}{dt}\bigg|_{máxima}$$

Logo:

$$SR = V_p \cdot \omega \cdot \cos\omega t \bigg|_{\omega t = 0}$$

$$SR = V_p \cdot \omega \quad \text{ou}$$

$$SR = 2\pi f V_p \therefore \quad \boxed{f = \frac{SR}{2\pi V_p}} \tag{2-13}$$

Convém frisar que V_p é a amplitude máxima ou valor *de pico* do sinal senoidal de saída e f é a frequência máxima do sinal para não ocorrer distorção do sinal de saída.

A Equação 2-13 nos diz que em função do SR (determinado pelo fabricante), o projetista deverá estabelecer um comprometimento entre as variáveis f e V_p, ou seja, para f fixado ter-se-á um valor máximo de V_p e vice-versa. Caso não observe esse fato, o sinal de saída poderá sofrer uma distorção acentuada, conforme mostrado na Figura 2.7 (para o caso de um sinal senoidal de entrada).

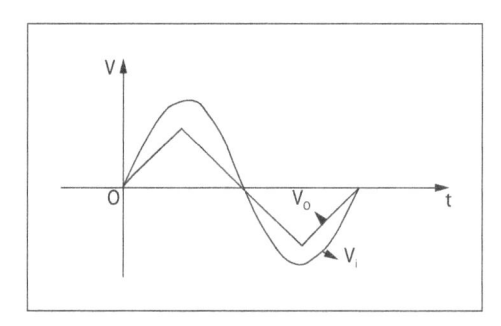

Figura 2.7

>> Saturação

Quando um AOP, trabalhando em qualquer um dos três modos de operação, atingir na saída um nível de tensão fixo, a partir do qual não se pode mais variar sua amplitude, dizemos que o AOP atingiu a saturação.

Na prática, o nível de saturação é relativamente próximo do valor de $|\pm V_{cc}|$. Assim, por exemplo, se alimentarmos o AOP741 com $\pm$ 15V, a saída atingirá uma saturação positiva em torno de $+14V$ e uma saturação negativa em torno de $-14V$. A Figura 2.8 representa esse fato.

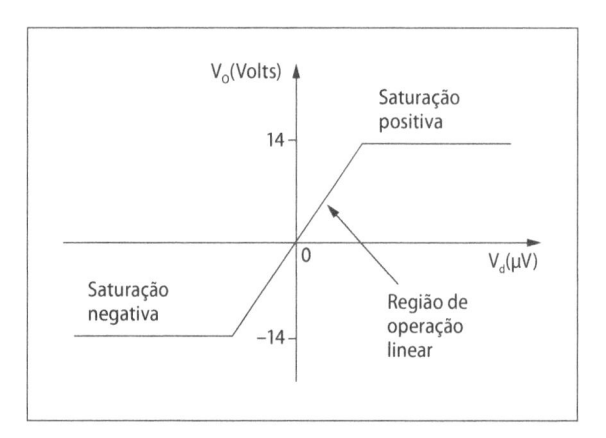

Figura 2.8

Na Figura 2.9, temos um sinal senoidal de saída, o qual foi ceifado devido ao efeito de saturação.

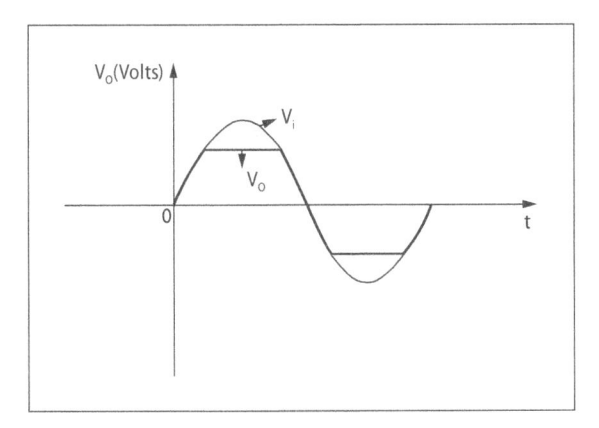

Figura 2.9

Finalmente, é conveniente frisar que a região de operação situada entre os limites de saturação é denominada região de operação linear, conforme indicado na Figura 2.8.

>> Outras vantagens da RN

Vimos que um sistema com RN permite um controle do ganho em malha fechada (A_{vf}) através do circuito de realimentação. Mas existem outras vantagens da RN, as quais veremos a seguir.

>> Impedância de entrada

A impedância de entrada do circuito com AOP (veja a observação ao lado) é aumentada consideravelmente pela utilização da RN. Pode-se demonstrar que:

$$Z_{if} = R_i(1 + BA_{vo}) \quad (2\text{-}14)$$

onde Z_{if} = impedância de entrada do circuito com RN.

>> Impedância de saída

A impedância de saída de um circuito com AOP utilizando RN (ver observação ao lado) apresenta um decréscimo extraordinário de acordo com a seguinte equação:

$$Z_{of} = \frac{R_o}{1 + BA_{vo}} \quad (2\text{-}15)$$

onde Z_{of} = impedância de saída do circuito com RN.

Nesse caso, o projetista pode atuar sobre B e Z_{of}.

> **>> IMPORTANTE**
> Notemos que R_i e A_{vo} são determinados pelo fabricante do dispositivo, mas B e Z_{if} são determinados pelo projetista.

> **>> IMPORTANTE**
> A Equação 2-15 é geral e vale tanto para a configuração inversora como para a não inversora (as quais veremos no Capítulo 3); por outro lado, a Equação 2-14 só é válida para a configuração não inversora. É necessário ressaltar que ambas as configurações citadas utilizam RN, conforme veremos no Capítulo 3.

» Ruído

Ruídos são sinais elétricos indesejáveis que podem aparecer nos terminais de qualquer dispositivo eletroeletrônico. Motores elétricos, linhas de transmissão, descargas atmosféricas, radiações eletromagnéticas, etc., são as principais fontes de ruídos.

Um método prático para minimizar os efeitos dos ruídos em circuitos eletrônicos consiste em se fazer um bom aterramento dos mesmos, bem como dos equipamentos envolvidos. Evidentemente, estamos nos referindo a um aterramento real.

Quando utilizamos circuitos integrados, uma boa proteção contra ruídos pode ser obtida através de capacitores da ordem de $0{,}1\mu F$ entre o terra e o pino do CI onde se aplica a alimentação. Os capacitores atuam como capacitores de passagem para as correntes parasitas, normalmente de alta frequência, produzidas ao longo dos condutores entre a fonte de alimentação e o circuito. É importante observar que o capacitor deverá ser colocado o mais próximo possível do pino de alimentação do circuito integrado.

No caso dos amplificadores operacionais, por serem alimentados simetricamente, torna-se necessária a utilização de dois capacitores, conforme indicado na Figura 2.10.

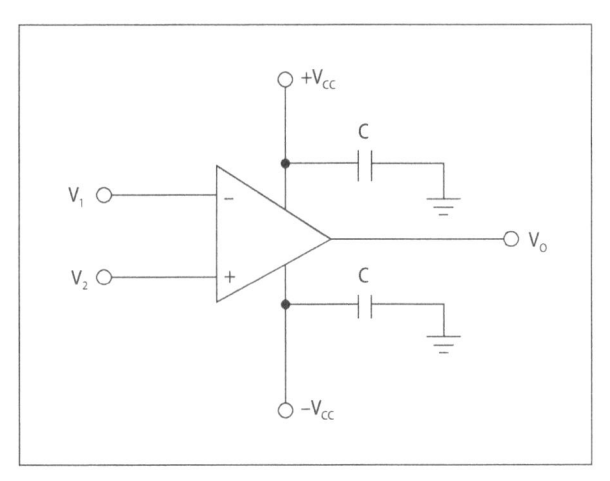

Figura 2.10

Quando os AOPs são utilizados com RN, a possibilidade de penetração de ruídos nas entradas de sinal do dispositivo, bem como os ruídos que possam surgir na sua saída, ficam bastante reduzidos graças às otimizações obtidas pela utilização da RN.

Frequência de corte e taxa de atenuação

Observando novamente a curva de resposta do ganho de um AOP em malha aberta *versus* a frequência do sinal, constatamos a existência de um ponto (ponto A na Figura 2.6) a partir do qual a queda de atenuação do ganho ocorre a uma taxa constante de 20dB/década até atingir o ponto B (na mesma figura), onde se tem a frequência de ganho unitário (f_T). O ponto A é denominado frequência de corte (f_c) do AOP e é, por definição, o ponto no qual o ganho máximo sofre uma queda de 3dB. Esse ponto é também denominado "ponto de meia potência". (Por quê?)

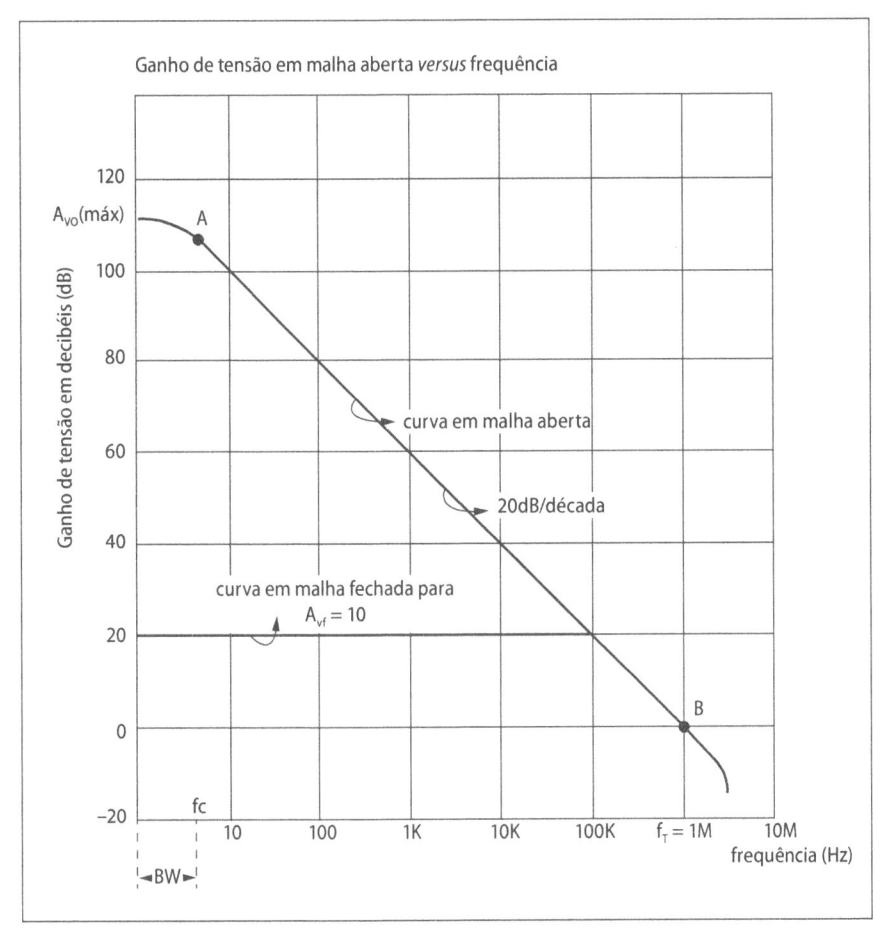

Figura 2.6
(A Figura 2.6 é repetida para melhor compreensão.)

Se representarmos o ganho máximo por $A_{vo}(máx)$ e o ganho no ponto A por A_{vo}, teremos:

$$A_{vo} = \frac{1}{\sqrt{2}} A_{vo}(máx) \qquad (2\text{-}16)$$

Aplicando a definição de decibéis na Equação 2-16, temos:

$$20\log A_{vo} = 20\log\left(\frac{1}{\sqrt{2}} A_{vo}(máx)\right)$$

Ou seja,

$$A_{vo}(dB) = A_{vo}(máx)(dB) - 3dB \qquad (2\text{-}17)$$

Conforme dissemos, o ganho em decibéis no ponto onde se tem a frequência de corte é de aproximadamente 3dB abaixo do ponto onde se tem o ganho máximo (em decibéis).

Foi visto que a taxa de atenuação entre os pontos A e B da Figura 2.6 é constante e igual a 20dB/década, considerando AOPs do tipo 741, 747, 307, 351, 353, 356, etc.

Surge, então, uma pergunta: a que se deve essa taxa constante de atenuação? A resposta não é muito simples, posto que a mesma está relacionada com a estrutura interna do AOP, principalmente com um pequeno capacitor integrado na sua estrutura (30pF, no caso do 741, e 10pF no 351). Esse capacitor interno forma uma rede de atraso, a qual é responsável pela taxa constante de atenuação.

» A rede de atraso

Na Figura 2.11, a seguir, temos uma rede de atraso que nos possibilitará algumas análises relacionadas com o que acabamos de dizer. Evidentemente esse circuito é apenas um modelo da situação real.

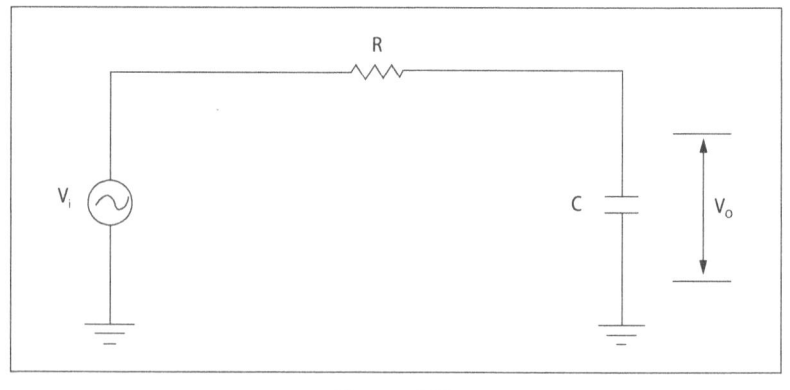

Figura 2.11

Neste circuito RC temos:

$$A_v = \frac{v_o}{v_i} \frac{X_c}{\sqrt{R^2 + X_c^2}} \quad (2\text{-}18)$$

Notemos que A_v é função da frequência f do sinal v_i, pois:

$$X_c = \frac{1}{2\pi fC}$$

Quando $X_c = R$, temos:

$$A_v = \frac{R}{\sqrt{R^2 + R^2}} = \frac{1}{\sqrt{2}}$$

Ou seja:

$A_v(dB) = -3dB$

Conclusão: quando $X_c = R$, temos um ponto particular no qual o ganho de tensão sofre uma atenuação de 3dB em relação ao ganho máximo. Conforme já definimos, nesse ponto temos a frequência de corte da rede de atraso, a qual é dada por:

$$f_c = \frac{1}{2\pi RC} \quad \text{(obtida da condição } X_c = R\text{)} \quad (2\text{-}19)$$

Podemos escrever a seguinte relação:

$$2\pi fC = \frac{1}{X_c}$$

Multiplicando ambos os membros por R, temos:

$$2\pi fRC = \frac{R}{X_c}$$

Mas $2\pi RC = \frac{1}{f_c}$, logo:

$$\frac{f}{f_c} = \frac{R}{X_c}$$

Retomando a Equação 2-18, temos:

$$A_v = \frac{X_c/X_c}{\sqrt{\left(\frac{R}{X_c}\right)^2 + \left(\frac{X_c}{X_c}\right)^2}}$$

Fazendo a devida substituição, temos:

$$A_v = \frac{1}{\sqrt{1 + (f/f_c)^2}} \quad (2\text{-}20)$$

Se traçarmos o gráfico de A_v versus f para a Equação 2-20, teremos a Figura 2.12.

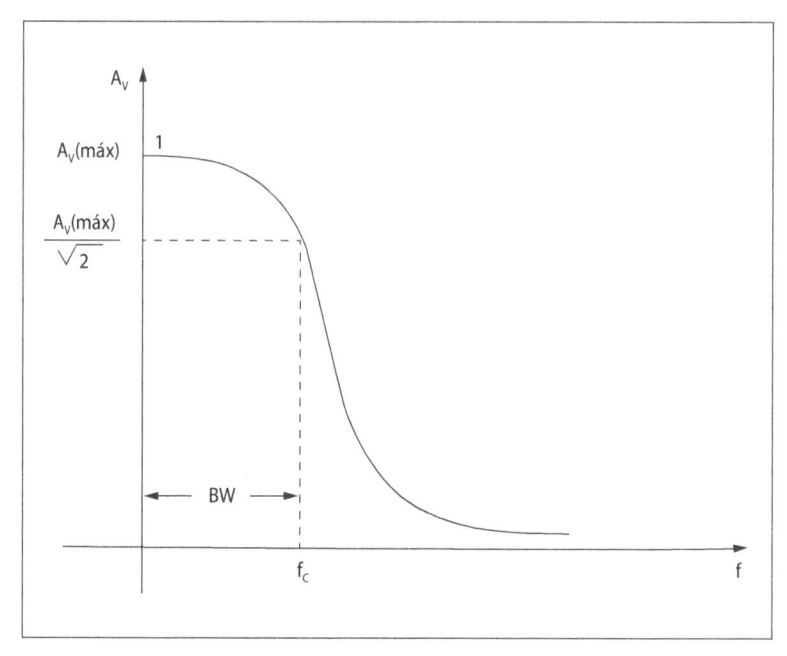

Figura 2.12

O leitor já deve ter percebido que, por se tratar de um circuito passivo, a rede de atraso não nos fornece um ganho maior do que 1, ou seja, o ganho máximo (A_v(máx)) é unitário. Pode-se notar que esse ponto ocorre quando a frequência é zero.

Se traçarmos o gráfico anterior, utilizando uma escala de ganho em decibéis, teremos o gráfico aproximado (denominado gráfico assintótico de Bode) (ver a Figura 2.13).

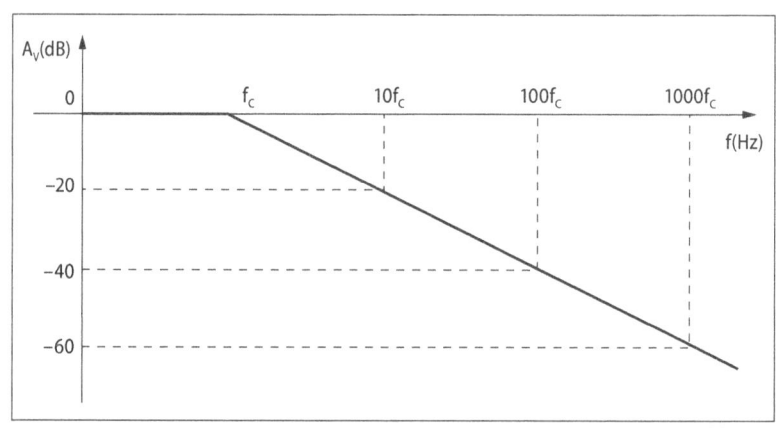

Figura 2.13

De fato, se expressarmos A_v em dB, teremos:

$$A_v(dB) = 20\log\frac{1}{\sqrt{1+(f/f_c)^2}}$$

Fazendo:

$f = f_c \Rightarrow A_v(dB) = -3(dB)$
$f = 10f_c \Rightarrow A_v(dB) = -20(dB)$
$f = 100f_c \Rightarrow A_v(dB) = -40(dB)$
$f = 1.000f_c \Rightarrow A_v(dB) = -60(dB)$
etc.

Está provado, finalmente, que a rede de atraso existente dentro de um AOP com compensação interna de frequência (741, 351, etc.) é responsável pela taxa de atenuação constante igual a 20dB/década.

» O ângulo de fase do sinal de saída

A denominação rede de atraso se deve ao fato de a tensão de saída apresentar um ângulo de fase atrasado em relação ao ângulo de fase do sinal aplicado. Evidentemente esse ângulo de fase vai variar em função da frequência. A Figura 2.14 nos mostra o gráfico de Bode (assintótico) para a variação do ângulo da fase do sinal de saída (θ_o) em função da frequência. Podemos notar que até aproximadamente $0,1f_c$ o sinal de saída permanece em fase com o sinal de entrada. A partir desse valor começa a surgir uma defasagem, a qual atingirá $-45°$ quando $f = f_c$. A defasagem máxima ocorrerá a partir de $f = 10f_c$ e se estabilizará em torno de $-90°$. Evidentemente, $-90°$ é o limite de θ_o e ocorrerá quando $f = \infty(Hz)$.

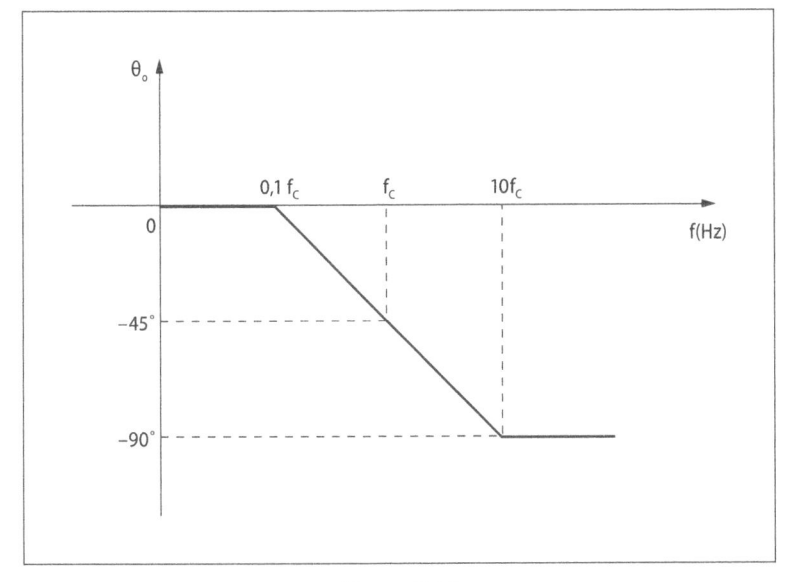

Figura 2.14

≫ Rise-time (tempo de subida)

Uma característica importante dos AOPs é o chamado *rise-time* ou tempo de subida. Por definição, chamamos de *rise-time* o tempo gasto pelo sinal de saída para variar de 10 a 90% de seu valor final. Veja a Figura 2.15 na página 32.

Representaremos o *rise-time* por T_r. Para o AOP 741, o *rise-time* típico é da ordem de 0,3μs. Esse valor é medido tomando-se para teste o circuito seguidor de tensão (a ser estudado no Capítulo 3), no qual se aplica um trem de pulsos de 5 volts de amplitude. Pode-se demonstrar que existe uma relação entre a largura de faixa de um circuito com AOP e o valor de T_r. Essa relação é a seguinte:

$$\boxed{BW(MHz) = \frac{0,35}{T_r(\mu s)}} \qquad (2\text{-}21)$$

Essa expressão é útil quando se deseja calcular BW para um circuito a partir do valor do *rise-time* do AOP (obtido no manual do fabricante). Para sinais de saída de amplitudes relativamente altas, a Equação 2-21 nos dá maior precisão do que a Equação 2-12.

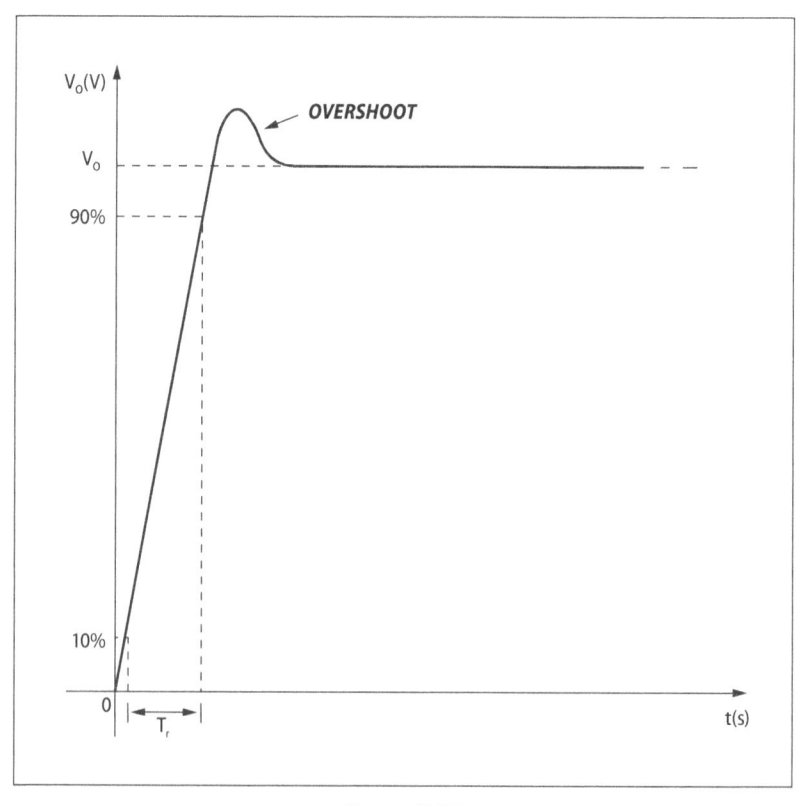

Figura 2.15

Quem determina o valor de T_r é uma rede de atraso, a qual é o modelo equivalente do circuito interno do AOP, obtido quando se aplica no mesmo um trem de pulsos de frequência relativamente alta (em torno de 1,5KHz, na prática). O processo de carga do capacitor representado nessa rede de atraso é diretamente responsável por T_r. Seja V_c a tensão instantânea sobre o capacitor, temos:

$$v_c = V(1 - e^{-t/RC})$$

Onde V é uma tensão continua aplicada no capacitor. Sabemos que, depois de um certo tempo (aproximadamente 5RC), teremos:

$$v_c \simeq V \text{ (valor final)}$$

Seja t_1 o tempo para o qual se tem $v_c = \dfrac{V}{10}$ e t_2 o tempo para o qual $v_c = \dfrac{9V}{10}$, logo:

$t_1 \simeq 0,1RC$
$t_2 \simeq 2,3RC$

Finalmente:

$T_r = t_2 - t_1$

$$\boxed{T_r = 2,2RC} \qquad (2\text{-}22)$$

Mas, se BW representa a largura de faixa dessa rede de atraso, temos:

$$BW = \frac{1}{2\pi RC} \qquad (2\text{-}23)$$

Substituindo a Equação 2-22 na Equação 2-23, obteremos:

$$BW = \frac{2,2}{2\pi T_r} \therefore BW = \frac{0,35}{T_r}$$

Esse resultado confirma a Equação 2-21. Evidentemente a demonstração efetuada não apresenta muito rigor técnico, posto que seria necessário levar em consideração os estágios amplificadores presentes na estrutura interna do AOP e seus respectivos modelos elétricos. Entretanto, esperamos que o leitor tenha, pelo menos, percebido a ideia básica aplicada na análise feita.

≫ *Overshoot*

Finalmente, resta-nos considerar uma outra característica citada nos manuais dos fabricantes, denominada *overshoot*, a qual costuma ser traduzida por sobrepassagem ou sobredisparo. *Overshoot* é o valor, dado em porcentagem, que nos informa de quanto o nível de tensão de saída foi ultrapassado durante a resposta transitória do circuito, ou seja, antes da saída atingir o estado permanente. Para o AOP 741, o *overshoot* é da ordem de 5%. Na Figura 2.15, encontra-se indicado o ponto de *overshoot*. Convém frisar que o *overshoot* é um fenômeno prejudicial, principalmente quando se trabalha com sinais de baixo nível.

Seja v_o o valor do nível estabilizado da tensão de saída do circuito com AOP e seja v_{ovs} o valor da amplitude da sobrepassagem ou *overshoot* em relação ao nível v_o, temos, então:

$$\%v_{ovs} = \frac{v_{ovs}}{v_o} \times 100 \qquad (2\text{-}24)$$

A determinação dos parâmetros *rise-time* e *overshoot* constitui o estudo da resposta transitória do AOP. Normalmente, os fabricantes fazem esse estudo utilizando para teste o circuito seguidor de tensão (no caso do AOP CA741, veja o Apêndice D).

Exercícios resolvidos

1 Para um determinado AOP, o fabricante especificou um ganho máximo, em malha aberta, de 112dB. Determine o ganho do AOP no ponto da frequência de corte do mesmo (supor o AOP em malha aberta).

Solução

No ponto da frequência de corte (ou ponto de meia potência) temos, pela Equação 2-17:

$A_{vo}(dB) = A_{vo}(máx)(dB) - 3dB$

Ou seja,

$A_{vo}(dB) = 112 - 3$

$\therefore$ $\boxed{A_{vo}(dB) = 109dB}$

2 Em um amplificador, utilizando o CA 741 alimentado com ± 15V, deseja-se um sinal de saída com amplitude máxima de 12V. Determine a frequência máxima do sinal de entrada (supondo-o senoidal).

Solução

A frequência máxima é exatamente a frequência f dada pela Equação 2-13, ou seja:

$$f = \frac{SR}{2\pi V_p}$$

Para o CA 741 temos SR = 0,5V/μs = 0,5 · 10⁶V/s, logo:

$$f = \frac{0,5 \cdot 10^6}{2\pi(12)}$$

$\therefore$ $\boxed{f \approx 6,63\text{KHz}}$

3 Repita o exercício anterior supondo que o AOP utilizado seja o LM 318.

Solução

Para o LM 318 temos SR = 70V/μs, logo:

$$f = \frac{70 \cdot 10^6}{2\pi(12)}$$

$\therefore$ $\boxed{f \approx 928,4\text{KHz}}$

Note que a frequência do sinal de entrada, neste caso, é cerca de 140 vezes maior do que a frequência obtida no exercício anterior.

4 O AOP utilizado em um amplificador possui SR = 4V/μs. Determine a amplitude máxima do sinal senoidal de saída, não distorcido, na frequência de 100KHz.

Solução

Pela Equação 2-13, temos:

$$V_p = \frac{4 \cdot 10^6}{2\pi(10^5)} \quad \therefore \quad \boxed{V_p \approx 6,37\text{V}}$$

Exercícios de fixação

1. Explique os três modos básicos de operação de um AOP.

2. Descreva, com suas próprias palavras, o sistema com realimentação negativa apresentado na Figura 2.4.

3. Explique o significado da Equação 2-7 (equação de Black).

4. Explique os conceitos de curto-circuito virtual e terra virtual.

5. Quais são as duas condições necessárias para que a Equação 2-11 seja válida?

6. Explique o significado da curva de resposta em malha aberta, mostrada na Figura 2.6.

7. Qual é a largura de faixa (BW) do AOP 741 em malha aberta?

8. Explique o significado da Equação 2-12 e conceituar f_T.

9. O que é compensação de frequência? Comente.

10. Defina taxa de subida ou *slew-rate* de um AOP. Explique o significado da Equação 2-13.

11. Um sinal senoidal de saída, em um amplificador com AOP, possui 10 V (pico). Pergunta-se: qual é a máxima frequência do sinal, de modo que não ocorra distorção, supondo que o AOP utilizado seja o CA 741? E se for utilizado o LF 351?

12. Repita o exercício anterior supondo que o AOP utilizado seja o LF 351.

13. Conceitue saturação.

14. Explique o significado das Equações 2-14 e 2-15.

15. Conceitue ruído e explique como podemos proteger os circuitos integrados contra os efeitos do mesmo.

16. Defina frequência de corte (f_c).

17. Explique o significado da Equação 2-17.

18. O que é uma rede de atraso do tipo RC? Explique o significado das Figuras 2.13 e 2.14.

19. Conceitue tempo de subida ou *rise-time*.

20. Explique o significado da Equação 2-21.

21. Conceitue *overshoot*.

22. Consultando o Apêndice E, faça um comentário sucinto sobre o CA 324. Apresente um esboço do seu diagrama funcional (inclusive a pinagem) e dê seus principais destaques.

23. Reportando-se aos *databooks* da National Semiconductors e da RCA, elabore uma lista com, pelo menos, seis diferenças básicas entre as características elétricas do LF 351 e do CA 3140 (o qual utiliza tecnologia BIMOS). Inclua na listagem a tensão diferencial de entrada máxima dos AOPs dados.

24. Utilizando o *databook* da National Semiconductors, faça uma pesquisa para responder às perguntas abaixo:
    a) O AOP LM 301A possui compensação interna de frequência?
    b) Quais os métodos utilizados para se fazer a compensação de frequência do LM 301A?

25. PESQUISA – Existe no mercado um AOP denominado LMC 6061, fabricado com tecnologia CMOS de baixíssimo consumo. Procure informações sobre o LMC 6061 e compare suas características com as do LM 741 e com as do LF 351. Devido ao seu baixo consumo de potência, o LMC 6061 pode ser utilizado em circuitos alimentados por pilhas ou baterias.

> » **DICA**
> Uma opção para responder às Questões 23, 24 e 25 é acessar o *databook online* da National no *site*: www.national.com.

capítulo 3

Circuitos lineares básicos com AOPs

Dizemos que um circuito com AOP é linear quando o mesmo opera como amplificador. A análise de circuitos lineares com AOP é muito simplificada quando se supõe o AOP ideal. Nesse caso, e considerando o fato de o circuito ser linear, na análise podem se aplicar os teoremas já estabelecidos na teoria de circuitos elétricos, como as leis de Kirchhoff, o teorema da superposição, o teorema de Thèvenin, etc. Se for necessário, esses teoremas poderão ser utilizados pelo projetista.
Os circuitos a serem analisados neste capítulo, por considerarem o AOP ideal, apresentarão resultados exatos. Todavia, na prática, essa situação não ocorre, mas os resultados serão bastante satisfatórios e serão tanto melhores quanto melhores forem as características do AOP utilizado.

Objetivo de aprendizagem

>> Analisar alguns circuitos lineares fundamentais com AOPs

≫ O amplificador inversor

O primeiro circuito linear que analisaremos será o amplificador inversor. Essa denominação se deve ao fato de que o sinal de saída estará 180° defasado em relação ao sinal de entrada. A Figura 3.1 apresenta a configuração padrão do circuito amplificador inversor.

Aplicando LCK (lei das correntes de Kirchhoff) no ponto a, temos:

$$I_1 + I_f = I_{B1}$$

Mas, supondo o AOP ideal, temos:

$$I_{B1} = 0$$

Logo:

$$\frac{v_i - v_a}{R_1} + \frac{v_o - v_a}{R_f} = 0$$

Por outro lado, no ponto a temos um terra virtual, ou seja:

$$v_a = 0$$

Portanto,

$$\frac{v_i}{R_1} + \frac{v_o}{R_f} = 0$$

e, finalmente:

$$\boxed{A_{vf} = \frac{v_o}{v_i} = -\frac{R_f}{R_1}} \qquad (3\text{-}1)$$

A Equação 3-1 comprova a controlabilidade do ganho em malha fechada através do circuito de realimentação negativa.

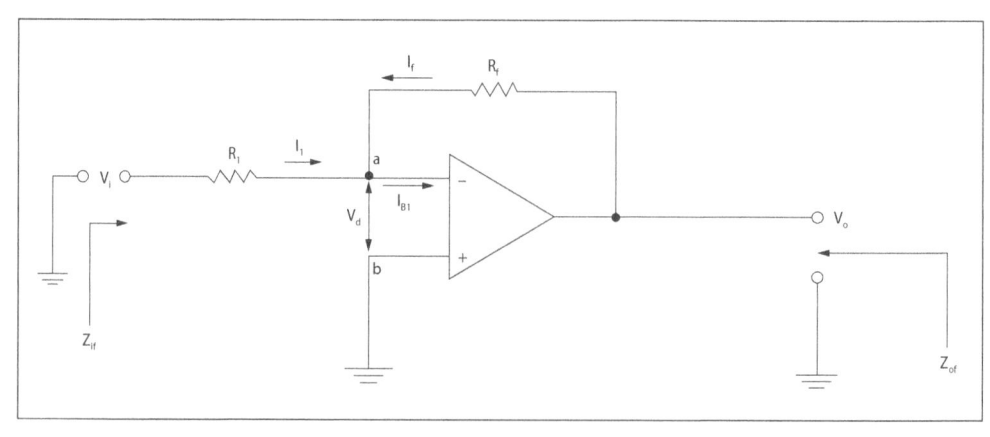

Figura 3.1

O sinal negativo indica a defasagem de 180° do sinal de saída em relação ao sinal de entrada. Em termos de números complexos, temos:

$$\overline{A}_{vf} = \frac{v_o}{v_i} = \frac{R_f}{R_1} \underline{|180°}$$

Uma desvantagem do amplificador inversor é que sua impedância de entrada (Z_{if}) é determinada unicamente pelo valor de R_1, ou seja:

$$\boxed{Z_{if} \simeq R_1} \qquad (3\text{-}2)$$

Já dissemos no Capítulo 2 (p. 25) que a equação

$$\boxed{Z_{if} = R_i(1 + BA_{vo})} \qquad (2\text{-}14)$$

não era válida para o circuito inversor. Admitiremos esse fato sem demonstrar, mas o leitor interessado poderá recorrer ao volume 2 da obra de Malvino – Eletrônica. Convém relembrar que para o amplificador inversor temos:

$$\boxed{Z_{of} = \frac{R_o}{1 + BA_{vo}}} \qquad (2\text{-}15)$$

Outro fato que admitiremos sem demonstrar é que o fator de realimentação negativa (B), para o amplificador inversor, é dado por:

$$\boxed{B = \frac{R_1}{R_1 + R_f}} \qquad (0 \le B \le 1) \qquad (3\text{-}3)$$

O próprio leitor poderá demonstrar (facilmente) essa equação, observando a nota na página seguinte.

>> O amplificador não inversor

O amplificador não inversor não apresenta defasagem do sinal de saída. As Equações 2-14 e 2-15, vistas anteriormente, são válidas nesse caso:

$$Z_{if} = R_i(1 + BA_{vo})$$
$$Z_{of} = \frac{R_o}{1 + BA_{vo}}$$

Podemos concluir, portanto, que o amplificador não inversor apresenta alta impedância de entrada, posto que a mesma é igual ao produto da resistência de entrada do AOP(R_i) por um fator muito grande. Admitiremos a seguinte relação para o amplificador não inversor (ver Figura 3.2, p. 40):

$$\boxed{B = \frac{R_1}{R_1 + R_f}} \qquad (3\text{-}4)$$

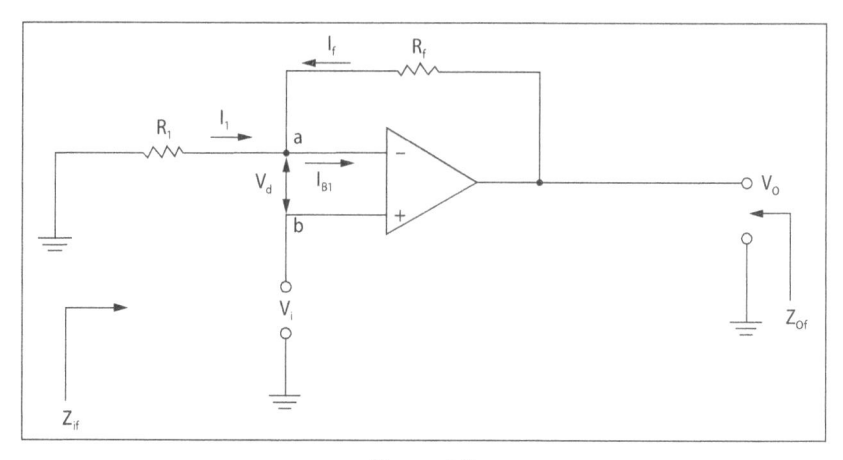

Figura 3.2

Nota: Essa relação é idêntica à utilizada para o amplificador inversor. De fato, o fator B, por definição, representa a fração do sinal de saída (exclusivamente) que é realimentada na entrada inversora do AOP. Utilizando o teorema da superposição, podemos demonstrar a Equação 3-3. Por outro lado, a Equação 3-4 pode ser demonstrada utilizando a regra do divisor de tensão. Tente! Observe também que B varia entre 0 e 1, conforme é facilmente verificado pelas Equações 3-3 e 3-4.

Vamos, pois, analisar o amplificador não inversor.

Aplicando LCK no ponto **a**, temos:

$$\frac{0 - v_a}{R_1} + \frac{v_o - v_a}{R_f} = 0$$

Neste caso, $v_a = v_i$, pois $v_d = 0$, logo:

$$-\frac{v_i}{R_1} + \frac{v_o - v_i}{R_f} = 0$$

Ou seja:

$$\boxed{A_{vf} = \frac{v_o}{v_i} = 1 + \frac{R_f}{R_1}} \qquad (3\text{-}5)$$

Comprova-se, mais uma vez, que o ganho em malha fechada pode ser controlado pelo circuito de realimentação negativa. Black estava certo!...

Finalmente, é importante observar que nesse caso $A_{vf} = \frac{1}{B}$, mas, no caso do amplificador inversor, $A_{vf} \neq \frac{1}{B}$.

≫ Considerações práticas e tensão de offset

Já dissemos que o AOP apresenta uma tensão de *offset* de saída V_o (*offset*) mesmo quando as entradas são aterradas [veja a seção "Conceito de tensão de *offset* de saída"

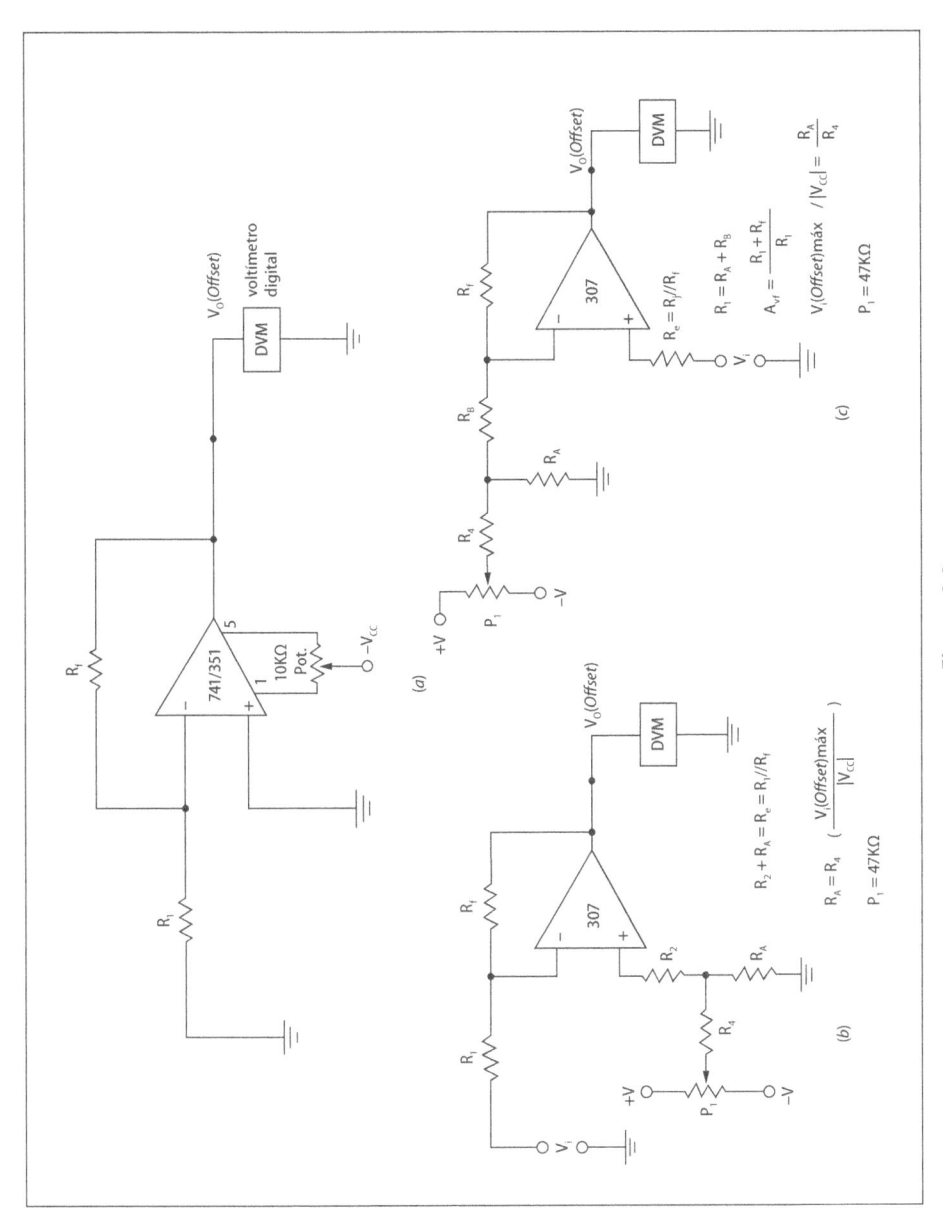

Figura 3.3

Capítulo 3 » Circuitos lineares básicos com AOPs

(p. 8)]. Na Figura 3.3(a) representamos essa situação. Para cancelar a tensão V_o (*offset*), o fabricante do AOP costuma fornecer dois terminais, aos quais se conecta um potenciômetro. O cursor do potenciômetro é levado a um dos pinos de alimentação para prover o ajuste ou cancelamento dessa tensão. O cancelamento de V_o (*offset*), através do potenciômetro, se dá devido ao fato de os pinos citados estarem conectados ao estágio diferencial de entrada do AOP, permitindo, assim, o balanceamento das correntes de coletor dos transistores do referido estágio (veja o Apêndice A, p. 229).

Esse balanceamento permitirá o cancelamento da pequena diferença de tensão existente entre os valores de V_{BE} (tensão entre base e emissor) dos transistores citados, denominada tensão de *offset* de entrada, V_i (*offset*), a qual é amplificada produzindo a tensão de *offset* de saída. O valor de V_i (*offset*) é fornecido pelos fabricantes e, no caso do AOP 741, é da ordem de 6mV (valor máximo). No manual do fabricante americano esse parâmetro vem denominado como *input offset voltage*.

>> Balanceamento externo

Quando o AOP não possui os terminais para esse ajuste ou balanceamento (p. ex., LM 307), o mesmo deverá ser feito através de circuitos resistivos externos. Nas Figuras 3.3(*b*) e 3.3(*c*) (ver p. 41), temos os circuitos externos utilizados para fazer a compensação de *offset* em AOPs que não possuem terminais específicos para essa finalidade. A Figura 3.3(*b*) nos mostra o circuito de compensação aplicado para a configuração inversora, e a Figura 3.3(*c*) nos mostra o circuito aplicado para configuração não inversora. Ao lado de cada circuito se acham as equações necessárias ao projeto dos mesmos. O leitor deve estar percebendo que a utilização de AOPs sem terminais específicos para o ajuste de *offset* resulta numa grande perda de tempo e, dependendo do AOP e da precisão dos resistores utilizados, costuma sair mais caro do que a utilização de um AOP provido desses terminais específicos. Porém, em qualquer caso, a tensão de *offset* de saída poderá ser reduzida (mas não anulada), de forma bem mais simples e prática, colocando-se um resistor de equalização no terminal não inversor. Esse procedimento é aconselhável pelos próprios fabricantes e possui uma justificativa técnica, a qual não será objeto de análise nesse texto por ser bastante longa. O resistor de equalização (R_e) está indicado nas Figuras 3.4(*a*) e 3.4(*b*) (ver p. 43) e seu valor, em qualquer dos casos, é dado por:

$$\boxed{R_e = \frac{R_1 R_f}{R_1 + R_f}} \quad (3\text{-}6)$$

Existe uma relação entre V_i (*offset*) e V_o (*offset*), válida para ambas as configurações anteriores, a qual é a seguinte:

$$\boxed{V_o(\text{offset}) = \left(1 + \frac{R_f}{R_1}\right) \cdot V_i(\text{offset})} \quad (3\text{-}7)$$

Finalmente, convém salientar que após ter sido feito o ajuste da tensão de *offset*, sob determinada temperatura ambiente, a mesma poderá apresentar um novo valor de tensão de *offset*, caso haja mudança de temperatura. Assim, em circuitos de precisão, é necessário refazer o ajuste periodicamente.

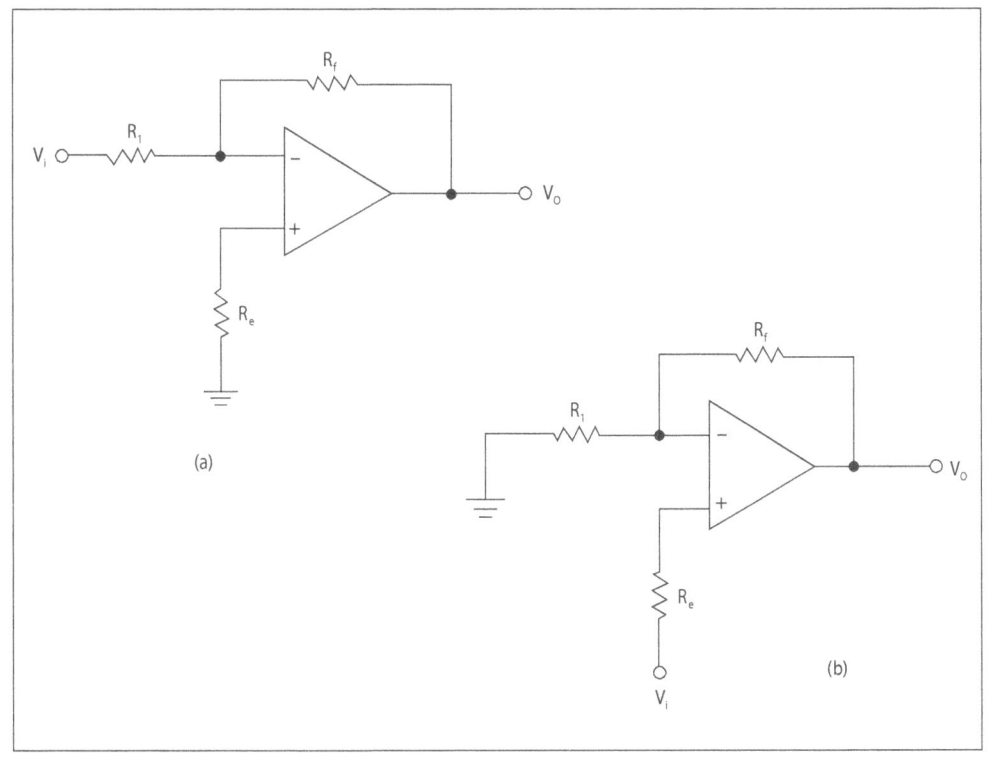

Figura 3.4

» O seguidor de tensão (buffer)

Se no amplificador não inversor fizermos $R_1 = \infty$ (circuito aberto) e $R_f = 0$ (curto), teremos:

$$A_{vf} = \frac{v_o}{v_i} = 1 \qquad (3\text{-}8)$$

A Figura 3.5 (p. 44) nos mostra a configuração denominada seguidor de tensão, também conhecida como *buffer*.

Este circuito apresenta uma altíssima impedância de entrada e uma baixíssima impedância de saída, já que nesse caso temos B = 1 e nos amplificadores inversor e não inversor o valor de B é menor que 1.

O seguidor de tensão apresenta diversas aplicações:

   a) isolador de estágios
   b) reforçador de corrente
   c) casador de impedâncias, etc.

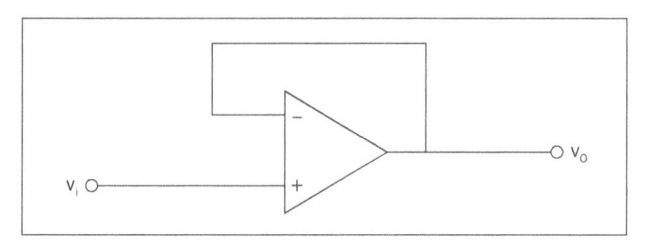

Figura 3.5

Dos circuitos com AOP, o seguidor de tensão é o que apresenta características mais próximas das ideais, em termos das impedâncias de entrada e de saída.

Em alguns casos, um seguidor de tensão pode receber um sinal através de uma resistência em série, colocada no terminal não inversor (R_s). Nesse caso, para que se tenha um balanceamento do ganho e das correntes, é usual a colocação de um outro resistor de mesmo valor na malha de realimentação (R_f). Na Figura 3.6, devemos ter $R_s = R_f$, o que implica em $A_{vf} = 1$.

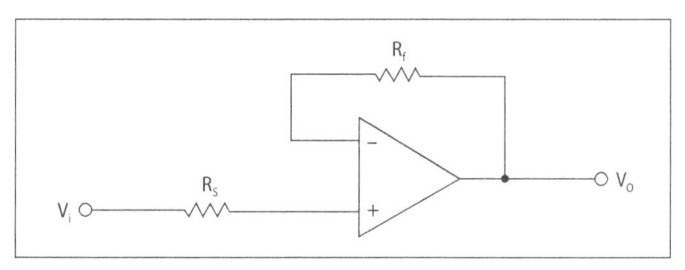

Figura 3.6

Uma aplicação prática do que acabamos de dizer é a utilização do *buffer* no casamento da impedância de saída de um gerador de sinal com um amplificador de baixa impedância de entrada, conforme ilustrado na Figura 3.7.

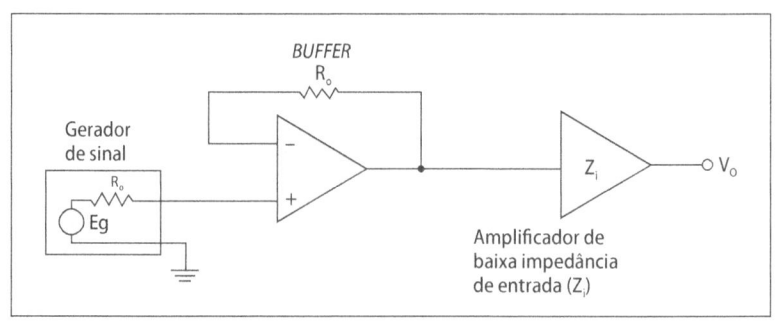

Figura 3.7

Quando as amplitudes dos sinais envolvidos são relativamente altas (da ordem de volts), não é necessário colocar R_o, já que o erro produzido pelo desbalanceamento não será apreciável.

Associação de estágios não interagentes em cascata

Chamamos de estágio não interagente aquele que apresenta uma alta impedância de entrada, de modo a não servir de carga para o estágio anterior, pois, idealmente, não drena nenhuma corrente do mesmo.

Seja a associação representada na Figura 3.8, temos:

$$A_{vf} = \frac{V_o}{V_i} = \frac{V_{o1}}{V_i} \times \frac{V_{o2}}{V_{o1}} \times \frac{V_{o3}}{V_{o2}} \times \frac{V_{o4}}{V_{o3}} \times \ldots \times \frac{V_o}{V_{o(n-1)}} \qquad (3\text{-}9)$$

onde n é o número de estágios.

Em decibéis, temos:

$$A_{vf}(dB) = A_{vf}(dB)_1 + A_{vf}(dB)_2 + A_{vf}(dB)_3 + \ldots + A_{vf}(dB)_n \qquad (3\text{-}10)$$

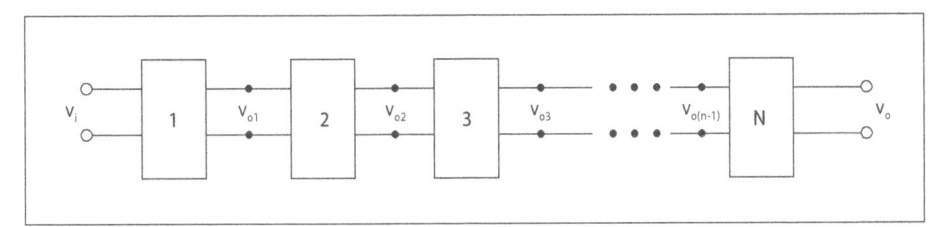

Figura 3.8

Como exemplo de estágios não interagentes, podemos citar:

» seguidor de tensão
» amplificador não inversor
» amplificador inversor com R_1 de alto valor

Quando associamos em cascata diversos estágios não interagentes, ocorre o fenômeno de estreitamento da largura de faixa. A análise desse fenômeno é um pouco complexa, mas, se considerarmos o caso particular de n estágios idênticos[1] em cascata, a mesma se torna mais simples (veja o volume 2 da obra de Malvino – Eletrônica). Para esse caso particular, temos:

$$(BW)_n = (BW)\sqrt{2^{1/n} - 1} \qquad (3\text{-}11)$$

Onde:

» $(BW)_n$ é a largura de faixa da associação

---

[1] Podemos definir estágios idênticos como sendo aqueles que possuem a mesma configuração, o mesmo ganho em malha fechada e são construídos com o mesmo AOP; logo, terão a mesma largura de faixa (BW).

» (BW) é a largura de faixa de cada estágio
» n é o número de estágios (idênticos)

Conforme se pode demonstrar a partir da Equação 3-11, a largura resultante será menor do que a largura de faixa de cada estágio individualmente.

≫ O amplificador somador

O circuito da Figura 3.9 é um amplificador somador com três entradas. Evidentemente, o número de entradas pode variar. No caso particular de apenas uma entrada, temos o amplificador inversor:

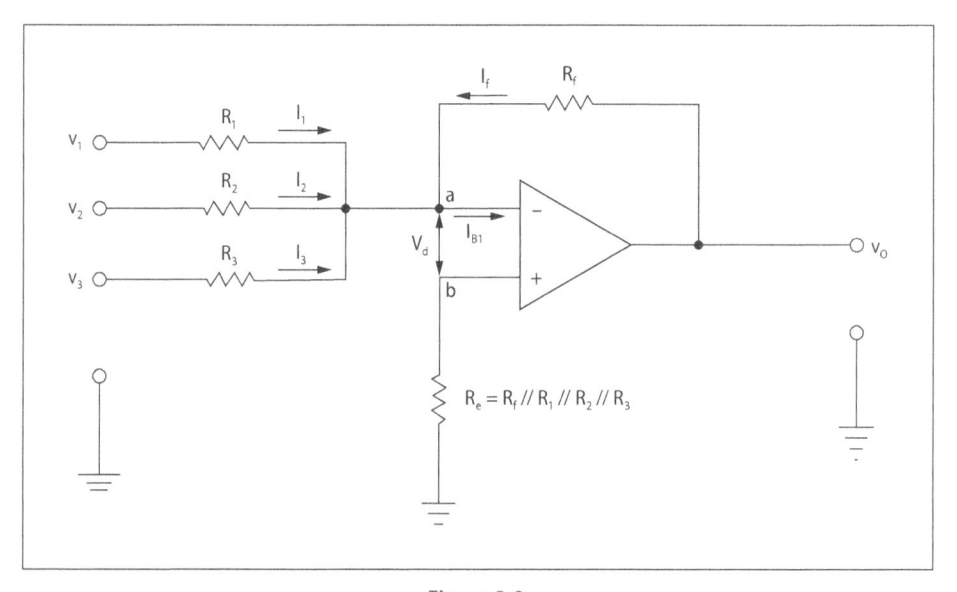

Figura 3.9

Notemos no circuito a presença do resistor de equalização para minimizar a tensão de *offset*. Nesse caso, temos:

$R_e = R_f // R_1 // R_2 // R_3$

Aplicando LCK no ponto **a**, temos:

$$\frac{v_1}{R_1} + \frac{v_2}{R_2} + \frac{v_3}{R_3} + \frac{v_o}{R_f} = 0$$

Ou seja:

$$\boxed{v_o = -R_f \left(\frac{v_1}{R_1} + \frac{v_2}{R_2} + \frac{v_3}{R_3} \right)} \qquad (3\text{-}12)$$

Alguns casos particulares merecem considerações:

a) Se $R_1 = R_2 = R_3 = R_f$, nesse caso teremos:

$$\boxed{v_o = -(v_1 + v_2 + v_3)}$$ (3-13a)

b) Se $R_1 = R_2 = R_3 = 3R_f$, nesse caso teremos:

$$\boxed{v_o = -\frac{v_1 + v_2 + v_3}{3}}$$ (3-13b)

Ou seja, o circuito nos fornece a média aritmética dos sinais aplicados (com sinal oposto).

» O amplificador somador não inversor

O circuito da Figura 3.10 nos apresenta a configuração de um somador especial, no qual a tensão de saída não sofre inversão.

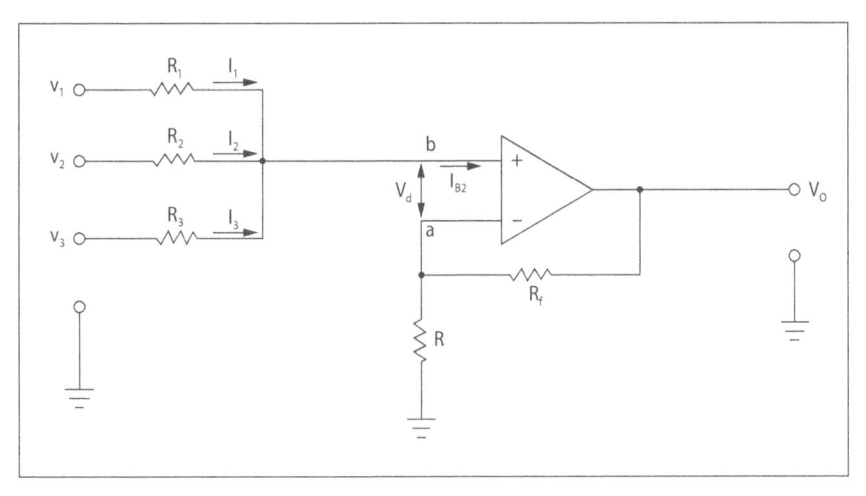

Figura 3.10

Aplicando LCK no ponto **b**, temos:

$$\frac{v_1 - v_b}{R_1} + \frac{v_2 - v_b}{R_2} + \frac{v_3 - v_b}{R_3} = 0$$

$$V_b = \frac{\dfrac{v_1}{R_1} + \dfrac{v_2}{R_2} + \dfrac{v_3}{R_3}}{\dfrac{1}{R_1} + \dfrac{1}{R_2} + \dfrac{1}{R_3}} = \frac{G_1 \cdot v_1 + G_2 \cdot v_2 + G_3 \cdot v_3}{G_1 + G_2 + G_3}$$

Onde $G = 1/R$ é a condutância (expressa em Siemens S).

Os resistores R e R_f formam um amplificador não inversor dado por:

$$v_o = \left(1 + \frac{R_f}{R}\right) v_b$$

Logo:

$$v_o = \left(1 + \frac{R_f}{R}\right) \cdot \frac{G_1 v_1 + G_2 v_2 + G_3 v_3}{G_1 + G_2 + G_3} \qquad (3\text{-}13)$$

No caso particular de se ter $R_1 = R_2 = R_3$ e $R_f = 0$, teremos:

$$v_o = \frac{(v_1 + v_2 + v_3)}{3}$$

que é a expressão normal da média aritmética das tensões aplicadas.

» O amplificador diferencial com AOP ou subtrator

Esse circuito permite que se obtenha na saída uma tensão igual à diferença entre os sinais aplicados, multiplicada por um ganho. Trata-se de um amplificador de inúmeras aplicações na área de instrumentação. Consideremos a Figura 3.11.

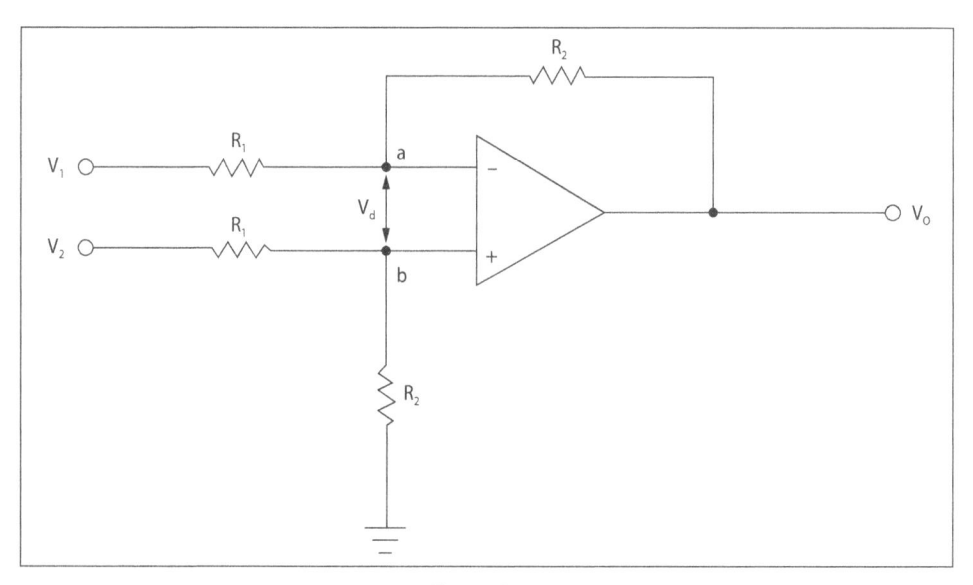

Figura 3.11

Aplicando LCK no ponto **a**, temos:

$$\boxed{\frac{v_1 - v_a}{R_1} + \frac{v_o - v_a}{R_2} = 0} \qquad (3\text{-}14)$$

Aplicando, novamente, LCK no ponto **b**, temos:

$$\frac{v_2 - v_b}{R_1} - \frac{v_b}{R_2} = 0$$

De onde podemos obter:

$$\boxed{v_b = \frac{R_2}{R_1 + R_2} \cdot v_2}^{\,2} \qquad (3\text{-}15)$$

Substituindo essa última equação na Equação 3-14, temos:

$$\frac{v_1 - \left(\dfrac{R_2}{R_1 + R_2}\right) \cdot v_2}{R_1} + \frac{v_o - \left(\dfrac{R_2}{R_1 + R_2}\right) \cdot v_2}{R_2} = 0$$

Da qual obtemos, após um pouco de algebrismo:

$$\boxed{v_o = \frac{R_2}{R_1}(v_2 - v_1)} \qquad (3\text{-}16)$$

O leitor já deve ter observado que esse é o circuito utilizado por nós para demonstrar o conceito de curto-circuito virtual no item 2.3.

Razão de rejeição de modo comum (CMRR)

A Equação 3-16 nos mostra que $v_o = 0$ quando $v_1 = v_2$, mas isso só ocorre quando se tem um AOP ideal. Vamos tentar explicar o que ocorre quando se tem uma situação como a indicada na Figura 3.12 (ver p. 50).

Nesse caso:

$$v_1 = v_2 = v_c$$

onde v_c é denominada tensão de modo comum.

Suponhamos que uma fonte qualquer de ruído se encontre próxima ao circuito da Figura 3.11. Nesse caso, os terminais de entrada seriam afetados por sinais indesejáveis de mesma amplitude e fase. Esses sinais iriam se sobrepor aos sinais aplicados nas entradas e tenderiam a ser amplificados caso não existisse uma importante característica denominada RAZÃO DE REJEIÇÃO DE MODO COMUM (CMRR: *common-mode rejection ratio*), a qual é determinada pelo estágio diferencial de entrada do AOP.

---

[2] Lembrar que $V_a = V_b$ pela propriedade do curto-circuito virtual.

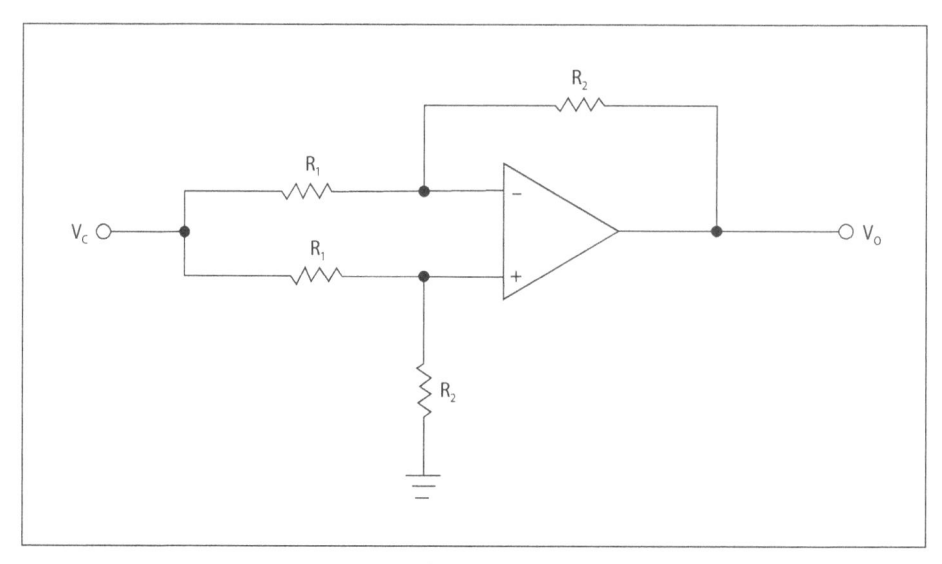

Figura 3.12

Podemos, portanto, definir CMRR como sendo a propriedade de um AOP rejeitar (atenuar) sinais idênticos aplicados, simultaneamente, nas entradas do AOP (sinal de modo comum).

Se no circuito da Figura 3.11 fizermos:

$$A_d = \frac{R_2}{R_1}$$

teremos, pela Equação 3-16:

$$v_o = A_d(v_2 - v_1) \qquad (3\text{-}17)$$

onde A_d é denominado ganho diferencial de tensão. Por outro lado, se A_c representar o ganho de tensão de modo comum do circuito da Figura 3.12, teremos:

$$v_o = A_c v_c \qquad (3\text{-}18)$$

A partir das duas equações anteriores podemos estabelecer um fator de mérito (designado por ρ), o qual nos permite dar um valor numérico a CMRR. Por definição:

$$\rho = \left|\frac{A_d}{A_c}\right| \qquad (3\text{-}19)$$

Ou, então, em decibéis:

$$\rho(dB) = 20\log\left|\frac{A_d}{A_c}\right| \qquad (3\text{-}20)$$

Para um AOP ideal, $A_c = 0$ e, portanto, ρ tende a infinito.

Na prática, um AOP de alta qualidade deve apresentar um valor para ρ (CMRR) de, no mínimo, 100dB. Dentro dessa faixa podemos citar, como exemplos, o LM725 e o LH0036 da National, denominados AOPs de instrumentação ou AOPs de precisão. Para fins comparativos, é conveniente citar que o AOP 741 apresenta um CMRR típico de 90dB.

A Figura 3.13 ilustra, muito bem, a propriedade de CMRR de um AOP. Note que o ruído de 60Hz é eliminado na saída.

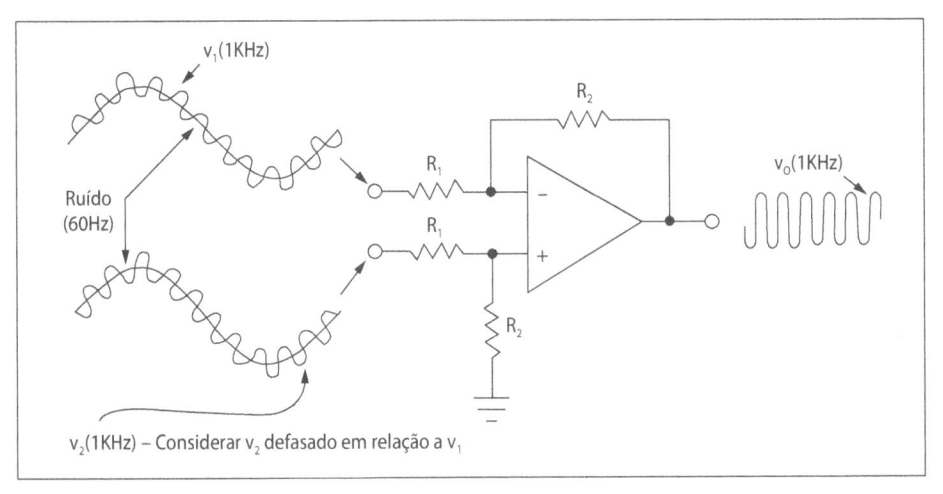

Figura 3.13

Existe uma curva que relaciona CMRR com a frequência do sinal de modo comum. Nem todos os fabricantes fornecem essa curva em seus manuais. Assim, o leitor interessado deverá recorrer ao *databook* de circuitos integrados lineares de algum fabricante que apresente tal curva.

Na Figura 3.14 (p. 52), temos um esboço da variação de CMRR em função da frequência para o AOP 741. Notemos que o valor típico (90dB), fornecido pelo fabricante, só é garantido até aproximadamente 200Hz. Felizmente, a maioria dos ruídos industriais estão nessa faixa (60Hz e 120Hz são frequências comuns de ruídos industriais).

❯❯ O amplificador de instrumentação

Chamamos amplificador de instrumentação a um tipo especial de AOP que nos permite obter algumas características muito especiais, como:

a) resistência de entrada extremamente alta
b) resistência de saída menor que a dos AOPs comuns
c) CMRR superior a 120dB
d) ganho de tensão em malha aberta muito superior ao dos AOPs comuns
e) tensão de *offset* de entrada muito baixa
f) *drift* extremamente baixo

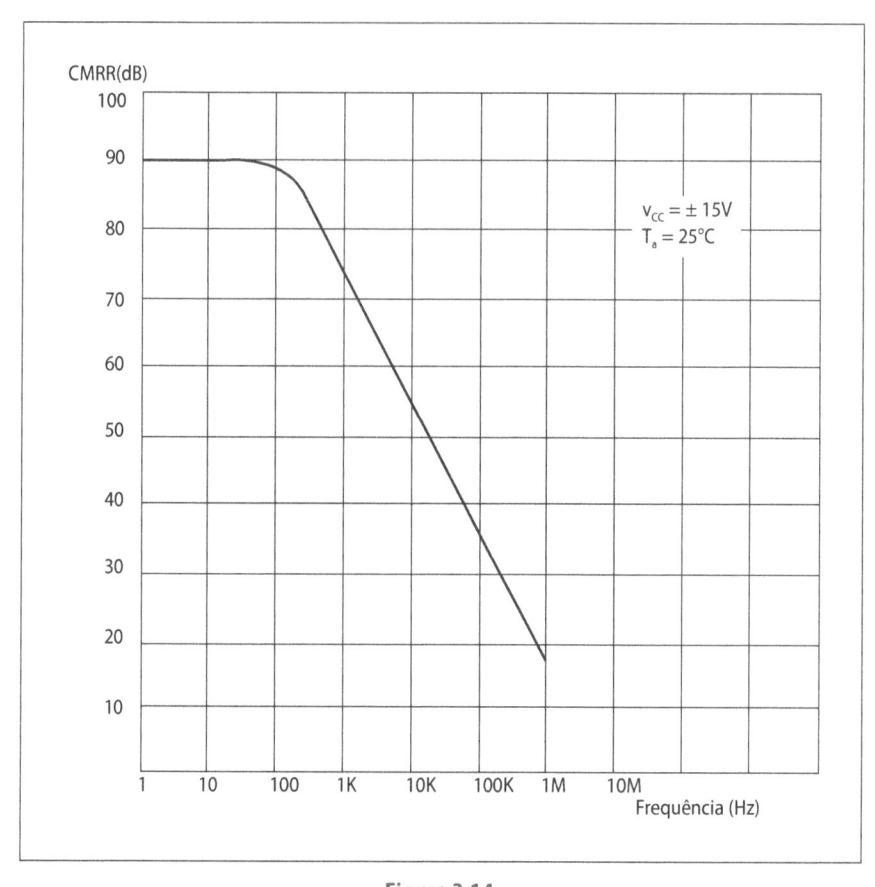

Figura 3.14

Para o AOP de instrumentação tipo LH 0036 (da National), as características citadas anteriormente apresentam os seguintes valores típicos:

a) $R_i = 300(M\Omega)$
b) $R_o = 0,5(\Omega)$
c) $CMRR = 100(dB)$
d) A_{vf} = Baixo (ver comentário a seguir)
e) $V_i(offset) = 0,5(mV)$
f) *drift* relativamente alto ($10\mu V/°C$)

É muito difícil, do ponto de vista tecnológico, construir um AOP que atenda simultaneamente a todas as características citadas. Assim, por exemplo, o LH 0036 não possui um alto ganho e um baixo *drift*, apesar de suas outras características serem muito boas. Entretanto, se num determinado projeto o fator crítico for o ganho, o projetista poderá optar pelo $\mu A725$, cujo valor de A_{vo} é da ordem de 3×10^6, mas o valor de sua resistência de entrada é de apenas $1,5 M\Omega$. O valor típico de CMRR do $\mu A725$ é igual a 120dB.

Como os AOPs de instrumentação são normalmente utilizados em controle de processos industriais, não é necessário que a largura de faixa seja muito ampla ou que o *slew-rate* seja alto. Para o AOP LH 0036 temos BW = 350KHz e SR = 0,3V/μs. Entretanto, no caso específico da largura de faixa, às vezes é necessário até mesmo uma redução do valor da mesma para minimizar a possível penetração de ruídos de alta frequência. Alguns AOPs de instrumentação dispõem de um recurso externo para reduzir BW (o LH 0036 apresenta esse recurso). Por outro lado, é também desejável que o ganho em malha fechada (A_{vf}), conforme dissemos acima, possa ser controlado por um potenciômetro de precisão externo. No caso do LH 0036, o ganho em malha fechada pode ser ajustado entre 1 e 1000. Existem AOPs de instrumentação que permitem uma faixa de ganho maior do que essa (p. ex., o LH 0038).

Outro aspecto importante e que merece consideração é a questão do ajuste da tensão de *offset*. Alguns AOPs de instrumentação têm pinos especiais para essa função (μA725). Entretanto, outros não apresentam esse recurso (LH 0036) e o ajuste deverá ser feito externamente, através de uma rede resistiva [veja a seção "Considerações práticas e tensão de *offset*" (p. 40)].

Finalmente, convém citar que alguns AOPs de instrumentação podem ser utilizados praticamente em todos os circuitos já estudados neste texto (e em outros que ainda estudaremos), mas existem AOPs de instrumentação que possuem aplicações específicas. Como exemplo do primeiro caso, podemos citar o μA725 e, como exemplo do segundo caso, podemos citar o LH 0036, posto que o mesmo é projetado para ser utilizado exclusivamente como um ampliador diferencial de alta precisão. Se desejarmos construir um amplificador diferencial de alta precisão semelhante ao LH 0036, necessitaremos de três CIs idênticos ao μA725 e de alguns resistores de baixa tolerância (1%) e alta estabilidade térmica.

Iremos analisar, a seguir, o circuito de um AOP de instrumentação semelhante ao circuito real do LH 0036. Os resultados que serão obtidos nos permitirão compreender melhor essa classe especial de AOPs.

Dado o circuito da Figura 3.15 (p. 54), notemos que o mesmo apresenta uma altíssima impedância de entrada em virtude dos estágios não inversores colocados em suas entradas. Abaixo do circuito temos o símbolo usual para esses tipos de AOPs de instrumentação, no qual o potenciômetro de ajuste de ganho é evidenciado.

Vamos proceder à análise do circuito anterior. Para tanto, designaremos as tensões de saída de A_1 e A_2 por v_x e v_y, respectivamente. Os potenciais nas entradas inversoras de A_1 e A_2 serão designados, respectivamente, por v_1 e v_2, devido ao curto-circuito virtual. Assim, podemos escrever:

$$\frac{v_x - v_1}{R_2} + \frac{v_2 - v_1}{R_g} = 0$$

Ou seja:

$$\boxed{v_x = \frac{v_1 \cdot R_g + v_1 \cdot R_2 - v_2 \cdot R_2}{R_g}} \quad (3\text{-}21)$$

Por outro lado,

$$\boxed{\frac{v_y - v_2}{R_2} + \frac{v_1 - v_2}{R_g} = 0} \quad (3\text{-}22)$$

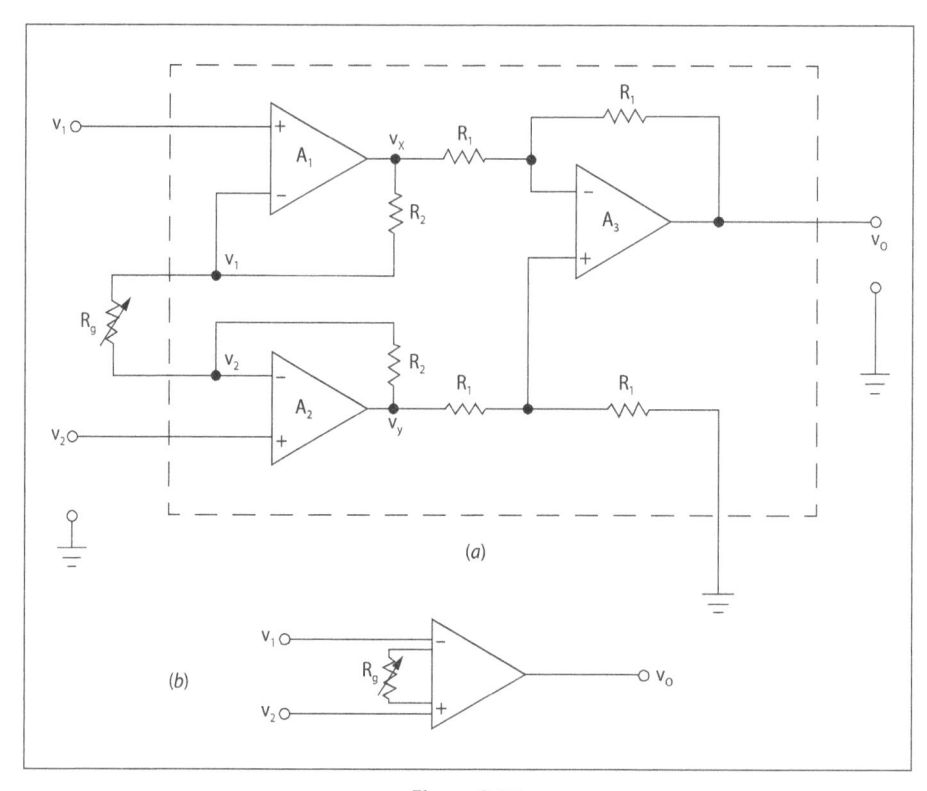

Figura 3.15

Ou seja:

$$v_y = \frac{v_2 \cdot R_2 + v_2 \cdot R_g - v_1 \cdot R_2}{R_g}$$

O estágio seguinte é um amplificador diferencial, já analisado anteriormente, cuja equação de saída em função de v_x e v_y é dada por:

$$v_o = (v_y - v_x)$$

Substituindo a Equação 3-21 e a Equação 3-22 na expressão anterior e efetuando os cálculos algébricos necessários, teremos:

$$v_o = \left(1 + \frac{2R_2}{R_g}\right)(v_2 - v_1) \tag{3-23}$$

O resultado obtido nos mostra que o ganho do circuito pode ser realmente controlado por R_g.

As aplicações industriais dos AOPs de instrumentação são inúmeras. Normalmente um dos sinais (v_1 ou v_2) é proveniente de sensores ou transdutores colocados nas malhas de controle do sistema, e o outro sinal é fixado num determinado valor, denominado referência ou *set-point*, o qual informa ao sistema a condição na qual o mesmo está estabilizado ou, em outras palavras, fornece a condição padrão desejada para o sistema. Aplicações desse tipo exigem alta precisão.

❯❯ Algumas considerações sobre resistores versus frequência

Quando um resistor opera em altas frequências surgem efeitos colaterais indesejáveis. De fato, o modelo de um resistor R em altas frequências pode ser representado pelo circuito da Figura 3.16. Observemos que, se a frequência for baixa (< 100KHz), o indutor se torna um curto e o capacitor se torna um circuito aberto, ou seja, temos uma resistência pura. Porém, quando a frequência aumenta (> 100 KHz), começam a surgir os efeitos das reatâncias capacitava (X_C) e indutiva (X_L) e, dependendo dos valores das mesmas, a resposta em alta frequência de um circuito poderá sofrer distorções. Idealmente, deveríamos ter R = R' para qualquer frequência f.

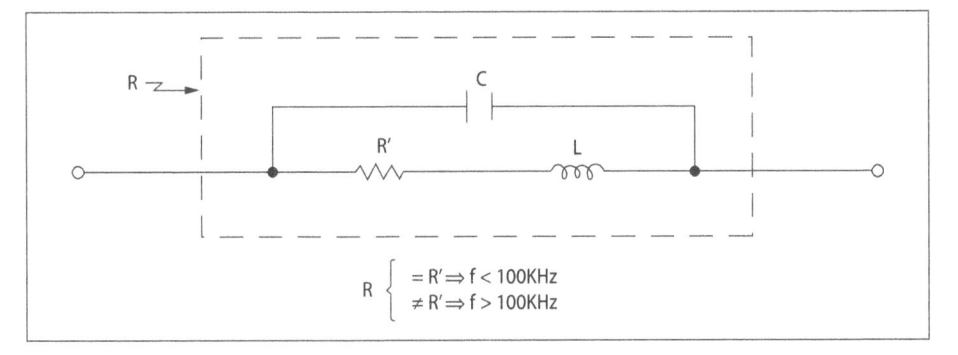

Figura 3.16

Em se tratando de circuitos com AOPs, costuma-se adotar como regra prática a utilização de resistores na faixa preferencial de 1KΩ a 100KΩ. Essa faixa é ideal para frequências de trabalho não superiores a 100KHz, pois os efeitos de X_C e X_L são desprezíveis nesse caso. Quando a frequência for da ordem de 1MHz, a faixa preferencial se reduz para 1KΩ a 10KΩ. Quanto maior a frequência de operação, mais estreita será a faixa de valores para R. Resistor de alto valor em alta frequência constitui sempre a pior situação de projeto. Felizmente, a maioria das aplicações práticas dos AOPs ocorrem em frequências inferiores a 100KHz, e isso nos permite uma grande flexibilidade na determinação dos elementos resistivos dos circuitos.

O leitor interessado em completar esse estudo sobre os efeitos da frequência em um resistor pode consultar o volume 1 da obra de Malvino – Eletrônica.

❯❯ Amplificador de CA com AOP

Existem ocasiões nas quais se torna necessário bloquear a componente CC de um sinal e amplificar apenas a sua componente CA. Esses amplificadores de CA são facilmente obtidos a partir das configurações estudadas neste capítulo.

Para se obter um amplificador de CA inversor basta acrescentar os capacitores C_1 e C_2, respectivamente, na entrada e na saída de um inversor, conforme está indicado na Figura 3.17. Observe que a polarização da entrada inversora é garantida pela malha de realimentação.

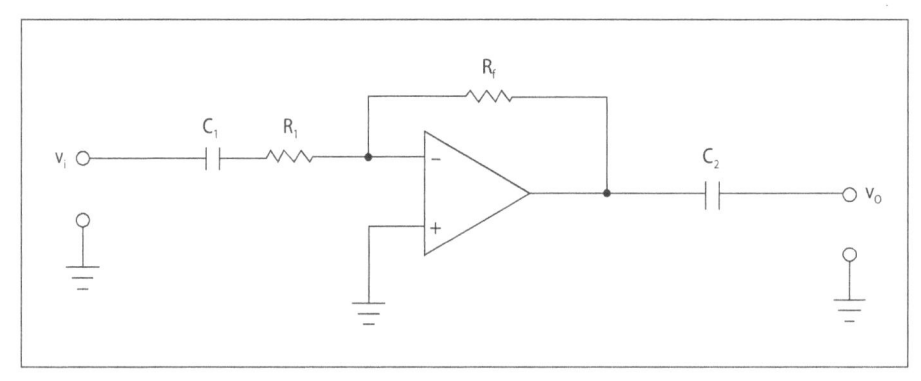

Figura 3.17

É conveniente projetar o circuito anterior de tal modo que os capacitores C_1 e C_2 não apresentem reatâncias apreciáveis à passagem do sinal CA. Assim, costuma-se adotar como regra prática um valor R_1 aproximadamente 10 vezes maior do que X_{C_1}. Logo:

$$\boxed{R_1 \geq \frac{10}{2\pi f C_1}} \qquad (3\text{-}24)$$

onde f é a frequência do sinal aplicado. A partir da equação anterior, podemos calcular C_1 em função de R_1 e da frequência. Se, por exemplo, $R_1 = 10K\Omega$ e f = 1KHz, teremos:

$$10^4 \geq \frac{10}{2.000\pi C_1}$$

ou seja,

$C_1 \geq 0{,}16\mu F$

Um bom valor prático para C_1 pode ser $0{,}47\mu F$ ou até mesmo $1\mu F$.

Da mesma forma, se uma carga R_L for conectada à saída do circuito anterior, o valor da mesma deverá ser aproximadamente 10 vezes maior do que X_{C_2}. Portanto, temos:

$$\boxed{R_L \geq \frac{10}{2\pi f C_2}} \qquad (3\text{-}25)$$

Esta equação nos permite obter C_2 quando se conhece f e R_L. Normalmente o fabricante estabelece um valor mínimo ou típico para R_L. No caso do AOP 741 costuma-se adotar uma carga típica da ordem de $2K\Omega$. Assim, se $C_2 = 1\mu F$ e f = 1KHz, teremos:

$$X_{C2} = \frac{1}{2.000\pi \left(10^{-6}\right)} \simeq 159\Omega$$

De fato, esse valor é consideravelmente menor que 2KΩ.

Na Figura 3.18, temos um amplificador de CA não inversor. Porém, torna-se necessário a inclusão do resistor R_2, a fim de se garantir o retorno CC para terra e a consequente polarização da entrada não inversora, já que C_1 impede que o mesmo se faça através da fonte de sinal v_i. Esse retorno CC é fundamental, pois a polarização do estágio diferencial de entrada está condicionada ao mesmo. Se nos esquecermos desse fato, o circuito não funcionará corretamente.

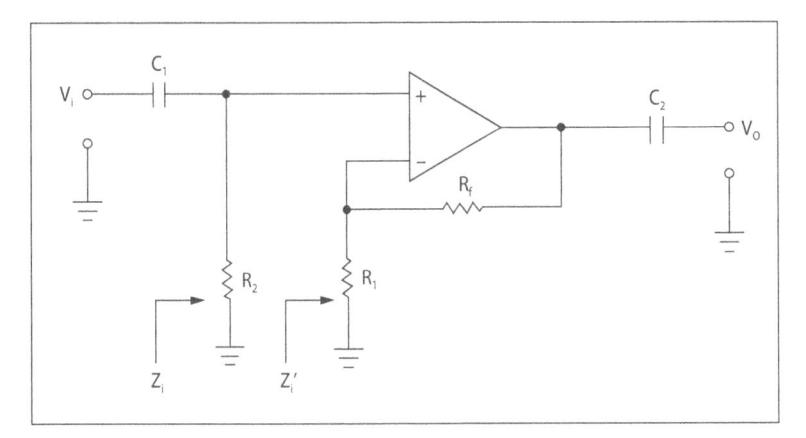

Figura 3.18

Infelizmente, a impedância de entrada Z_i do circuito anterior não é mais tão alta quanto a do amplificador não inversor da Figura 3.2. De fato, R_2 está em paralelo com a impedância de entrada Z'_i (ver Figura 3.18), a qual é muito alta e, por isso, $Z_i \cong R_2$. Em virtude disso, ao utilizarmos este circuito, devemos levar em consideração a sua baixa impedância de entrada. Na prática, costuma-se adotar R_2 na faixa de 10KΩ a 100KΩ.

Evidentemente, o seguidor de tensão (*buffer*) para CA pode ser obtido do circuito anterior, fazendo-se $R_1 = \infty$ (aberto) e $R_f = 0$ (curto).

» *Distribuição de correntes em um circuito com AOP*

Para encerrar este capítulo, vamos fazer uma pequena análise da distribuição de correntes em um circuito com AOP. Para tanto, tomaremos como exemplo um somador. A análise será feita considerando o sentido convencional da corrente, mas o leitor pode optar pelo fluxo real, bastando inverter os sentidos estabelecidos.

Na Figura 3.19 temos o circuito somador em três situações distintas. Para cada uma dessas situações indicamos as respectivas correntes no circuito externo.

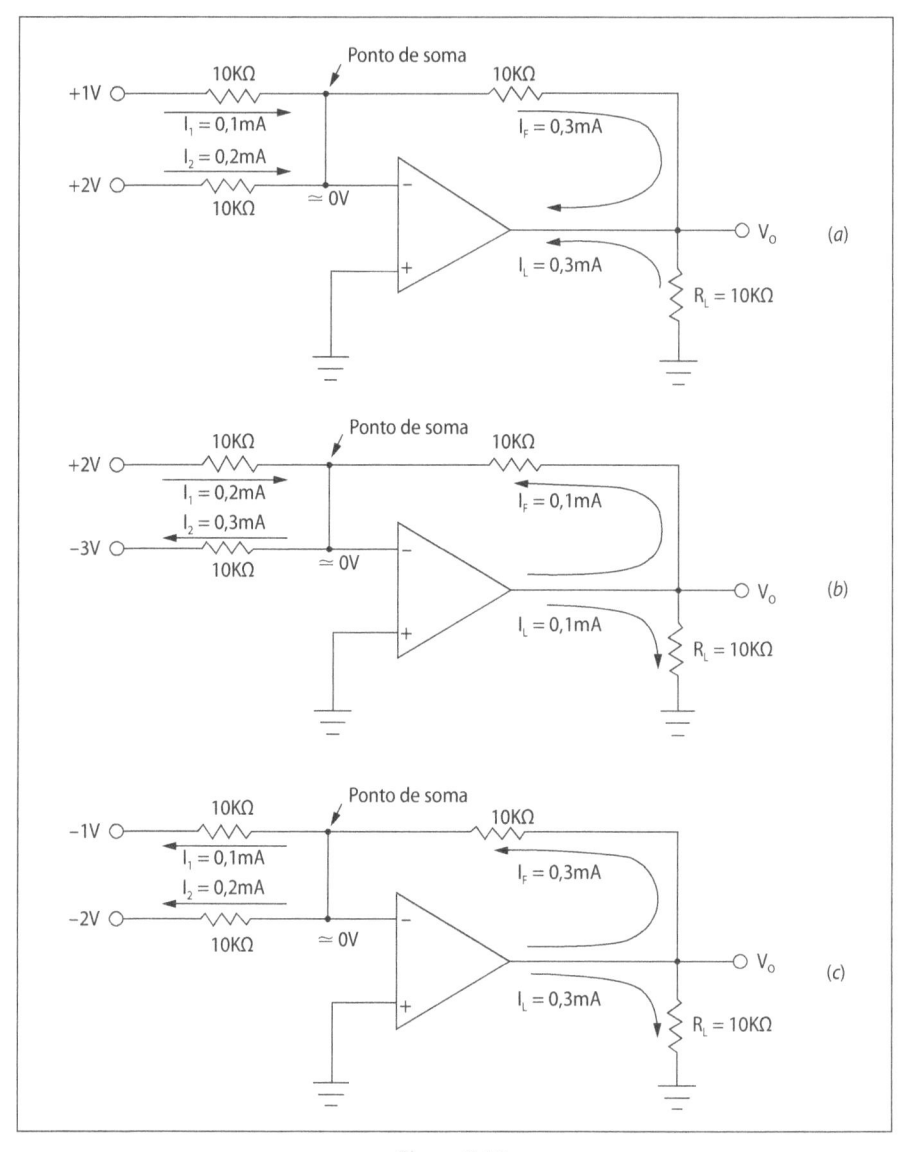

Figura 3.19

Em qualquer das situações analisadas, o leitor deverá perceber a validade da seguinte relação:

$$I_o = I_L + I_F \tag{3-26}$$

onde I_o é a corrente de saída do AOP, I_L é a corrente na carga R_L e I_F é a corrente de realimentação. Para o AOP 741 o valor máximo de I_o é 25mA (ver p. 115).

Em cada situação procuramos mostrar o ponto de soma das correntes ou terra virtual, no qual se tem uma tensão aproximadamente nula.

Exercícios resolvidos

1 Projete um circuito não inversor com ganho de 30,63dB para trabalhar na frequência de 6KHz senoidal. Utilize o AOP 741 e faça $R_f = 33K\Omega$. Qual é a amplitude máxima do sinal de entrada para não ocorrer distorção do sinal de saída? Suponha o AOP alimentado com $\pm 15V$.

Solução

Estamos considerando o circuito da Figura 3.2. Temos:

$$20 \log A_{vf} = 30,63 \Rightarrow A_{vf} = 34$$

$$34 = 1 + \frac{33}{R_1}$$

ou seja,

$$\boxed{R_1 = 1K\Omega}$$

Temos:

$$SR = 2\pi f V_p$$

$$V_p = \frac{0,5 \cdot 10^6}{2\pi 6 \cdot 10^3}$$

$$V_p \simeq 13,26V$$

$$\therefore V_i(\text{pico}) \simeq \frac{13,26}{34}$$

ou seja,

$$\therefore \boxed{V_i(\text{pico}) \simeq 390 \text{ mV}}$$

2 Três estágios não inversores idênticos são associados em cascata. Se cada um possui um ganho de 3dB e largura de faixa igual a 10 KHz, pergunta-se:

a) Qual é o ganho total da associação?
b) Qual é a largura de faixa resultante?

Solução

a) $A_{vf}(\text{total}) = 3 + 3 + 3 \therefore \boxed{A_{vf}(\text{total}) = 9\text{dB}}$

b) $(BW)_3 = 10\sqrt{2^{1/3} - 1} \therefore \boxed{(BW)_3 \simeq 5,1\text{KHz}}$

Observe que a largura de faixa resultante sofreu uma redução aproximada de 50% em relação à largura de faixa de cada estágio individualmente.

3 Projete um amplificador somador com três entradas (v_1, v_2 e v_3) de tal modo que

$$v_o = -(v_1 + 2v_2 + 4v_3)$$

e $R_f = 10K\Omega$. Determinar o resistor de equalização R_e.

Solução

Fazendo a comparação da saída desejada com a Equação 3-12, temos:

$$\frac{R_f}{R_1} = 1 \therefore \boxed{R_1 = 10K\Omega}$$

$$\frac{R_f}{R_2} = 2 \therefore \boxed{R_2 = 5K\Omega}$$

$$\frac{R_f}{R_3} = 4 \therefore \boxed{R_3 = 2,5K\Omega}$$

$$R_e = 10 // 10 // 5 // 2,5 \therefore \boxed{R_e \simeq 1,25K\Omega}$$

4 Utilizando-se das técnicas analíticas empregadas neste capítulo, demonstre que o circuito da Figura 3.20 (abaixo) é uma fonte de corrente constante.

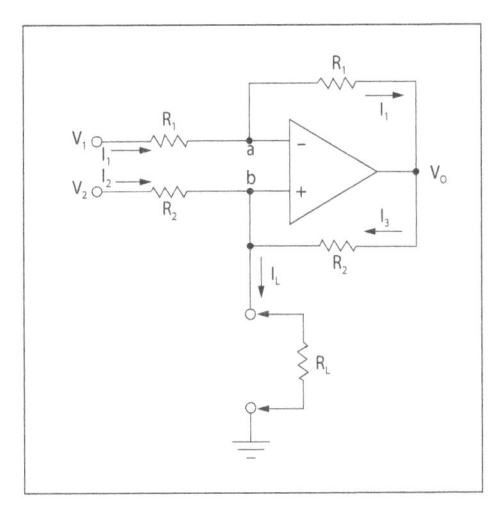

Figura 3.20

Solução

Temos:

$$I_1 = \frac{V_1 - V_a}{R_1} = \frac{V_a - V_o}{R_1} \therefore V_o = 2V_a - V_1$$

$$I_L = I_2 + I_3 = \frac{V_2 - V_b}{R_2} + \frac{V_o - V_b}{R_2}, \text{ mas}$$

$$V_a \simeq V_b \therefore I_L = \frac{V_2 - V_a}{R_2} + \frac{(2V_a - V_1) - V_a}{R_2}$$

Finalmente:

$$I_L = \frac{V_2 - V_1}{R_2}$$

Observemos que, sendo V_1, V_2 e R_2 constantes, I_L é constante e independe do valor da carga R_L. Portanto, o circuito anterior é de fato uma fonte de corrente constante (apesar de sua extrema simplicidade e consequentes limitações).

Exercícios de fixação

1. Considere o amplificador inversor da Figura 3.1. Seja $R_1 = 10K\Omega$ e $R_f = 100K\Omega$. Pede-se:
   a) Calcule o ganho do circuito.
   b) Determine a impedância de entrada do circuito.

2. Explique o que é balanceamento externo e como se deve proceder para balancear externamente um AOP na configuração não inversora. Faça o diagrama e apresente as equações necessárias.

3. O que é resistor de equalização? Explique a sua finalidade.

4. Como se calcula o resistor de equalização para um amplificador inversor? E para um amplificador não inversor?

5. Explique cada uma das aplicações do seguidor de tensão (*buffer*).

6. O que são estágios não interagentes e o que ocorre com a largura de faixa quando associamos diversos estágios não interagentes em cascata?

7. O que é razão de rejeição de modo comum (CMRR) e qual é a importância desse parâmetro? Explique detalhadamente.

8. O que é amplificador de instrumentação? Cite algumas características do mesmo.

9. Qual é a faixa ideal de valores de resistores para se utilizar em circuitos com AOPs?

10. Qual é a finalidade do resistor R_2 do circuito apresentado na Figura 3.18? Explique detalhadamente. Determine a impedância de entrada do circuito, supondo $R_2 = 10K\Omega$.

11. O que é "ponto de soma" das correntes em um AOP realimentado negativamente?

12. Explique a distribuição de correntes nos circuitos da Figura 3.19.

13. Utilizando circuitos do tipo *buffer*, faça o esboço de um distribuidor de sinais para três canais a partir de um único sinal de entrada. Que tipo de AOP você utilizaria nesse projeto? Apresente uma aplicação prática do distribuidor de sinais.

14. PESQUISA – Faça uma pesquisa sobre os tipos e as aplicações de alguns equipamentos nos quais é essencial a utilização de AOPs de instrumentação. *Sugestão:* Equipamentos eletrônicos utilizados em Medicina (Bioeletrônica) constituem ótima opção para essa pesquisa.

capítulo 4

Diferenciadores, integradores e controladores

Os circuitos que analisaremos neste capítulo são de enorme importância devido às aplicabilidades dos mesmos. O leitor observará que essa classe de aplicações lineares dos AOPs é mais complexa que as anteriores, devido à existência de capacitores nos circuitos. Aproveitaremos este capítulo para tratar de alguns aspectos dos chamados controladores eletrônicos analógicos, os quais são muito utilizados em instrumentação e controle de processos industriais.

Objetivo de aprendizagem

» Analisar alguns circuitos lineares avançados com AOPs

❯❯ O amplificador inversor generalizado

Na Figura 4.1, temos um amplificador inversor no qual os resistores de entrada e de realimentação foram substituídos por impedâncias generalizadas, ou seja, Z_1 e Z_f representam associações de resistores e capacitores (raramente são incluídos indutores).

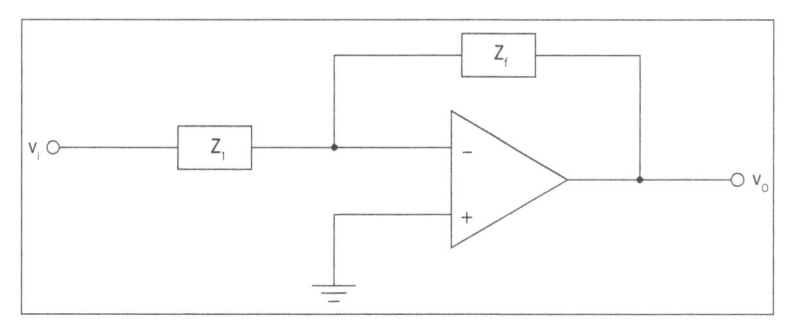

Figura 4.1

Para o circuito acima, podemos escrever uma relação semelhante à do amplificador inversor já estudado no capítulo anterior:

$$A_{vf} = \frac{v_o}{v_i} = -\frac{Z_f}{Z_1} \qquad (4\text{-}1)$$

Esta equação nos será útil nos itens seguintes, pois iremos considerar associações de componentes resistivos e capacitivos.

❯❯ O diferenciador

Este circuito apresenta uma saída proporcional à taxa de variação do sinal de entrada. Na Figura 4.2 temos o circuito de um diferenciador elementar.

Aplicando LCK no ponto **a**, temos:

$$C\frac{dv_i}{dt} + \frac{v_o}{R_f} = 0$$

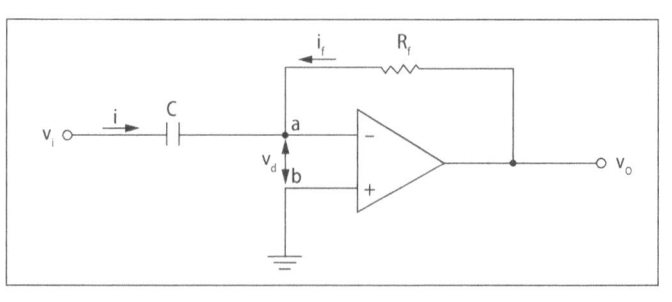

Figura 4.2

de onde se obtém:

$$v_o = -R_f C \frac{dv_i}{dt} \qquad (4-2)$$

Observemos que o sinal de saída apresenta uma inversão em relação ao sinal de entrada.

Se aplicarmos um sinal triangular simétrico na entrada de um diferenciador, a sua saída apresentará um sinal retangular, conforme indicado na Figura 4.3. De fato, o sinal triangular pode ser visto como um conjunto de rampas ascendentes e descendentes, cujas primeiras derivadas são constantes. Podemos demonstrar (e deixaremos isso para o leitor), que o sinal de saída tem seus valores de pico dados por:

$$v_{op} = R_f C \left(\frac{V_{pp}}{T/2}\right) = R_f C \left(\frac{4V_p}{T}\right)$$

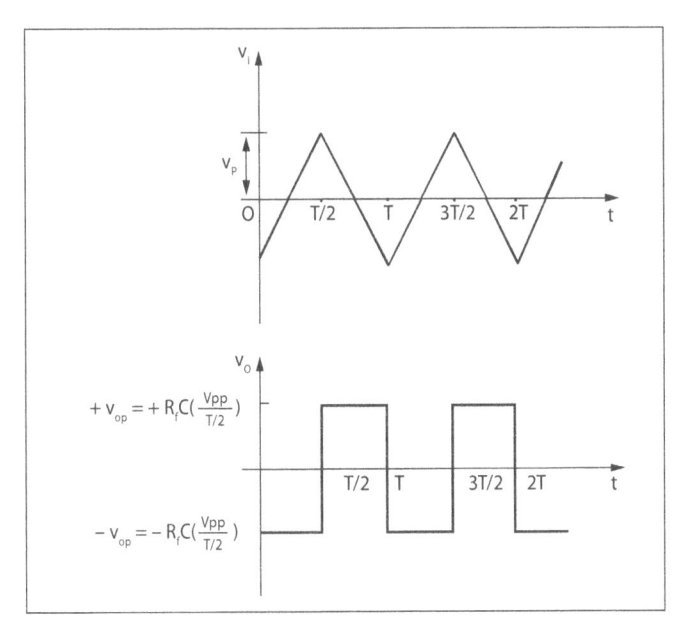

Figura 4.3

Se aplicarmos um sinal retangular na entrada do diferenciador, teremos uma série de pulsos agudos (*spikes*) na sua saída. Isso está ilustrado na Figura 4.4.

Analisaremos a seguir o ganho do circuito anterior. Da Equação 4-1, temos para v_i senoidal:

$$\bar{A}_{vf} = -\frac{R_f}{\frac{1}{j2\pi fC}} = -j2\pi f R_f C$$

em módulo, temos:

$$A_{vf} = 2\pi f R_f C \qquad (4-3)$$

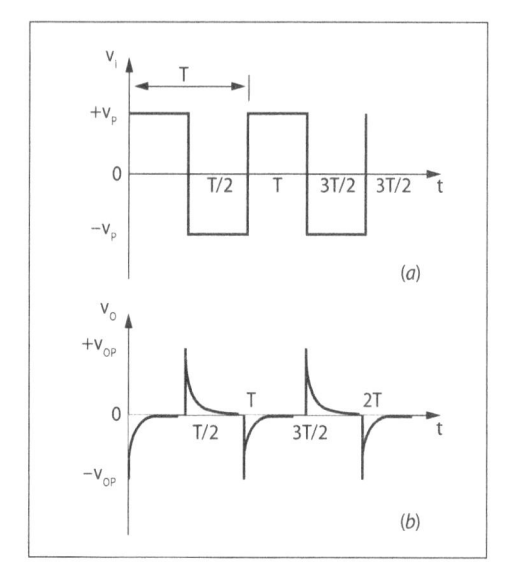

Figura 4.4

Observando a equação anterior, podemos constatar que o ganho é diretamente proporcional à frequência do sinal aplicado, o que torna o diferenciador muito sensível às variações de frequência. Assim, o diferenciador elementar apresenta sérias desvantagens:

» instabilidade de ganho
» sensibilidade a ruídos
» processo de saturação muito rápido

No item seguinte apresentaremos uma solução prática para esses problemas.

» O diferenciador prático

Conforme foi visto, o circuito anterior apresenta um ganho diretamente proporcional à frequência, e isso leva o amplificador a um processo de saturação muito rápido, à medida que a frequência aumenta. Na Figura 4.5 temos um diferenciador, no qual acrescentamos um resistor em série com o capacitor de entrada. Esse circuito possibilita a eliminação de algumas das inconveniências do diferenciador elementar e dá estabilidade ao mesmo, em frequências muito altas, permitindo, assim, controlar a saturação do circuito.

Nesse caso, para um sinal senoidal, temos:

$$\bar{A}_{vf} = \frac{-R_f}{R1 + \dfrac{1}{j2\pi fC}}$$

mas, em termos de módulo, podemos escrever:

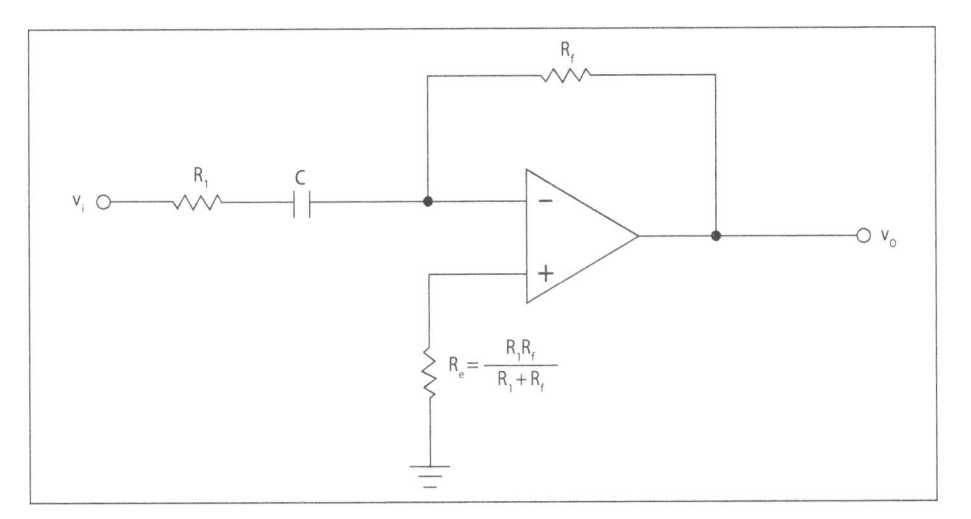

Figura 4.5

$$A_{vf} = \frac{R_f/R_1}{\sqrt{1+\dfrac{1}{(2\pi fCR_1)^2}}}\Bigg]^{1} \quad (4\text{-}4)$$

Notemos, pela equação anterior, que o ganho se estabiliza num valor dado por R_f/R_1 (em módulo), quando a frequência tende a infinito. Logo, em altas frequências o diferenciador se comporta como um amplificador inversor. Outro aspecto importante é que ruídos de alta frequência não têm uma ação muito acentuada sobre o circuito anterior. Na prática, podemos estabelecer um valor limite de frequência, abaixo do qual o circuito se comporta como diferenciador e acima do qual o mesmo atua predominantemente como amplificador inversor. Essa frequência, a qual denominaremos f_L, é exatamente a frequência de corte da rede de atraso do diferenciador, ou seja:

$$f_L = \frac{1}{2\pi R_1 C} \quad (4\text{-}5)$$

Seja f a frequência do sinal aplicado, temos:

» se $f < f_L \Rightarrow$ o circuito tende a atuar como diferenciador
» se $f > f_L \Rightarrow$ o circuito tende a atuar como amplificador inversor de ganho $-R_f/R_1$

Convém ressaltar que as duas situações anteriores são tanto mais verdadeiras quanto mais nos distanciamos de f_L nos dois sentidos.

Finalmente, convém frisar que o diferenciador prático apresentará uma saída mais precisa se impusermos como condições de projeto as seguintes relações:

$$\begin{aligned}(a)\, & R_1 C \leq T/10 \\ (b)\, & R_f \simeq 10 R_1\end{aligned} \quad (4\text{-}6)$$

---

[1] É interessante observar pela Equação 4-4 que: $\lim\limits_{f \to \infty} A_{vf} = \dfrac{R_f}{R_1}$

ou seja, a constante de tempo da rede de atraso da entrada deve ser muito menor (pelo menos 10 vezes) do que o período do sinal aplicado, e a estabilização do ganho em altas frequências deverá ficar em torno de 10. Evidentemente, a condição (b) é opcional e pode não ser adequada ao projeto. Por outro lado, a condição (a) é fundamental e deve ser aplicada.

>> O integrador

Estudaremos a seguir um dos circuitos mais importantes envolvendo AOPs. Trata-se do integrador. Na prática, o integrador é muito mais utilizado do que o diferenciador e não apresenta os problemas do primeiro. O circuito da Figura 4.6 nos apresenta um integrador elementar.

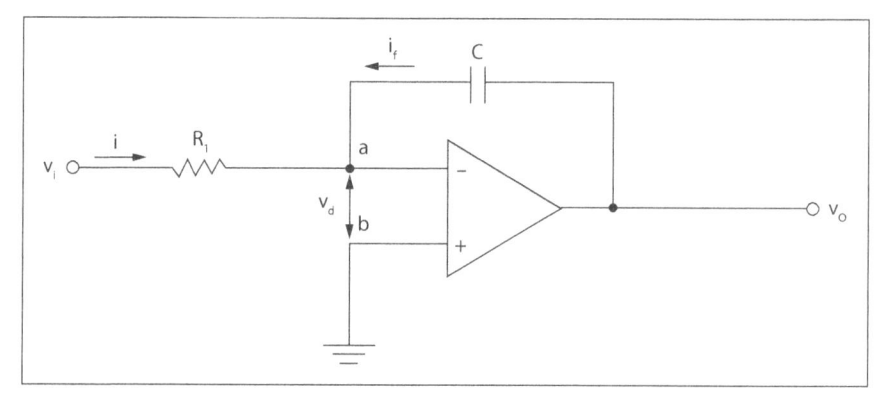

Figura 4.6

Aplicando a LCK no ponto **a**, temos:

$$\frac{v_i}{R_1} + C\frac{dv_o}{dt} = 0$$

ou seja:

$$v_o = -\frac{1}{R_1 C}\int_o^t v_i\, dt \tag{4-7}$$

Se houver uma tensão inicial no capacitor, o seu valor deverá ser somado ao resultado da equação anterior. Algumas vezes utiliza-se uma chave em paralelo com C para descarregá-lo antes de se utilizar o integrador. A chave deverá ser fechada para descarregar o capacitor e reaberta no início do processo de integração. A Figura 4.7 ilustra o que dissemos.

Se aplicarmos um sinal retangular simétrico na entrada do integrador, obteremos uma saída triangular, conforme se vê na Figura 4.8.

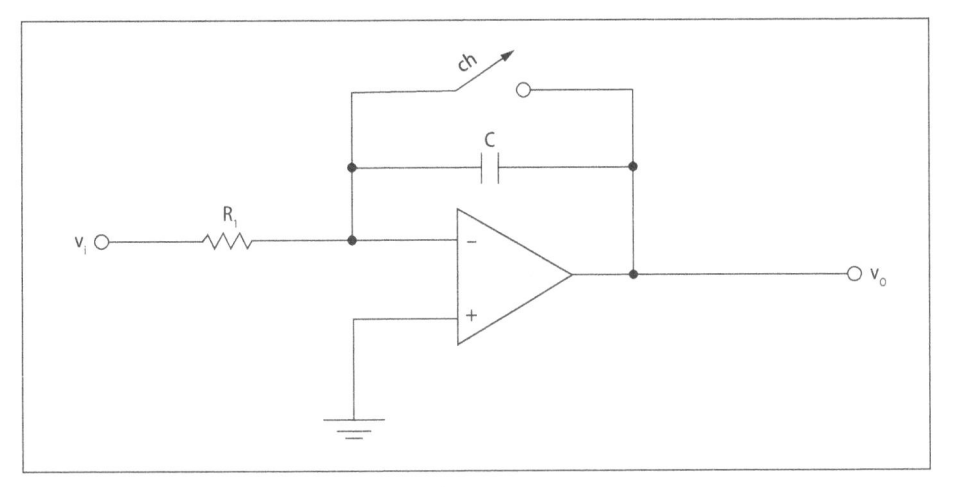

Figura 4.7

Podemos demonstrar que a tensão de saída apresenta valores de pico dados pela seguinte relação:

$$v_{op} = \left(\frac{V_p T}{4R_1 C}\right)$$

cuja demonstração deixaremos aos cuidados do leitor.

Se consideramos o circuito da Figura 4.6, temos para v_i senoidal:

$$\bar{A}_{vf} = \frac{\frac{1}{j2\pi fC}}{R_1} = -\frac{1}{j2\pi f R_1 C}$$

em termos de módulo, temos:

$$A_{vf} = \frac{1}{2\pi f R_1 C} \quad (4\text{-}8)$$

Notemos, nesse caso, que o ganho é inversamente proporcional à frequência, ou seja, o circuito não é tão sensível a ruídos de alta frequência quanto o diferenciador.

A Equação 4-8 nos mostra que em baixas frequências o ganho aumenta consideravelmente, tendendo a infinito, quando a frequência tende a zero. De maneira análoga ao que fizemos para o diferenciador, iremos apresentar um circuito que permite estabilizar o ganho, em baixas frequências, para o integrador, evitando, assim, o rápido processo de saturação do circuito.

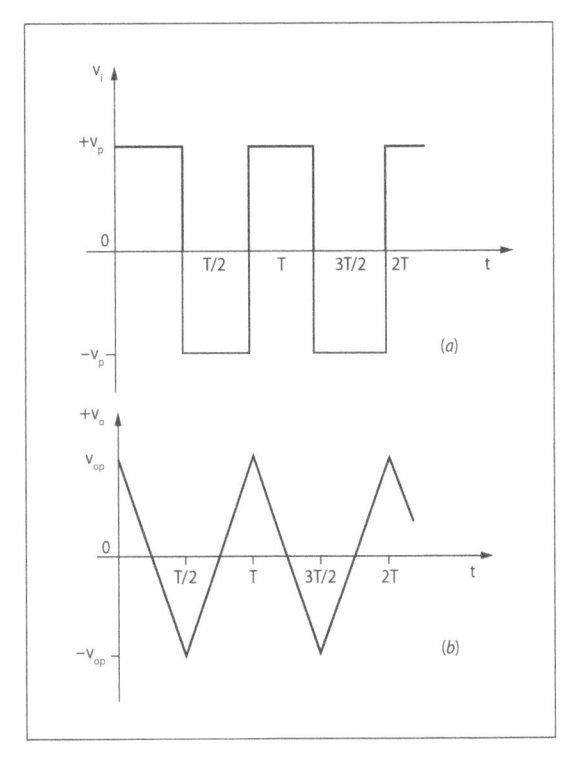

Figura 4.8

➤➤ O integrador prático

O circuito apresentado na Figura 4.9 possibilita uma estabilização do ganho quando se tem um sinal de baixa frequência aplicado na sua entrada, eliminando, assim, uma inconveniência do integrador simples, que é a saturação em baixas frequências.

Considerando a Equação 4-1, temos para v_i senoidal:

$$\overline{A}_{vf} = -\frac{\dfrac{R_f \cdot \dfrac{1}{j2\pi fC}}{R_f + \dfrac{1}{j2\pi fC}}}{R_1}$$

Após alguns cálculos, obtém-se:

$$\overline{A}_{vf} = -\frac{R_f / R_1}{1 + j2\pi fR_fC}$$

Em termos de módulo, temos:

$$\boxed{A_{vf} = \frac{R_f / R_1}{\sqrt{1 + (2\pi fR_fC)^2}}} \qquad (4-9)$$

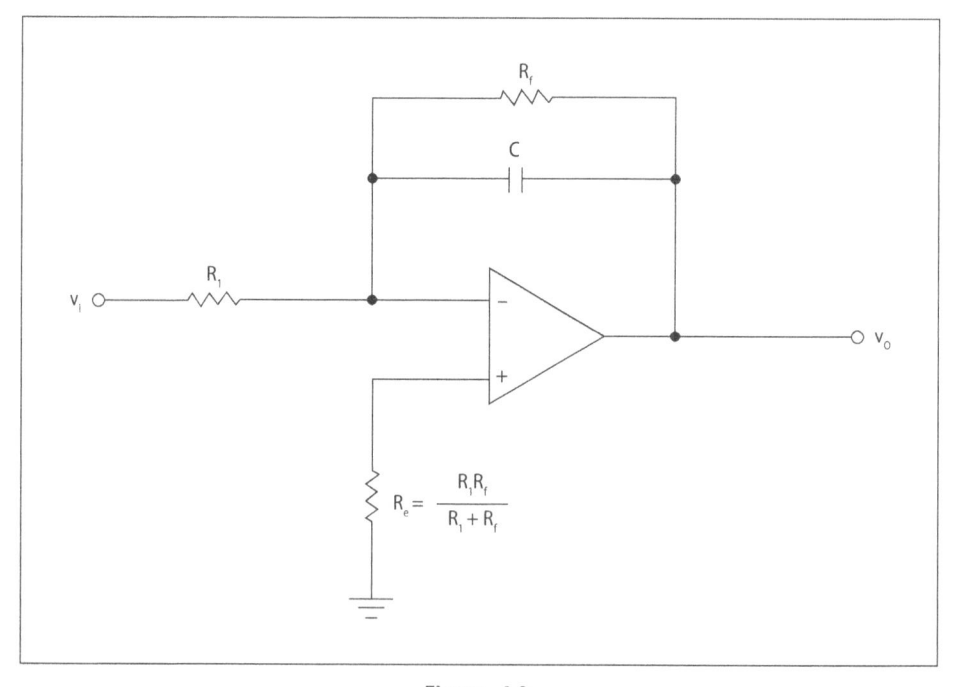

[2]

Figura 4.9

[2] É interessante observar pela Equação 4-9 que: $\lim\limits_{f \to \infty} A_{vf} = 0$

Verifica-se que o ganho irá estabilizar em um valor igual a R_f/R_1 (em módulo) quando a frequência é nula. Podemos observar um comportamento dual do circuito, ou seja, em altas frequências o mesmo trabalha como integrador e, em baixas frequências, como inversor. Iremos definir, conforme fizemos para o diferenciador, uma frequência limite f_L abaixo da qual temos um amplificador inversor de ganho $-R_f/R_1$ e acima da qual temos um integrador. Essa frequência é dada por:

$$f_L = \frac{1}{2\pi R_f C} \quad (4\text{-}10)$$

Seja f a frequência do sinal aplicado, temos:

» se $f < f_L \Rightarrow$ o circuito tende a atuar como amplificador inversor de ganho $-R_f/R_1$
» se $f > f_L \Rightarrow$ o circuito tende a atuar como integrador

Ressaltaremos, novamente, que as duas situações anteriores são tanto mais verdadeiras quanto mais nos distanciamos de f_L, nos dois sentidos.

Finalmente, apresentaremos duas condições de projeto que nos permitem melhorar a resposta do integrador prático. Assim, temos:

$$\begin{aligned}&(a)\, R_1 C \geq 10T \\ &(b)\, R_f \simeq 10R_1\end{aligned} \quad (4\text{-}11)$$

onde T é o período do sinal aplicado. A condição (a) é fundamental, mas a condição (b), apesar de permitir uma ótima estabilidade do circuito, pode ser considerada como opcional no projeto do integrador prático.

» Integradores especiais

Apresentaremos, a seguir, dois circuitos integradores que podem ser úteis em muitas aplicações práticas.

Na Figura 4.10, temos o chamado integrador de soma.

A equação de saída desse circuito é dada por:

$$v_o = -\frac{1}{RC} \int_o^t (v_1 + v_2 + v_3)\,dt \quad (4\text{-}12)$$

Evidentemente, poderíamos aumentar o número de entradas do integrador de soma. Deixaremos aos cuidados do leitor a demonstração da equação anterior.

O outro circuito integrador é denominado integrador diferencial e está representado na Figura 4.11. Notemos que a equação de saída do mesmo não apresenta inversão de polaridade.

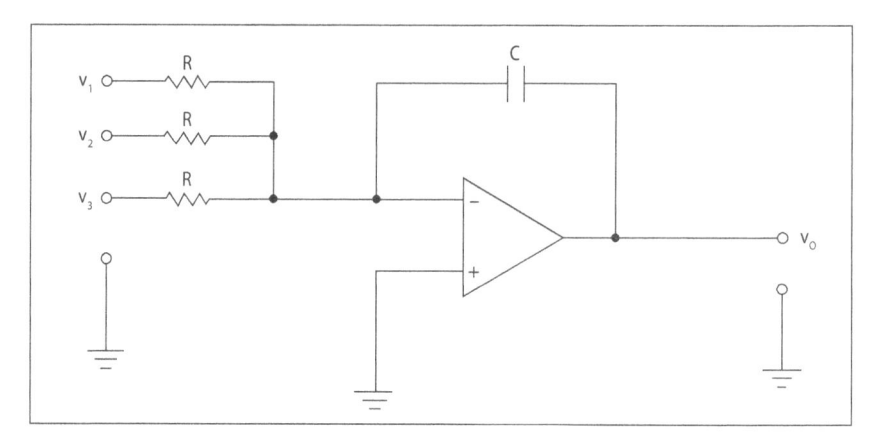

Figura 4.10

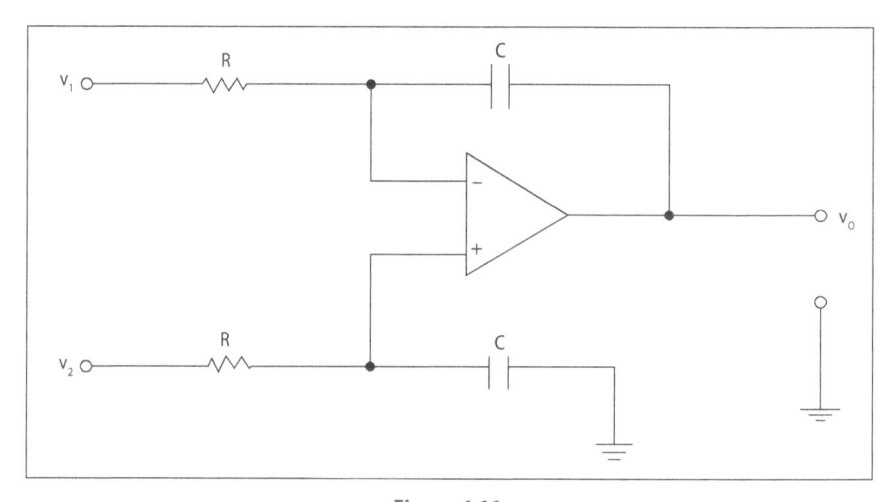

Figura 4.11

Deixaremos, novamente, aos cuidados do leitor a demonstração de que a equação de saída do integrador diferencial é dada por:

$$v_o = -\frac{1}{RC}\int_o^t (v_2 - v_1)\,dt \qquad (4\text{-}13)$$

≫ *Controladores analógicos com AOPs*

Em controle de processos industriais, é necessária a utilização de um elemento denominado controlador eletrônico analógico. A função básica do controlador é avaliar os erros ou desvios das variáveis controladas no processo e enviar um sinal elétrico aos dispositivos diretamente relacionados às mesmas, de forma a atuar no sistema corrigindo os erros ou desvios encontrados. Podemos exemplificar o que dissemos da seguinte forma: o controlador eletrônico detecta um determinado desvio no valor da vazão de um líquido e emite um sinal elétrico correspondente para a válvula de controle de vazão, de tal forma que um conversor eletropneumático acione o diafragma da válvula, abrindo-a ou fechando-a (conforme necessário), para ajustar a vazão no valor preestabelecido (*set-point*) para o processo. A vazão, neste caso, é a variável controlada.

Evidentemente, um estudo sobre controle de processos está fora dos propósitos deste texto, mas apresentaremos alguns conceitos gerais sobre o assunto, bem como estudaremos os tipos básicos de controladores analógicos utilizando AOPs.

» *Conceitos básicos sobre controle de processos*

Na Figura 4.12 (p. 72), temos o diagrama simplificado de um sistema de controle de processos.

Seja E o erro ou desvio encontrado quando se mede o valor C_m da variável controlada em relação ao seu valor de *set-point* C_{sp}. Logo:

$$E = C_{sp} - C_m \qquad (4\text{-}14)$$

O valor de E está relacionado com a variável dinâmica do processo (vazão, temperatura, nível, pressão, etc.), de tal forma que, através da malha de controle, seja processada a ação corretiva necessária para prover a estabilidade do sistema.

O valor de C_m é fornecido por um medidor, no qual se tem um transdutor adequado ao processo. O transdutor é um dispositivo que converte uma determinada grandeza (normalmente não elétrica) em outra (normalmente elétrica). Por exemplo: um termopar é um tipo de transdutor utilizado para converter um valor de temperatura em um valor correspondente de tensão.

Observando a Figura 4.12, nota-se que o sinal de saída do controlador está aplicado num dispositivo denominado conversor. A função desse dispositivo é converter o sinal elétrico proveniente do controlador em um sinal não elétrico (p. ex., pressão), o qual irá atuar sobre o elemento que possui ação direta sobre o processo, denominado elemento final de controle. Normalmente, os sinais de entrada e de saída do controlador são sinais de corrente situados numa faixa padrão de 4 a 20mA. O processo é realimentado negativamente, conforme se vê na Figura 4.12, de tal forma que a tendência do mesmo é minimizar o erro ou desvio da variável controlada até que o sistema apresente uma estabilidade compatível com o *set-point*.

Evidentemente, algum distúrbio no sistema poderá alterar a sua estabilidade, obrigando o controlador a "entrar em cena" novamente, de modo a indicar e tentar corrigir a instabilidade. Em alguns casos (p. ex., vazamento no sistema) essa correção é

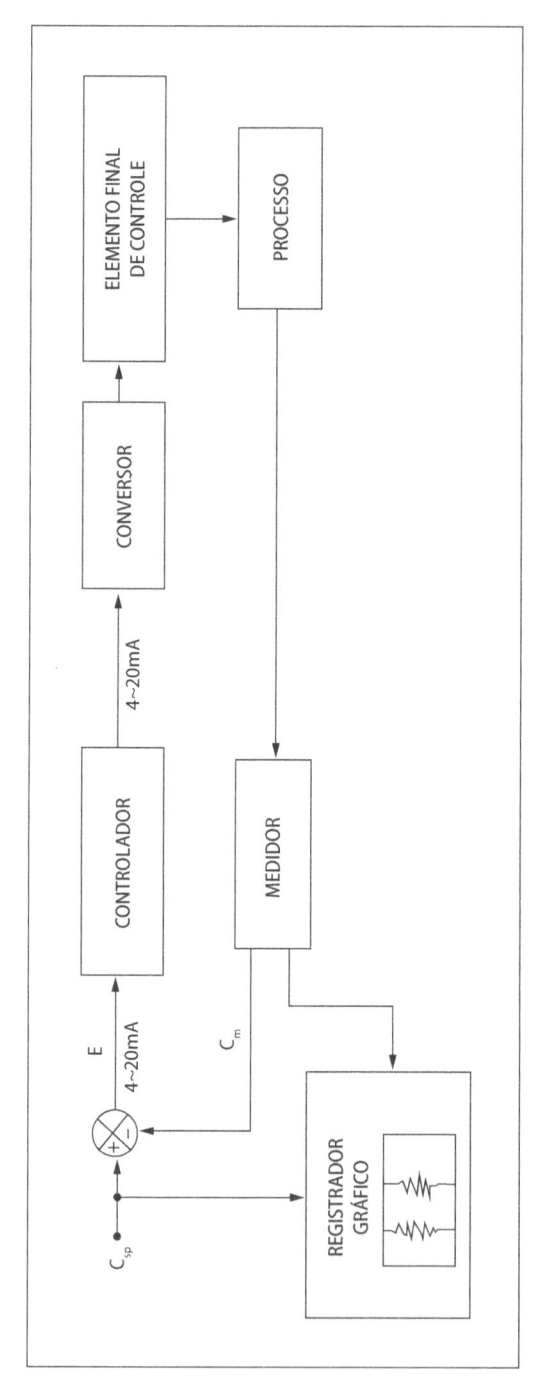

Figura 4.12

impossível, pois o distúrbio ultrapassa o limite de ação do controlador. Nesses casos o operador detectará o problema através de um alarme ou através do registrador gráfico, no qual se tem um registro contínuo das condições de entrada e saída do sistema. A partir de uma análise dos gráficos, o operador poderá determinar o grau de instabilidade do sistema e proceder à correção ou manutenção necessárias.

Finalmente, convém ressaltar que o controlador é o elemento básico no sistema, pois ele atua como "cérebro" do mesmo. É o controlador que analisa o sinal de erro e determina o sinal de saída necessário para corrigir a instabilidade do sistema. Para determinar o sinal de saída, o controlador precisa ser ajustado ao tipo de ação corretiva a ser aplicada no processo. Essas ações corretivas são denominadas ações de controle. Basicamente, existem as seguintes ações de controle:

a) ação proporcional ou ação – P
b) ação integral ou ação – I
c) ação derivativa ou ação – D

Essas três ações podem ser combinadas de tal forma que se tenham ações de controle mais efetivas sobre o processo. Assim, podemos ter: ação-PI (proporcional + integral), ação-PID (proporcional + integral + derivativa), etc.

Nos itens seguintes, analisaremos as três ações básicas dos controladores analógicos.

» Controlador de ação proporcional

O tipo mais elementar de controle é o chamado controle *on-off* (liga-desliga). Nesse tipo de controle, a saída do processo estará sempre com 0% ou 100% de resposta. Uma válvula, por exemplo, estará totalmente fechada ou totalmente aberta em cada situação. Esse controle é também denominado de controle de duas posições, e o motivo é óbvio.

Uma extensão natural do controle *on-off* é o conceito de controle proporcional. Nesse tipo de ação de controle existe uma relação linear entre o sinal de erro (E) de entrada e saída (P_o) do controlador, e, portanto, a saída do processo terá uma resposta proporcional ao sinal de comando do controlador. A Figura 4.13 ilustra o que dissemos.

Conforme já dissemos, a ação do controlador é determinada pelo sinal de erro (E) detectado pelo mesmo (ver a Equação 4-14). Quando esse erro é nulo, o controlador apresenta uma saída fixada em um valor P_1.

O gráfico da Figura 4.13 nos fornece uma equação da forma:

$$P_o = K_p E + P_1 \quad (4\text{-}15)$$

onde K_p é uma constante de proporcionalidade (ou ganho da ação proporcional).

Toda variável controlada possui um valor máximo ($C_{máx}$) e um valor mínimo ($C_{mín}$), e o erro (E) pode ser relacionado à faixa de variação da mesma, de tal sorte que

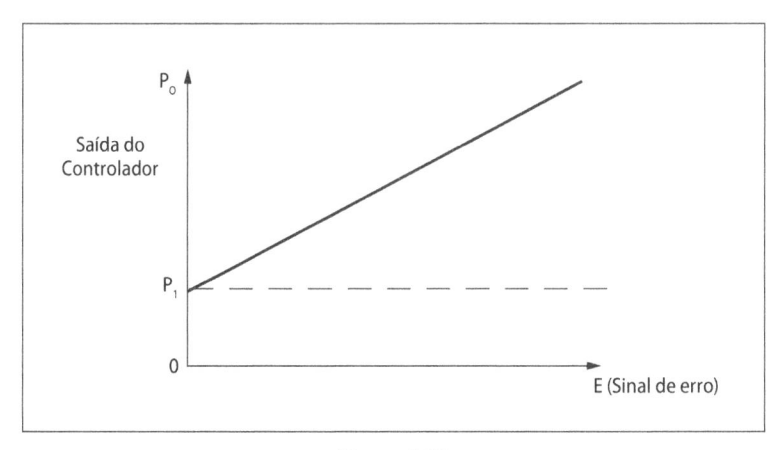

Figura 4.13

tenhamos um erro expresso em porcentagem. Assim, costuma-se definir um erro porcentual E_p dado por:

$$E_p = \frac{(C_m - C_{sp}) \cdot 100}{(C_{máx} - C_{mín})} = \frac{E}{\Delta C} \cdot 100 \qquad (4\text{-}16)$$

Neste caso, se substituirmos na Equação 4-15 a variável E por E_p, evidentemente P_o e P_1 também terão que ser expressos em porcentagem. Esse é o procedimento mais comum na prática.

A implementação eletrônica da Equação 4-15 pode ser obtida com AOPs, conforme se vê na Figura 4.14. Note que o potenciômetro R_1 irá permitir o ajuste da constante de proporcionalidade (K_p).

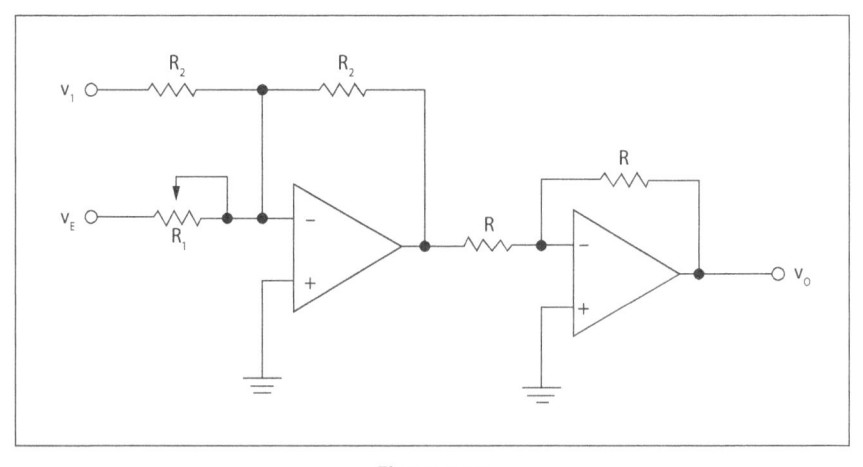

Figura 4.14

A equação de saída do circuito anterior é dada por:

$$V_o = \left(\frac{R_2}{R_1}\right)V_E + V_1 \qquad (4\text{-}17)$$

onde:

V_o corresponde ao sinal de saída P_o
V_E corresponde ao sinal de erro E
V_1 corresponde ao sinal de saída P_1 para erro nulo
$\dfrac{R_2}{R_1}$ corresponde à constante de proporcionalidade K_p

É evidente que na entrada do controlador as correntes são convertidas em tensões, e na saída as tensões são reconvertidas em correntes através de resistores de alta precisão.

» Controlador de ação integral

A ação integral é aquela na qual a saída do controlador aumenta numa taxa proporcional à integral do erro da variável controlada. Assim, a saída do controlador é a integral do erro ao longo do tempo, multiplicada por uma constante de proporcionalidade denominada ganho de integração.

Esse tipo de ação é muito aplicado em controle de velocidade de motores de corrente contínua. O controlador detecta continuamente os erros e gera rampas de aceleração ou desaceleração, conforme seja necessário para manter a velocidade do motor em um valor pré-ajustado (*set-point*).

A equação de saída do controlador de ação integral é a seguinte:

$$P_o(t) = K_I \int_0^t E(t)dt + P_1(0) \qquad (4\text{-}18)$$

onde K_I é o ganho de integração e $P_1(0)$ é a saída do controlador no instante $t = 0$.

O circuito da Figura 4.15 pode ser utilizado para implementar a equação anterior. A equação de saída desse circuito é dada por:

$$v_o(t) = \frac{1}{RC}\int_0^t v_E(t)dt + v_1(0) \qquad (4\text{-}19)$$

onde:

$v_o(t)$ corresponde ao sinal de saída $P_o(t)$
$v_E(t)$ corresponde ao sinal de erro $E(t)$
$v_1(0)$ corresponde ao sinal de saída $P_1(0)$ em $t = 0$
$\dfrac{1}{RC}$ corresponde ao ganho de integração K_I

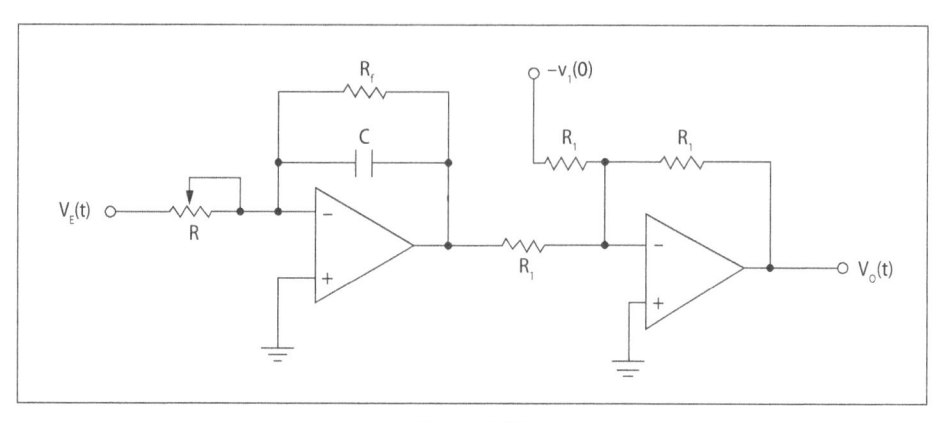

Figura 4.15

Convém lembrar que Rf tem como objetivo estabilizar o ganho do integrador em baixas frequências.

≫ Controlador de ação derivativa

A ação derivativa é aquela na qual a saída do controlador é diretamente proporcional à taxa de variação do erro ou desvio da variável controlada. Assim, a ação derivativa nunca é utilizada de forma isolada, ou seja, ela está sempre associada às ações proporcional ou integral, pois, no caso de se ter um erro nulo ou constante, a saída do controlador não irá apresentar nenhuma variação nominal no sinal de saída.

A equação de saída do controlador de ação derivativa é dada por:

$$P_o(t) = K_D \frac{dE(t)}{dt} \quad (4\text{-}20)$$

onde K_D é uma constante de proporcionalidade denominada ganho derivativo.

O circuito da Figura 4.16 pode ser utilizado para implementar a equação anterior. A equação de saída desse circuito é dada por:

$$v_o(t) = R_2 C \frac{dv_E(t)}{dt} \quad (4\text{-}21)$$

onde:

$v_o(t)$ corresponde ao sinal de saída $P_o(t)$
$v_E(t)$ corresponde ao sinal de erro $E(t)$
$R_2 C$ corresponde ao ganho derivativo K_D

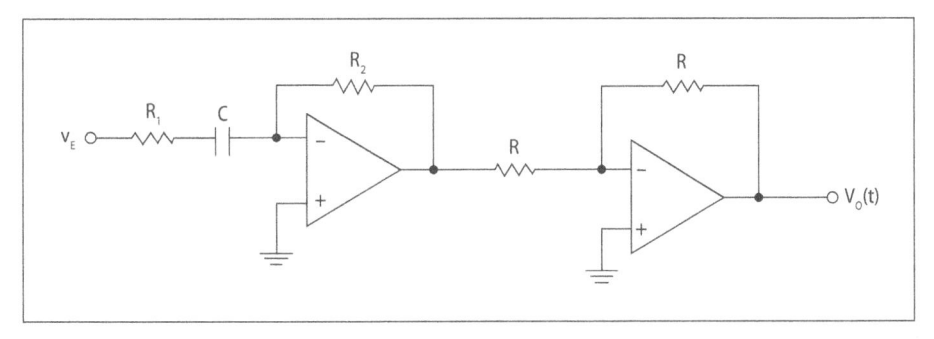

Figura 4.16

Para se projetar um controlador de ação derivativa com boa estabilidade em altas frequências, é conveniente utilizar as condições de projeto dadas pela Equação 4-6.

Ao leitor interessado em ampliar seus conhecimentos sobre a teoria de controle de processos, aconselhamos consultar algum texto sobre o assunto.

Exercícios resolvidos

1. No circuito da Figura 4.17 temos $R = 50K\Omega$ e $C = 10\mu F$. Na entrada do mesmo se aplica um pulso (ou degrau de tensão) de amplitude igual a 2V durante 5 segundos. Supondo C inicialmente descarregado e o AOP alimentado com ± 15 V, pede-se:

   a) Calcule V_o após 2 segundos.

   b) Após quantos segundos o AOP irá se saturar com aproximadamente $-13,5V$?

   c) Esboce a forma de onda do sinal de saída, variando no intervalo de 0 a 5 segundos.

   d) Calcule a declividade D (ou coeficiente angular) da rampa gerada antes do AOP atingir a saturação.

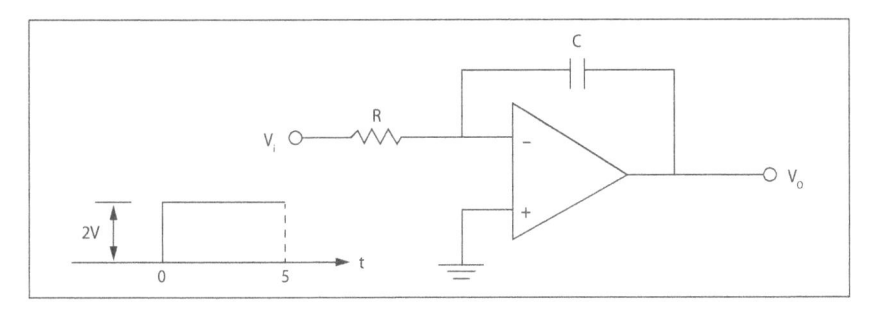

Figura 4.17

Solução

a) $v_o = -\dfrac{1}{RC} \int_0^t v_i \, dt$, mas, sendo $v_i =$ CONSTANTE, temos:

$v_o = -\dfrac{v_i}{RC} t \therefore \boxed{v_o = -8V}$

b) $-13,5 = -4t \therefore \boxed{t = 3,375 \text{ segundos}}$

c) $D(\text{declividade}) = \dfrac{-8}{2} \quad D = -4V/s$

Comentário

Observe que foi gerada uma rampa de declividade negativa, a qual pode ser utilizada, por exemplo, para acionar um circuito eletrônico responsável pelo controle de velocidade de um motor, fazendo com que a mesma seja reduzida. Dizemos, nesse caso, que a rampa gerada é uma rampa de desaceleração. Por outro lado, se a polaridade do sinal de entrada for trocada, podemos gerar uma rampa de aceleração a fim de aumentar a velocidade do motor.

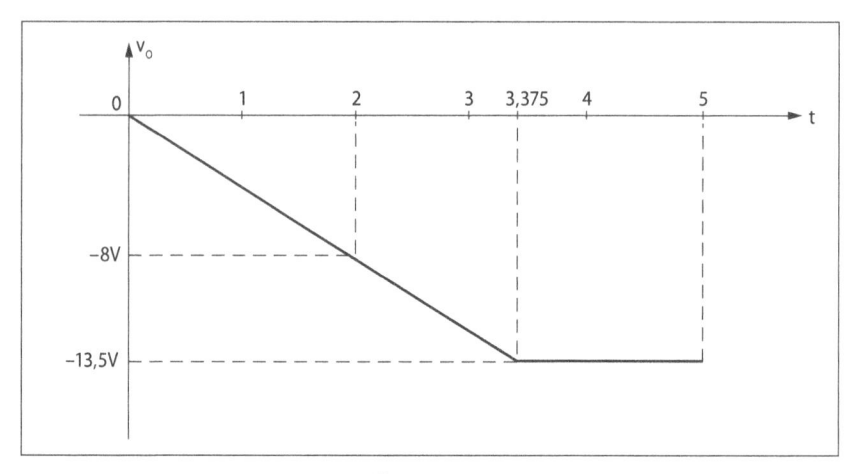

Figura 4.18

Essa técnica é muito utilizada nas indústrias para acionamento de máquinas elétricas através de comandos eletrônicos. Nossa intenção aqui foi apenas dar ao estudante uma ideia da mesma.

2 No integrador da Figura 4.9 temos: $R_1 = 1K\Omega$, $R_f = 10K\Omega$ e $C = 0,01\mu F$. Determine o ganho (em decibéis) do circuito quando $\omega = 10.000 rad/s$.

Solução

$$A_{vf} = \frac{10/1}{\sqrt{1+\left(10.000 \cdot 10^4 \cdot 10^{-8}\right)^2}} \simeq 7,07$$

ou seja: $\boxed{A_{vf}(dB) \simeq 16,99 dB}$

3 No gráfico a seguir temos um período do sinal de entrada v_i aplicado no circuito diferenciador da Figura 4.2. Determine a tensão de saída v_o no intervalo de 0 a 250µs e no intervalo de 250 a 500 µs. Faça $R_f = 1K\Omega$ e $C = 0,01\mu F$.

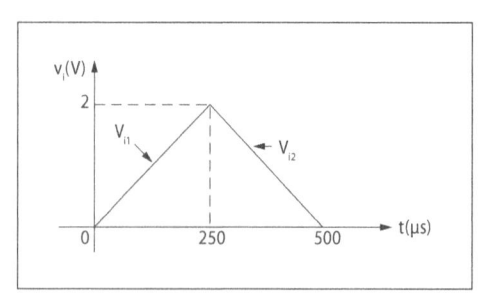

Figura 4.19

Solução

Como o sinal aplicado é uma rampa, o sinal de saída será uma constante em cada semiperíodo.
Para o primeiro semiperíodo temos:

$$v_{o1} = -10^3 \cdot 10^{-8} d/dt(t/125)$$

Note que a equação da rampa de subida é $v_{i1} = t/125$, onde t é dado em µs e v_{i1} em volts. Logo:

$$v_{o1} = -10^3 \cdot 10^{-8} \cdot \frac{10^6}{125}$$

$$\boxed{v_{o1} = -80mV}$$

Para o segundo semiperíodo temos:

$$v_{o2} = -10^3 \cdot 10^{-8} d/dt(\overbrace{-t/125 + 4}^{v_{i2}})$$
$$v_{o2} = -10^3 \cdot 10^{-8}\left(-10^6/125\right)$$

$$\boxed{v_{o2} = 80mV}$$

4 Demonstre que o circuito a seguir corresponde a um controlador PI (proporcional + integral). Suponha o AOP ideal.

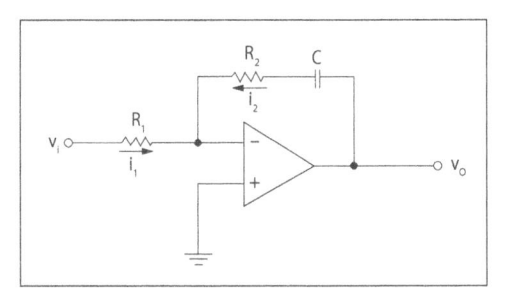

Figura 4.20

Solução

Sejam i_1 a corrente em R_1 e i_2 a corrente em R_2C, temos:

$$i_1 = \frac{v_i}{R_1}$$

$$i_2 = -\frac{v_i}{R_1}$$

pois, $i_1 + i_2 = 0$ (AOP ideal).

Porém:

$$v_o = V_{R2} + v_c$$

$$v_o = R_2\left(\frac{-v_i}{R_1}\right)v_i - \frac{1}{C}\int_0^t i_2 dt$$

$$v_o = -\left(\frac{R_2}{R_1}\right)v_i - \frac{1}{R_1C}\int_0^t v_i dt$$

Finalmente:

$$\boxed{v_o = -\left(\frac{R_2}{R_1}\right)v_i - \left(\frac{R_2}{R_1}\right)\frac{1}{R_2C}\int_0^t v_i dt}$$

Essa equação final nos mostra que a saída do controlador é formada por uma parcela de ação proporcional associada a uma parcela de ação integral (a qual é multiplicada pelo mesmo ganho da ação proporcional). Evidentemente, se colocarmos um amplificador inversor de ganho unitário na saída do controlador PI, eliminaremos os sinais negativos da equação anterior.

Exercícios de fixação

1. Dê a forma de onda do sinal de saída de um diferenciador quando em sua entrada aplicarmos os seguintes tipos de sinais:

    a) quadrado ($v_i = K$)
    b) rampa ($v_i = Kt$)
    c) senoidal ($v_i = K\,sent$)
    d) parabólico ($v_i = kt^2$)
    e) exponencial ($v_i = Ke^t$)

2. Repita o exercício anterior para o caso de um integrador.

3. Qual aspecto é considerado o mais crítico no caso do circuito diferenciador da Figura 4.2?

4. O que são *SPIKES* e como eles ocorrem em circuitos com AOPs?

5. O que é um diferenciador prático e qual é a sua principal característica?

6. O que é um integrador prático e qual é a sua principal característica?

7. Por que o integrador da Figura 4.6 não apresenta muita sensibilidade a ruídos de alta frequência?

8. O que é um controlador analógico? Explique sua função no processo da Figura 4.12.

9. O que é *set-point*?

10. O que é elemento final de controle? Cite um exemplo.

11. Explique como se estabelece a realimentação negativa no processo representado na Figura 4.12.

12. Quais são as ações básicas de controle? Explique cada uma delas, apresentando, inclusive, os seus circuitos eletrônicos.

13. Apresente a equação de saída e esboce o circuito de um controlador de ação – PID (proporcional + integral + derivativa). O ganho da ação proporcional deverá atuar nas três parcelas da equação de saída do controlador.

capítulo 5

Aplicações não lineares com AOPs

Neste capítulo apresentaremos alguns circuitos denominados circuitos não lineares. Essa denominação está relacionada com os tipos de respostas dos circuitos estudados, os quais não são funções lineares dos sinais de entrada. Este é um capítulo particularmente importante, devido à larga utilização prática dos circuitos analisados ao longo do mesmo.

Objetivos de aprendizagem

- Analisar algumas aplicações não lineares com AOPs
- Conceituar comparadores e osciladores

» Comparadores

Em muitas situações práticas surge a necessidade de se comparar dois sinais entre si, de tal sorte que um desses sinais seja uma referência preestabelecida pelo projetista. Os circuitos eletrônicos destinados a essa função são denominados comparadores.

Um exemplo de aplicação prática dos comparadores é o seguinte: através de sensores de nível, podemos detectar a situação de um reservatório de combustível líquido. Se o nível normal for tomado como referência, então devemos ajustar um sinal de tensão correspondente ao mesmo. Quando o nível estiver acima (ou abaixo) do normal (referência), o comparador deverá emitir um sinal de saída para o sistema controlador, de tal modo que a situação normal seja restabelecida automaticamente. Evidentemente, o sinal de referência é levado a uma das entradas do comparador, ficando a outra entrada para receber o sinal da variável controlada (no caso, o nível do reservatório).

Os comparadores produzem saídas sob a forma de pulsos em função do nível do sinal aplicado. Na seção "Saturação" (p. 24), falamos sobre o conceito de saturação. Na verdade, a saída de um comparador está sempre em um valor alto, denominado saturação positiva ($+V_{sat}$), ou em um valor baixo, denominado saturação negativa ($-V_{sat}$). Existem formas de se limitar os níveis de saída, de modo que os mesmos não atinjam a saturação. Veremos isso oportunamente.

Basicamente, temos dois tipos de comparadores: comparador não inversor e comparador inversor. No primeiro caso, temos o sinal de referência aplicado na entrada inversora do AOP e o sinal da variável a ser comparada aplicado na entrada não inversora. Na Figura 5.1(a), temos um circuito elementar de um comparador não inversor, no qual o sinal de referência está no terra; na Figura 5.1(b), temos a resposta do circuito.

Notemos que a saída apresenta uma comutação de estados quando o sinal de entrada passa por zero. Por isso, esse circuito é, às vezes, denominado detector de passagem por zero. A operação de um comparador é bastante simples: o alto ganho do AOP em malha aberta amplifica a diferença de tensão existente entre

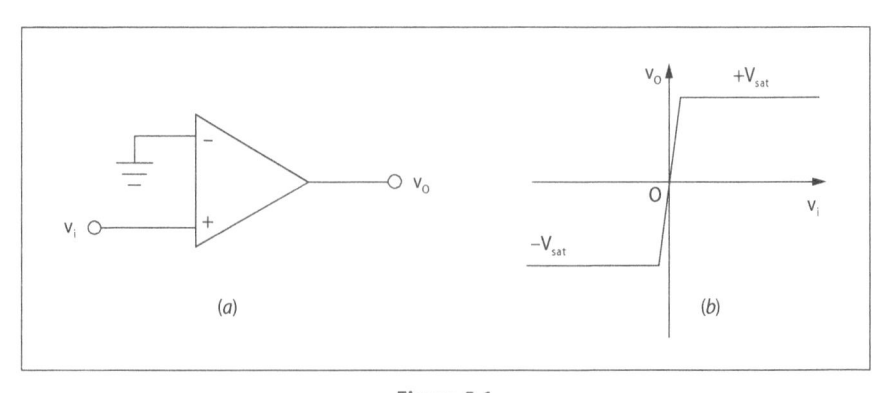

Figura 5.1

a entrada não inversora e a entrada inversora do AOP e leva a saída para $+V_{sat}$ ou $-V_{sat}$, conforme essa diferença seja positiva ou negativa, respectivamente. Matematicamente, temos:

$$v_o = \begin{cases} +V_{sat}, \text{ quando } v_i > 0 \\ -V_{sat}, \text{ quando } v_i < 0 \end{cases} \quad (5\text{-}1)$$

Na primeira condição, dizemos que o comparador está trabalhando no primeiro quadrante e, na segunda condição, que ele está trabalhando no terceiro quadrante. Para melhor compreensão, apresentamos, como exemplo, na Figura 5.2, as formas de onda de entrada e saída de um comparador não inversor.

O segundo tipo de comparador básico a ser estudado é o comparador inversor. Nesse caso, a referência está na entrada não inversora, e o sinal da variável a ser comparada está aplicado na entrada inversora. Na Figura 5.3(a) temos o circuito do comparador em questão. Note que o sinal de referência está novamente no terra. Na Figura 5.3(b) temos a resposta do circuito, o qual pode, também, ser denominado detector de passagem por zero.

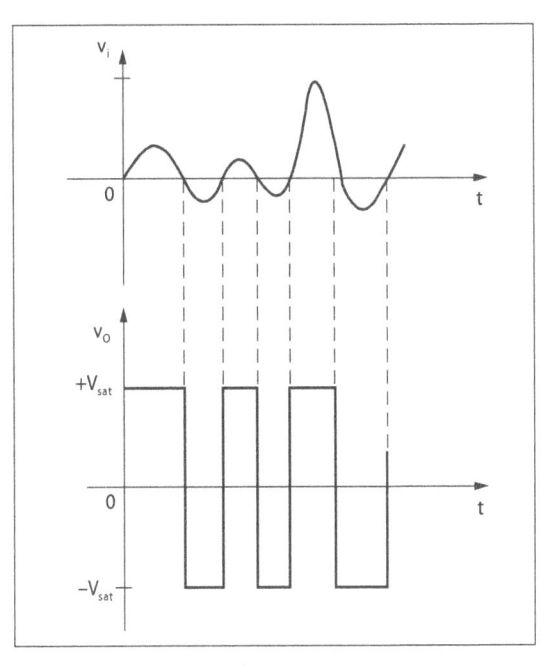

Figura 5.2

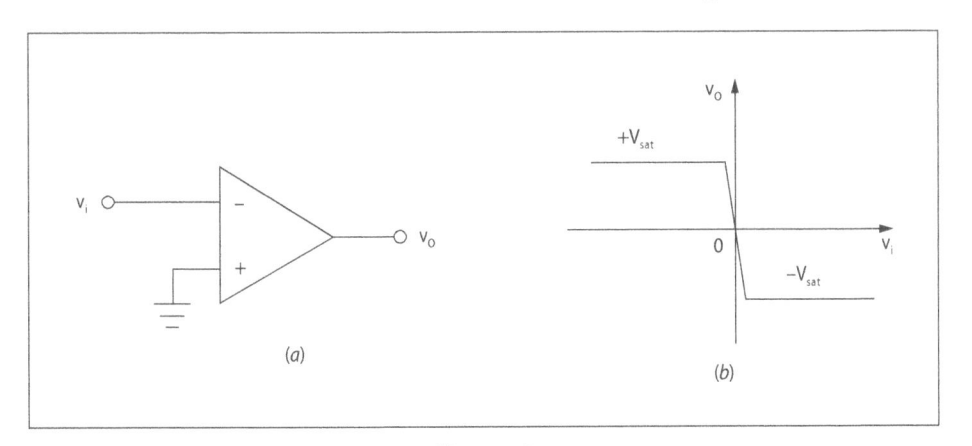

Figura 5.3

A operação desse circuito é análoga à do circuito anterior: quando a diferença de tensão entre a entrada inversora e a entrada não inversora for negativa, a saída vai para $+V_{sat}$ (operação no segundo quadrante), e quando essa diferença for positiva, a saída vai para $-V_{sat}$ (operação no quarto quadrante). Matematicamente, temos:

$$v_o = \begin{cases} +V_{sat}, \text{ quando } v_i < 0 \\ -V_{sat}, \text{ quando } v_i > 0 \end{cases} \quad (5\text{-}2)$$

Normalmente, uma pequena diferença de tensão da ordem de 1mV é suficiente para acionar o comparador, levando-o a comutar sua condição de saída. Evidentemente, AOPs de alto ganho (AOPs de instrumentação do tipo μA725), quando utilizados como comparadores, podem amplificar sinais de níveis bem menores do que 1mV.

Nos dois tipos de comparadores estudados até aqui, o sinal de referência era nulo, pois estava conectado ao terra. Entretanto, podemos utilizar como referência um sinal $V_{ref} \neq 0$. Existem diversas formas de se executar comparadores com referências não nulas. Na Figura 5.4(a), temos o circuito de um comparador inversor com um sinal de referência V_{ref} aplicado na entrada não inversora. Observando a resposta do circuito, mostrada na Figura 5.4(b), podemos constatar que a comutação de estados da saída ocorre quando o nível do sinal a ser comparado (v_i) atingir o valor V_{ref}. Esse circuito costuma ser denominado detector de passagem por nível prefixado. Matematicamente, temos:

$$v_o = \begin{cases} +V_{sat}, \text{ quando } v_i < V_{ref} \\ -V_{sat}, \text{ quando } v_i > V_{ref} \end{cases} \quad (5\text{-}3)$$

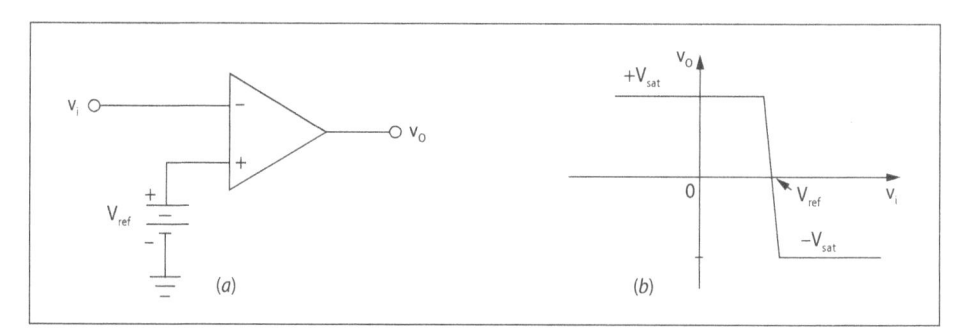

Figura 5.4

Todos os tipos de comparadores são casos particulares de uma situação genérica, representada na Figura 5.5 (p. 85), na qual temos um AOP trabalhando como comparador (malha aberta), em cujas entradas temos os sinais v_1 (entrada inversora) e v_2 (entrada não inversora). Por outro lado, no Apêndice A, apresentamos a chamada equação fundamental do AOP (Equação A-8), repetida, a seguir, para sinais instantâneos:

$$v_o = A_{vo}(v_2 - v_1) \quad (5\text{-}4)$$

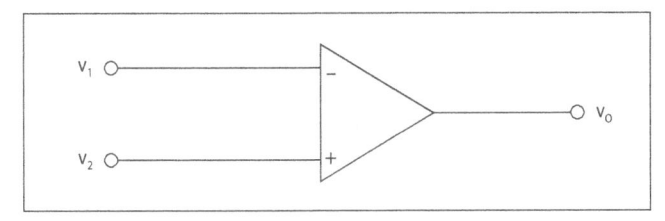

Figura 5.5

Pois bem, aplicando a equação anterior em cada um dos três comparadores estudados até o momento, temos:

a) Comparador não inversor (Figura 5.1):
$$\begin{cases} v_1 = 0 \\ v_2 = v_i \end{cases} \Rightarrow v_o = A_{vo} v_i$$

b) Comparador inversor (Figura 5.3):
$$\begin{cases} v_1 = v_i \\ v_2 = 0 \end{cases} \Rightarrow v_o = -A_{vo} v_i$$

c) Comparador inversor com referência não nula (Figura 5.4):
$$\begin{cases} v_1 = v_i \\ v_2 = V_{ref} \end{cases} \Rightarrow v_o = A_{vo}(V_{ref} - v_i)$$

Se observarmos os resultados obtidos, veremos que eles estão em plena concordância com a Equação 5-1, Equação 5-2 e Equação 5-3, respectivamente.

Na prática, quando se projetam circuitos comparadores, é muito comum a utilização de dois diodos em antiparalelo, colocados entre os terminais de entrada para proteger o estágio diferencial contra possíveis sobretensões ou sobrecorrentes que possam danificar o integrado (no capítulo seguinte falaremos sobre proteções em circuitos com AOPs).

» Limitando a tensão de saída

Iremos apresentar, a seguir, dois métodos de limitação da tensão de saída em comparadores.

Um dos métodos consiste na utilização de dois diodos Zener conectados apodo-contra-apodo (ou catodo-contra-catodo), colocados entre a saída e o terminal inversor do AOP. A Figura 5.6(a) (p. 86) ilustra o que dissemos.

Na Figura 5.6(b), temos uma provável forma de onda de saída (na verdade, ela depende da forma de onda de entrada). Notemos que os níveis de saída ficam limitados pelas tensões de regulação dos diodos Zener, acrescidos de 0,7 volts. De fato, em cada semiciclo do sinal de entrada, os diodos Zener podem ser modelados por duas baterias em série com valores de tensão V_Z e 0,7V (aproximadamente). Evidentemente, o projetista poderá escolher diodos Zener iguais ou diferentes. No primeiro caso, as amplitudes positiva e negativa serão iguais e, no segundo caso, serão diferentes.

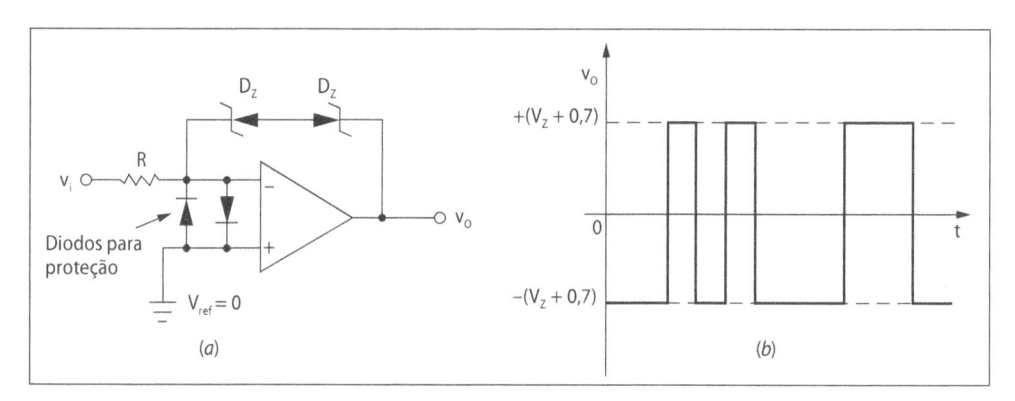

Figura 5.6

Outro método de limitação de tensão de saída de um comparador está indicado na Figura 5.7. É importante que seja tomado o cuidado de se colocar um resistor de aproximadamente 330Ω para limitar a corrente sobre os diodos. Esse método é mais aconselhável, pois apresenta menor distorção no sinal de saída. As demais considerações são idênticas às relacionadas com o circuito da Figura 5.6(a).

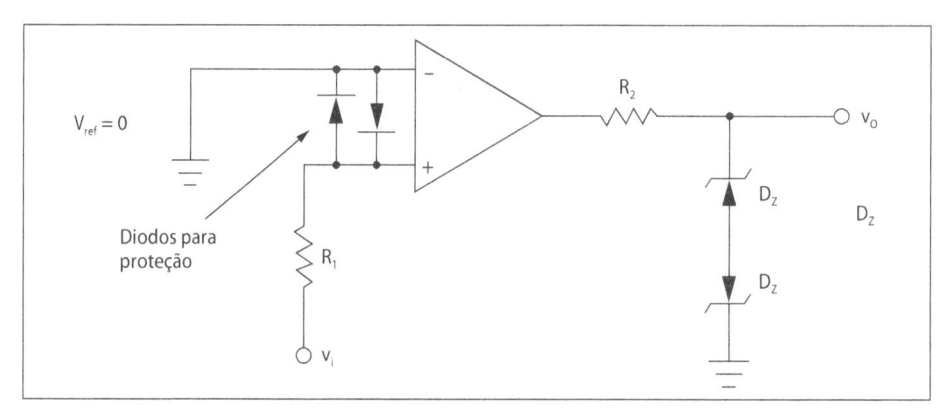

Figura 5.7

Se, no circuito anterior, substituirmos o diodo Zener inferior por um curto e escolhermos para o diodo Zener superior um valor $V_Z = 5{,}1V$ (p. ex., 1N751, 1N4733, etc.), teremos uma tensão de saída compatível com circuitos digitais da família TTL. Na Figura 5.8 (ver p. 87), apresentamos o circuito e a forma de onda de saída do mesmo. Note que durante o semiciclo negativo do sinal de entrada existe uma pequena tensão negativa da ordem de 0,7V na saída do circuito, devido à polarização direta do diodo Zener.

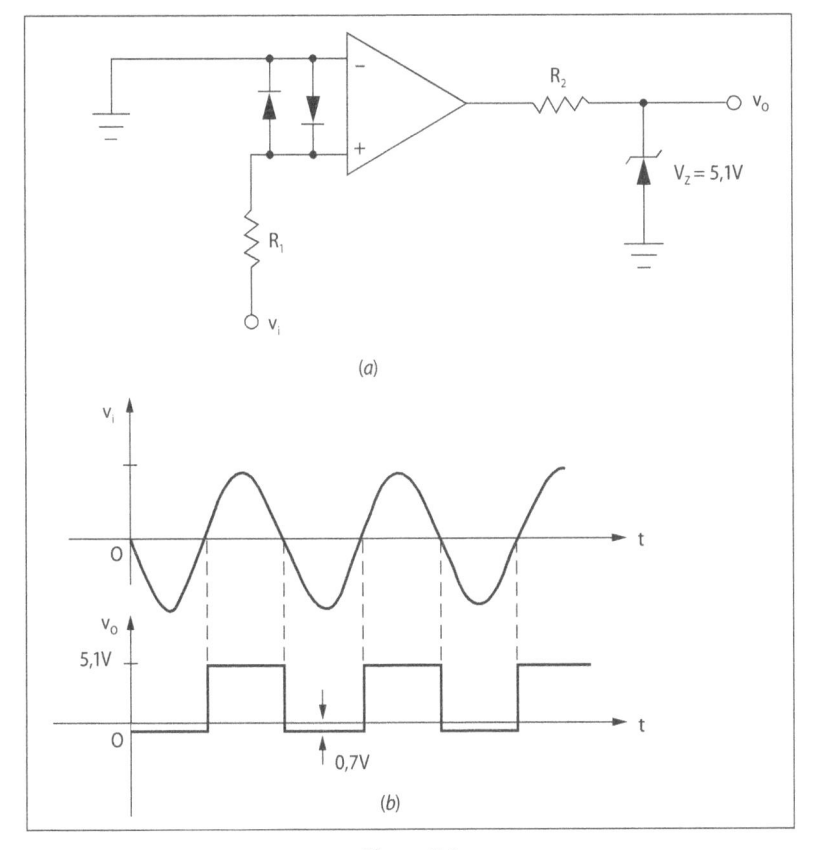

Figura 5.8

» Comparadores sob a forma de CIs

A ampla utilização de AOPs trabalhando como comparadores levou os fabricantes a produzirem CIs comparadores específicos. Assim, temos os famosos CIs comparadores LM311 e LM339 (ambos da National Semiconductors).

O LM311 é um comparador de alta velocidade de comutação (da ordem de 200ns). Pode ser utilizado como elemento de interface para circuitos lógicos, pois apresenta saída compatível com as famílias lógicas TTL e CMOS (graças à possibilidade do mesmo em trabalhar com uma única fonte de alimentação de $+5V_{CC}$). Na Figura 5.9 (p. 88) apresentamos a pinagem do LM311 com encapsulamento DIP de oito pinos. Para maiores detalhes o projetista deverá se reportar ao *databook* do fabricante (procurar a seção intitulada *voltage comparators* = comparadores de tensão).

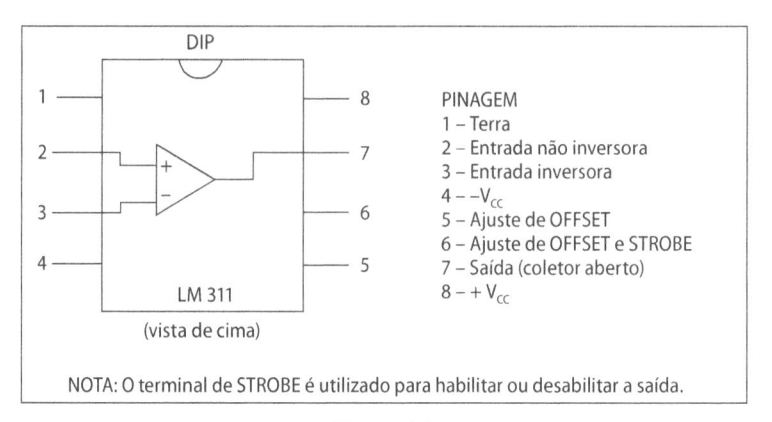

```
                    DIP
        ┌─────────────────┐
    1 ──┤                 ├── 8      PINAGEM
        │       +         │          1 – Terra
    2 ──┤                 ├── 7      2 – Entrada não inversora
        │       –         │          3 – Entrada inversora
    3 ──┤                 ├── 6      4 – –V_cc
        │                 │          5 – Ajuste de OFFSET
    4 ──┤                 ├── 5      6 – Ajuste de OFFSET e STROBE
        │     LM 311      │          7 – Saída (coletor aberto)
        └─────────────────┘          8 – +V_cc
           (vista de cima)

NOTA: O terminal de STROBE é utilizado para habilitar ou desabilitar a saída.
```

Figura 5.9

O LM339 é um integrado que apresenta quatro comparadores independentes no mesmo encapsulamento. O LM339 também permite o interfaceamento direto com as famílias lógicas TTL e CMOS, pois é projetado para trabalhar simetricamente ou com uma única fonte de alimentação na faixa de $2V_{CC}$ até $36V_{CC}$. Na Figura 5.10, temos uma aplicação típica do LM339 (na realidade, apenas um dos quatro comparadores internos está sendo utilizado), acionando portas lógicas da família TTL. Note a existência de um resistor de elevação (*pull-up*), já que o LM339 tem suas saídas em coletor aberto.

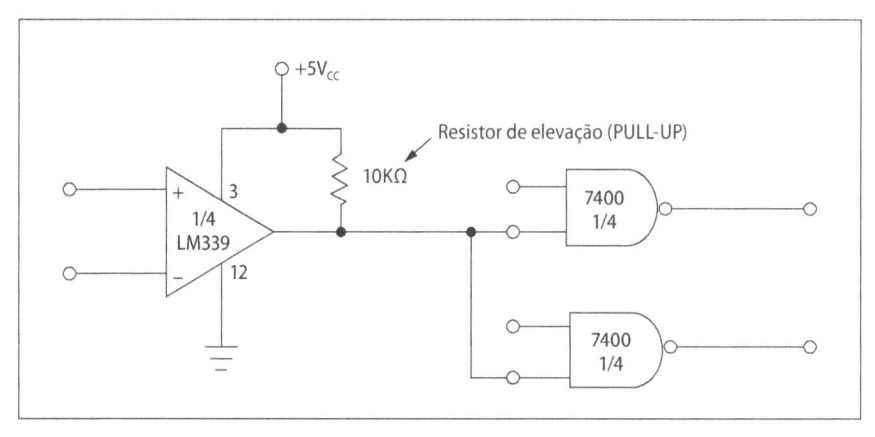

Figura 5.10

Na Figura 5.11 apresentamos a pinagem do LM339 com encapsulamento DIP de 14 pinos.

O LM339 não é tão rápido quanto o LM311 (a velocidade de comutação do LM339 é da ordem de 1.300ns), mas, pelo fato de apresentar quatro comparadores em um único encapsulamento, os projetos tornam-se mais econômicos quando se utiliza o LM339. Além disso, o LM339 apresenta um consumo de potência muito baixo e pode ser utilizado em circuitos eletrônicos alimentados por pilhas ou baterias comuns.

Os comparadores sob a forma de CIs apresentam uma série de características que os tornam superiores aos comparadores construídos com AOPs de aplicações gerais.

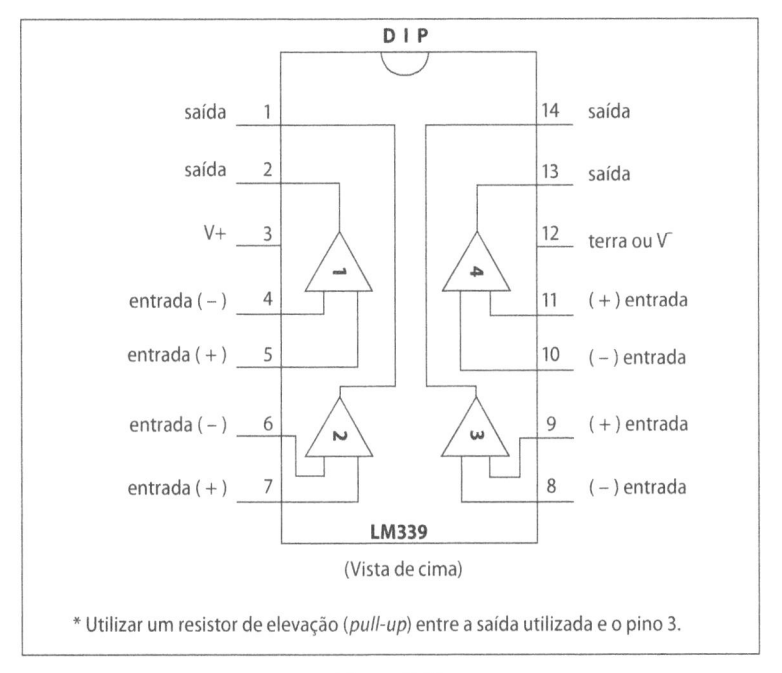

Figura 5.11

Assim, apresentam alto ganho, ampla largura de faixa, grande velocidade de comutação, etc. Se o leitor analisar o circuito interno de um comparador (isso pode ser feito consultando o manual do fabricante), verificará que no mesmo não existe capacitor para compensação interna de frequência. Isso se justifica pelo fato de os comparadores raramente serem utilizados como circuitos lineares.

Finalmente, uma consideração prática: em qualquer comparador, os pinos de entrada não utilizados devem ser aterrados para evitar instabilidade ou outros distúrbios no funcionamento do circuito.

>> Comparador regenerativo ou Schmitt trigger

>> A histerese no comparador regenerativo

Podemos dizer que a palavra regenerativo é sinônimo de realimentação positiva. Assim, neste item, iremos estudar um importantíssimo tipo de comparador, no qual se emprega a realimentação positiva. Muitos textos denominam esse circuito de Schmitt *trigger* ou disparador de Schmitt.

A propriedade mais importante do comparador regenerativo é a característica de HISTERESE apresentada pelo mesmo. O termo histerese vem do grego *hystéresis*, que significa atraso. Ao contrário do que muitos pensam, a histerese não é um fenômeno exclusivo do magnetismo. De fato, existe histerese em alguns circuitos eletrônicos e, até mesmo, em certos tipos de válvulas utilizadas em controle de processos industriais.

Dizemos que um circuito possui histerese quando o mesmo apresenta um atraso na mudança do seu estado de saída (EFEITO), apesar de as condições de entrada (CAUSAS) haverem sido alteradas. Ao estudar o comparador regenerativo, o leitor terá oportunidade de comprovar a existência de histerese na resposta do mesmo.

Mas qual é a importância da histerese no comparador regenerativo? Para responder a essa pergunta, vamos utilizar a Figura 5.12. Observe que o sinal (v_i) a ser aplicado no comparador apresenta uma forte interferência ou ruído. Em virtude disso, existem múltiplos pontos nos quais o sinal intercepta o eixo ou nível de referência (V_R).

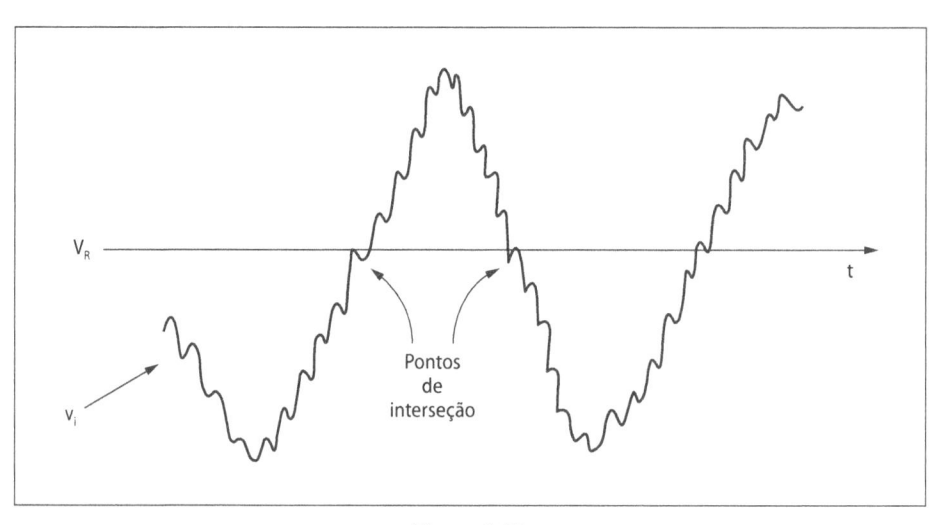

Figura 5.12

Um comparador comum apresentará chaveamentos ou comutações em cada um desses pontos de interseção (supondo que o mesmo possua uma velocidade de comutação adequada ao sinal). Evidentemente, essas comutações serão falsas, pois foram motivadas pelo ruído sobreposto ao sinal normal. Para eliminar esse problema, utiliza-se a histerese. O princípio básico da histerese aplicada ao circuito comparador é o seguinte: o projetista deverá possuir uma noção da ordem de grandeza do valor pico a pico da tensão de ruído presente no sinal normal. A seguir, deverá estabelecer dois níveis de referência denominados tensão de disparo superior (V_{DS}) e tensão de disparo inferior (V_{DI}). Esses níveis deverão estar separados por uma certa faixa de tensão (p. ex., 50mV, 100mV, etc.), a qual dependerá do valor pico a pico estimado para a tensão de ruído ou interferência sobreposta ao sinal normal. A diferença entre os dois níveis de referência estabelecidos pelo projetista é denominada margem de tensão de histerese (V_H), ou seja:

$$\boxed{V_H = V_{DS} - V_{DI}} \tag{5-5}$$

Na Figura 5.13(a), apresentamos um sinal em cujo semiciclo negativo existe um pequeno ruído sobreposto ao mesmo. Esse ruído irá provocar comutações falsas, caso utilizemos um comparador inversor sem histerese, conforme está indicado na Figura 5.13(b). Observe que estamos supondo, como exemplo, que o comparador tenha sua referência igual ao valor de V_{DI}. Entretanto, se aplicarmos histerese ao comparador, obtemos uma saída conforme se vê na Figura 5.13(c). Notemos que o ruído não provoca, nesse caso, nenhuma comutação ou chaveamento indevido. De fato, as comutações só ocorrem quando o sinal, após ter atingido um dos níveis de disparo (V_{DS} ou V_{DI}), atingir o outro nível de disparo (V_{DI} ou V_{DS}).

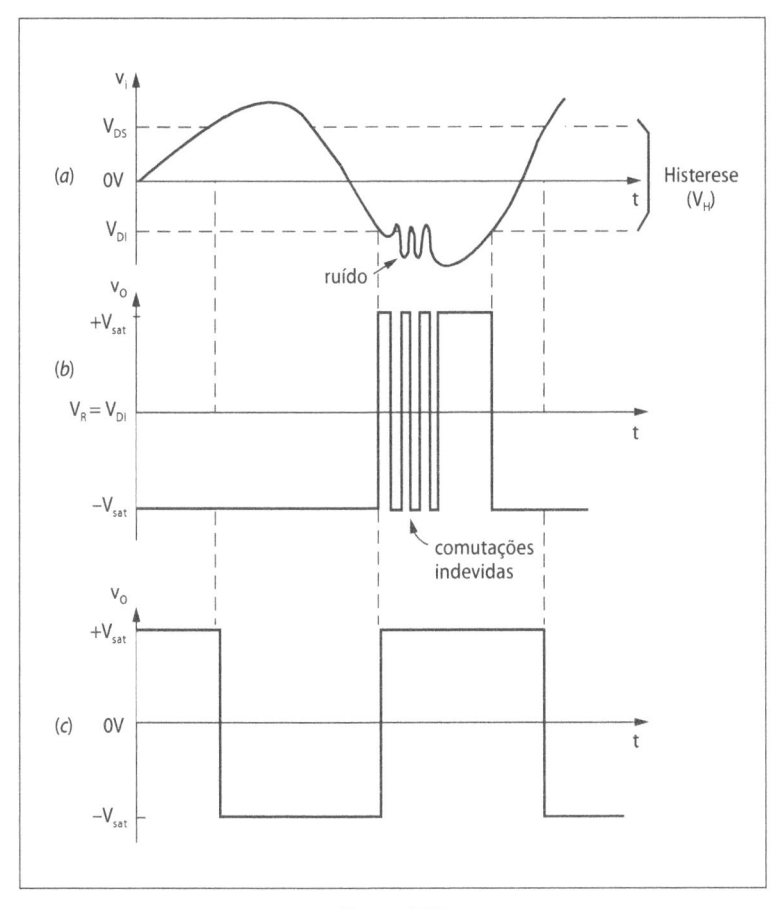

Figura 5.13

» Projetando comparadores regenerativos

Provavelmente o leitor deve estar se perguntando o seguinte: como aplicar histerese num comparador e como calcular os níveis ou tensões de disparo dos mesmos? É o que veremos a seguir.

Primeiramente, vamos analisar o comparador inversor regenerativo. Na Figura 5.14 (p. 92) apresentamos o circuito em questão. Observe a existência de realimentação positiva no mesmo.

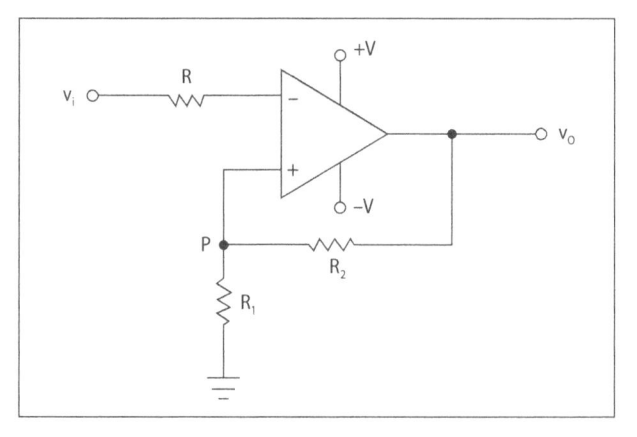

Figura 5.14

Devido à realimentação positiva, a saída do circuito estará em um dos dois estados de saturação: $+V_{sat}$ ou $-V_{sat}$. Iremos estabelecer dois níveis de referência (ou tensões de disparo) no ponto P. Essas tensões de disparo irão depender do estado de saída em cada instante. Assim, temos:

$$(a)\ V_{DS} = \frac{R_1}{R_1 + R_2} \cdot (+V_{sat})$$
$$(b)\ V_{DI} = \frac{R_1}{R_1 + R_2} \cdot (-V_{sat})$$

(5-6)

É conveniente relembrar que $+V_{sat}$ é cerca de 1,5V abaixo de $+V$, e $-V_{sat}$ é cerca de 1,5V acima de $-V$. Dessa forma, V_{DS} e V_{DI} dependem das tensões de alimentação do comparador.

Na Figura 5.15, temos a curva de transferência (ou curva característica) para o comparador inversor regenerativo. Essa curva nos mostra uma relação entre os sinais de entrada e saída e nos permite compreender o funcionamento do circuito.

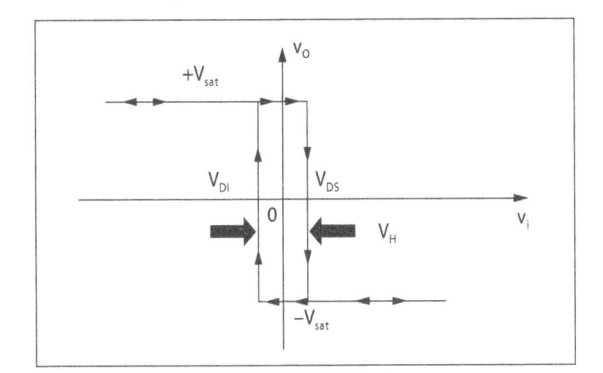

Figura 5.15

A tensão de disparo (V_{DI} ou V_{DS}), na qual a saída comuta de estado, depende do sentido de comutação do comparador num determinado instante, ou seja, do estado baixo ($-V_{sat}$) para o estado alto ($+V_{sat}$) ou do estado alto ($+V_{sat}$) para o estado baixo ($-V_{sat}$). Para valores negativos de v_i superiores (em módulo), a V_{DI} da saída do comparador estará em $+V_{sat}$ e a tensão de disparo (referência) para comutação de estado será V_{DS} (ver a Figura 5.13). Quando v_i atinge V_{DS}, a saída chaveia de $+V_{sat}$ para $-V_{sat}$ e a tensão de disparo (referência) para a próxima comutação de estado passa a ser V_{DI}. Essa situação é mantida para todos os valores de v_i superiores a V_{DI}. Se v_i assumir valores compreendidos entre V_{DI} e V_{DS}, ou seja, se v_i se situar dentro da margem de histerese, o estado de saída permanece inalterado. Entretanto, se v_i decrescer até atingir V_{DI}, a saída comutará novamente para $+V_{sat}$ e a tensão de disparo voltará a ser V_{DS}. Como vimos, existe um certo atraso de comutação quando o sinal de entrada estiver dentro da margem de tensão de histerese (V_H). A Figura 5.15 permite visualizar esse efeito de histerese existente no comparador inversor regenerativo.

O outro circuito que apresentaremos é o comparador não inversor regenerativo. Na Figura 5.16, temos o circuito e sua respectiva curva de transferência. Observe, novamente, a presença de realimentação positiva no circuito.

A análise da curva de transferência do comparador não inversor regenerativo é similar à análise feita para o comparador inversor regenerativo. Deixamos essa análise como exercício para o leitor.

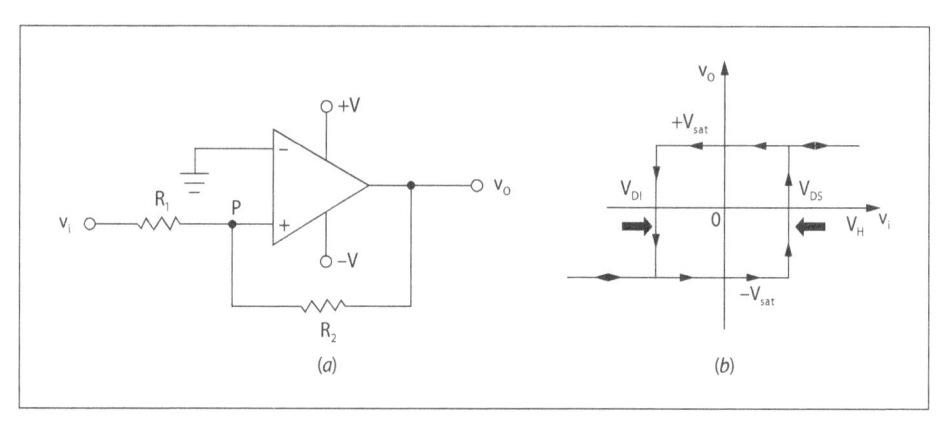

Figura 5.16

Quanto aos níveis de referência (ou tensões de disparo) estabelecidos no ponto P, iremos admitir (sem demonstração) as seguintes relações:

$$\begin{aligned}(a)\ V_{DS} &= \frac{R_1}{R_2} \cdot (+V_{sat}) \\ (b)\ V_{DI} &= \frac{R_1}{R_2} \cdot (-V_{sat})\end{aligned} \quad (5\text{-}7)$$

Finalmente, convém ressaltar que os níveis de tensão de saída dos comparadores com histerese também podem ser limitados utilizando-se diodos Zener. Na Figura 5.17, apresentamos o comparador inversor regenerativo com limitação da tensão de saída. Observe a correta conexão de R_3 (limitador de corrente) no circuito. O valor de R_3 pode ser, na maioria dos casos, igual a 330Ω.

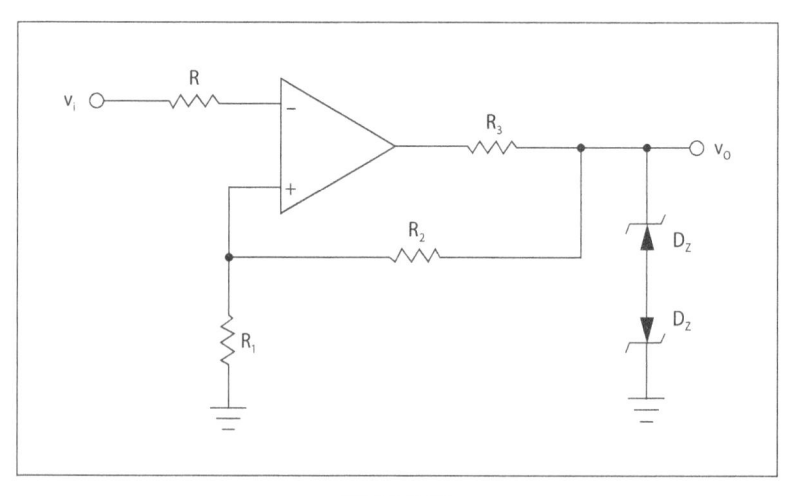

Figura 5.17

>> Oscilador com ponte de Wien

A teoria dos osciladores é bastante complexa e, portanto, neste item, pretendemos apresentar o assunto de forma bastante objetiva. Osciladores são circuitos cuja função é produzir um sinal alternado a partir de uma fonte de alimentação contínua. Em outras palavras, um oscilador não necessita de um sinal de entrada externo, pois basta que o mesmo seja alimentado por uma fonte CC (da qual o circuito retirará energia) para produzir o sinal alternado de saída.

Basicamente existem dois tipos de osciladores:

a) osciladores harmônicos: produzem sinais senoidais
b) osciladores de relaxação: produzem sinais não senoidais

Como exemplo de osciladores harmônicos podemos citar o oscilador em ponte de Wien, o qual será nosso objeto de estudo. O oscilador em ponte de Wien é o mais popular dentre os osciladores harmônicos, pois apresenta ótima performance e uma saída senoidal praticamente perfeita. Existem, entretanto, outros tipos de osciladores harmônicos: oscilador de Armstrong, oscilador de Colpitts, oscilador de Hartley, etc.

Como exemplo de oscilador de relaxação podemos citar alguns tipos básicos, a saber: gerador de onda dente de serra, multivibrador astável, etc. Um outro exemplo clássico de oscilador de relaxação é o oscilador com UJT, utilizado para produzir pulsos de disparo para tiristores.

>> A ponte de Wien

No curso de circuitos elétricos e medidas elétricas, encontramos a chamada ponte de Wien, utilizada para medição de frequências. Na Figura 5.18 apresentamos o circuito da ponte de Wien.

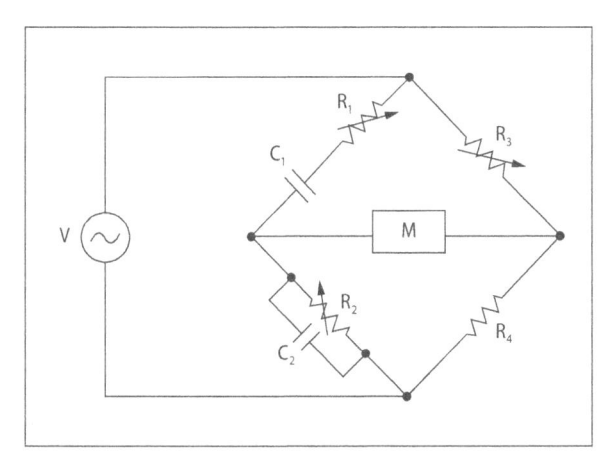

Figura 5.18

O dispositivo M é um indicador de nulidade ou balanceamento capaz de responder às variações de correntes alternadas do circuito. Esse dispositivo pode ser desde um par de fones de ouvido até mesmo um amplificador de CA com um medidor na saída.

Quando a ponte está em equilíbrio ou balanceada, temos a seguinte condição:

$$\frac{R_3}{R_4} = \frac{R_1}{R_2} + \frac{C_2}{C_1} \quad (5\text{-}8)$$

Nesse caso, a frequência da ponte será dada por:

$$f_o = \frac{1}{2\pi\sqrt{R_1 R_2 C_1 C_2}} \quad (5\text{-}9)$$

» O oscilador com ponte de Wien

Se associarmos a ponte de Wien com um AOP, através de uma realimentação positiva, obteremos um circuito denominado oscilador com ponte de Wien. A frequência de balanceamento (f_o) da ponte é, também, a frequência de oscilação do circuito. Na Figura 5.19 (p. 96), apresentamos a estrutura básica do oscilador com ponte de Wien.

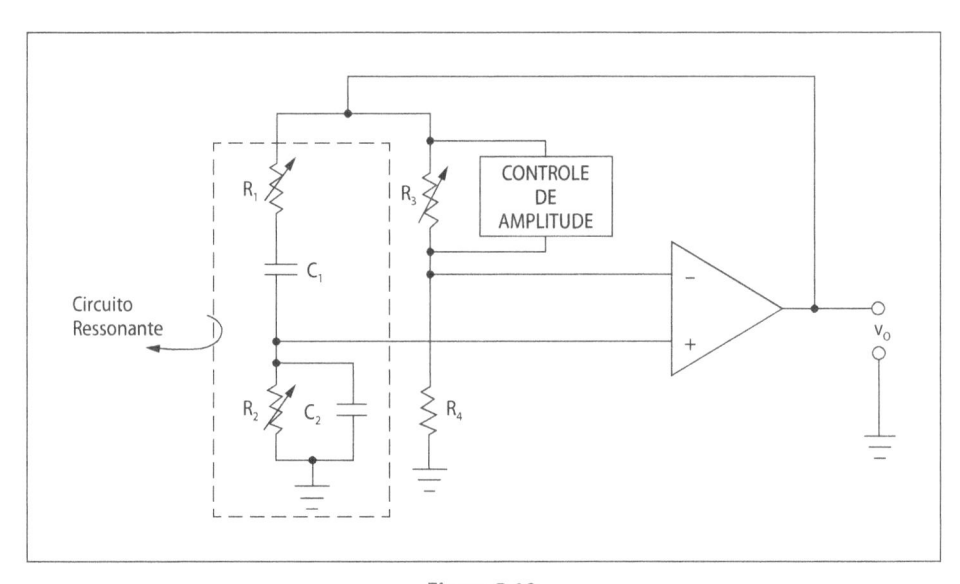

Figura 5.19

Note que existe também uma malha de realimentação negativa, através da qual se faz o controle ou limitação de amplitude do sinal de saída. Essa limitação é importante, pois, caso contrário, ao ser dada a partida do oscilador, a realimentação positiva faria com que a sua saída atingisse a saturação, distorcendo, portanto, o sinal senoidal desejado. Na Figura 5.20 mostramos essa situação.

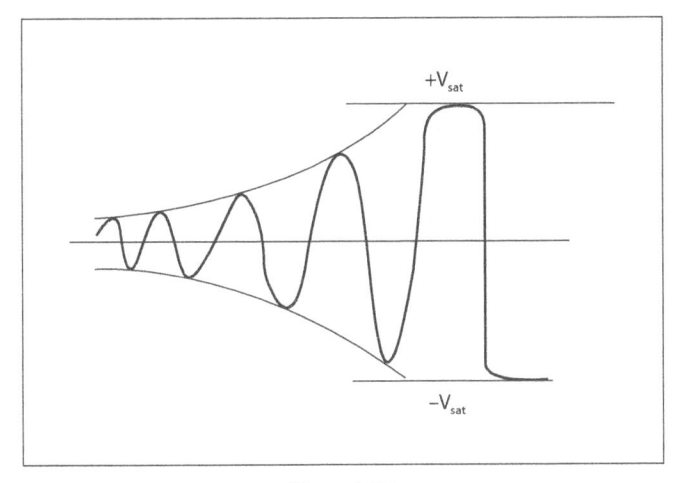

Figura 5.20

O controle ou limitação de amplitude pode ser feito de várias formas: utilizando uma lâmpada em lugar de R_4, utilizando diodos de sinal em antiparalelo ou diodos Zener em oposição. Em alguns circuitos mais sofisticados, são utilizados dispositivos JFET ou MOSFET para prover o controle de amplitude.

Na Figura 5.21 (p. 97), apresentamos o circuito de um oscilador com ponte de Wien, no qual o controle de estabilidade e amplitude é feito por dois diodos de chaveamento rápido (1N914 ou 1N4148) e um potenciômetro que, colocado em série com R_3', corresponde ao potenciômetro R_3 da Figura 5.19. R_3' representa a resistência CA do diodo que estiver conduzindo num dado instante.

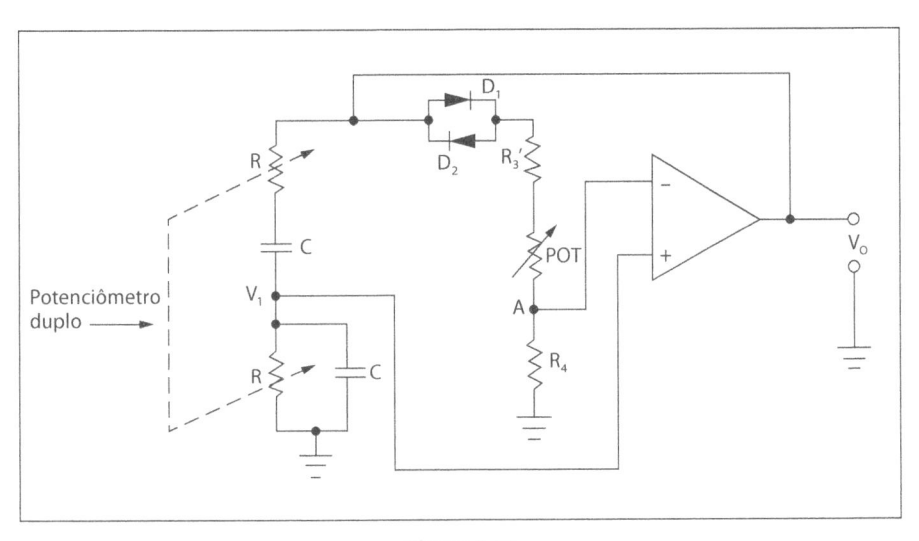

Figura 5.21

Observe, na figura anterior, que igualamos entre si os resistores e os capacitores do circuito ressonante e, portanto, a Equação 5-8 nos dá o seguinte resultado ou condição de projeto:

$$\boxed{R_3 = R_3' + POT = 2R_4} \qquad (5\text{-}10)$$

e a frequência de oscilação será:

$$\boxed{f_o = \frac{1}{2\pi RC}} \qquad (5\text{-}11)$$

Considerando o ganho do circuito como sendo a relação de v_o para v_1, conforme está indicado na Figura 5.21, temos:

$$v_o = \left(1 + \frac{R_3' + POT}{R_4}\right)v_1$$

ou seja:

$$\boxed{\frac{v_o}{v_1} = 3} \qquad (5\text{-}12)$$

Evidentemente, a equação anterior só é válida na frequência de oscilação (f_o). O potencial no ponto A é aproximadamente igual a v_1 (por quê?). Assim, a partida do oscilador se dará quando, através do potenciômetro POT, conseguirmos estabelecer a relação dada pela Equação 5-12.

Os diodos D_1 e D_2 executam a função do chamado controle automático de ganho (CAG). De fato, à medida que a tensão de saída v_o aumenta, a resistência CA(r_{ca}) do diodo que estiver conduzindo diminui (pois $r_{ca} \simeq 0{,}026/i_D$ na temperatura ambiente), devido ao aumento da corrente instantânea (i_D) no mesmo. Consequentemente, o fator de realimentação negativa aumenta e a relação v_o/v_1, dada pela Equação 5-12, se torna menor do que 3, reduzindo ou amortecendo a amplitude da oscilação. Na situação oposta (v_o diminui), r_{ca} aumenta e v_o/v_1 fica superior a 3, levando a saída para uma condição de oscilação crescente, distorcendo o sinal e, finalmente, conduzindo-o à saturação, conforme indicado na Figura 5.20. Concluimos, portanto, que a situação de estabilidade do circuito ocorre quando $v_o/v_1 = 3$, nem acima e nem abaixo de 3, mas exatamente 3! Na Figura 5.22(a) temos a situação de saída quando $v_o/v_1 < 3$ e, na Figura 5.22(b), temos a situação de saída quando $v_o/v_1 = 3$ (a qual é a situação estável e, portanto, desejável).

Por último, desejamos fazer algumas considerações práticas. Conforme se vê pela Equação 5-11, o ajuste da frequência de oscilação pode ser feito através de R ou C. Normalmente, é preferível variar R de forma contínua e idêntica através de um potenciômetro duplo, conforme está indicado na Figura 5.21. As variações de C devem ser feitas com valores discretos dentro da faixa comercialmente disponível. Evidentemente, não devemos utilizar capacitores polarizados no circuito oscilador. Normalmente, o projetista deve colocar um seguidor de tensão ou *buffer* na saída do circuito oscilador. Esse procedimento protege o circuito contra possível sobrecarregamento da saída e possibilita a alimentação de cargas com baixa impedância de entrada. Evidentemente, o *buffer* deverá ser feito com um AOP adequado à carga que será alimentada.

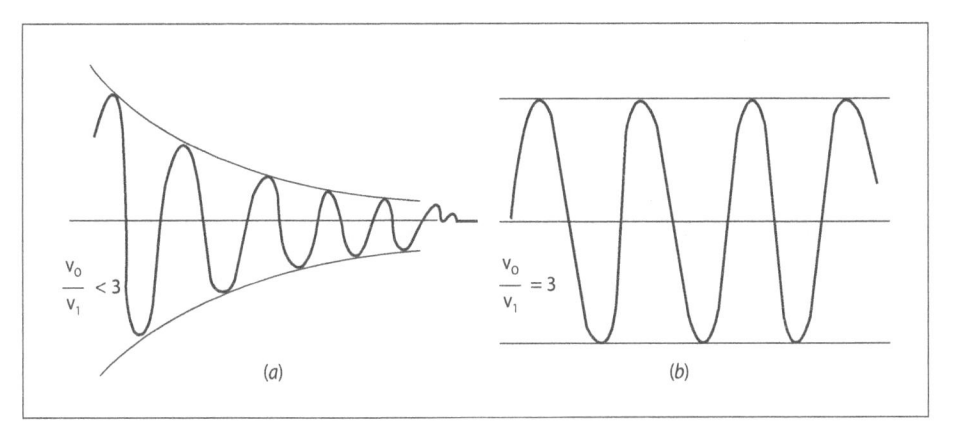

Figura 5.22

» O temporizador 555

O temporizador 555 é um circuito integrado de alta versatilidade, pois apresenta um grande número de aplicações em circuitos eletrônicos. Na maioria das aplicações, o 555 é utilizado para produzir intervalos de tempo. Dentre as aplicações principais, podemos citar: temporizadores, geradores de pulsos, multivibradores, alarmes, etc.

O temporizador 555 foi introduzido no mercado mundial pela Signetics (uma subsidiária da Phillips) em 1972. A alta aceitação do mesmo levou inúmeras indústrias de semicondutores a fabricarem (sob concessão da Signetics) o temporizador 555. No Apêndice F apresentamos as folhas de dados do CA555 publicadas pela SID Microeletrônica. Essas folhas de dados estão em português e apresentam, além das características elétricas do CA555, as informações teóricas e práticas sobre o mesmo. Deixaremos a critério do leitor o estudo das folhas de dados do CA555.

É conveniente ressaltar que o 555 é uma forma de aplicação dos AOPs, pois o circuito interno do mesmo apresenta dois comparadores. Na Figura 5.23 apresentamos o diagrama em blocos do circuito interno do CA555. Observe a existência de três resistores de 5 KΩ, razão pela qual esse integrado é denominado 555.

O CA555 permite correntes de saída de até 200mA e, portanto, pode acionar diversas cargas TTL, bem como pequenos alto-falantes e relés diretamente (veja a Figura 13 e a Figura 16 no Apêndice F, p. 296).

Uma das aplicações mais comuns do 555 é a sua utilização como gerador de sinais quadrados para acionar circuitos lógicos. Na Figura 5.24 (p. 101), temos três formas de se obter um trem de pulsos quadrados. Existem várias outras maneiras de se conseguir isso utilizando o CA555.

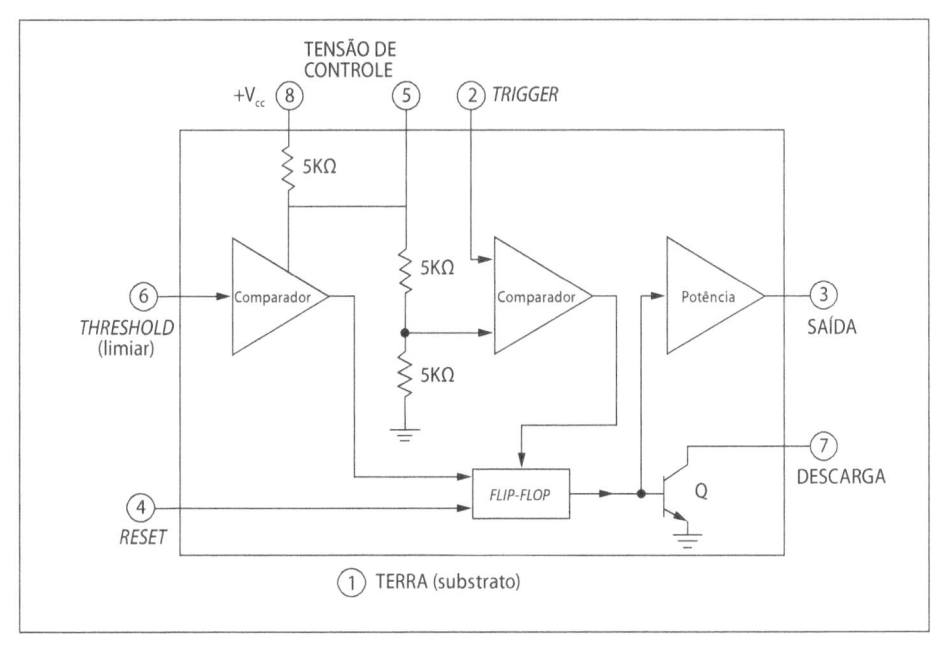

Figura 5.23

Para o circuito da Figura 5.24(c)[1], a frequência f do sinal de saída pode ser calculada pela seguinte fórmula geral:

$$f = \frac{1,443}{(R_1 + 2R_2)C}$$ (5-13)

(*Sugestão:* procure demonstrar essa fórmula a partir das fórmulas dadas no Apêndice F.)

Um parâmetro útil quando se projeta geradores de pulsos com o 555 é a chamada taxa de trabalho (*duty-cycle*), a qual representaremos por TT. Esse parâmetro pode ser definido tanto para o estado alto como para o estado baixo do sinal produzido. Observe o traço superior da Figura 17 do Apêndice F. Se definirmos a TT para o estado alto, temos (utilizando as equações dadas pelo fabricante):

$$TT_{(H)} = \frac{t_1}{T} = \frac{t_1}{t_1 + t_2} = \frac{R_1 + R_2}{R_1 + 2R_2}$$ (5-14)

Por outro lado, se definirmos a TT para o estado baixo, temos:

$$TT_{(L)} = \frac{t_2}{T} = \frac{t_2}{t_1 + t_2} = \frac{R_2}{R_1 + 2R_2}$$ (5-15)

É muito comum expressar TT em termos de porcentagem (%).

Os fabricantes preferem utilizar a definição de TT para o estado baixo, mas a maioria dos livros e textos de eletrônica tem preferido a definição para o estado alto. Portanto, a escolha final fica a critério do projetista.

---

[1] No item seguinte, veremos que circuitos desse tipo são genericamente denominados de multivibradores astáveis.

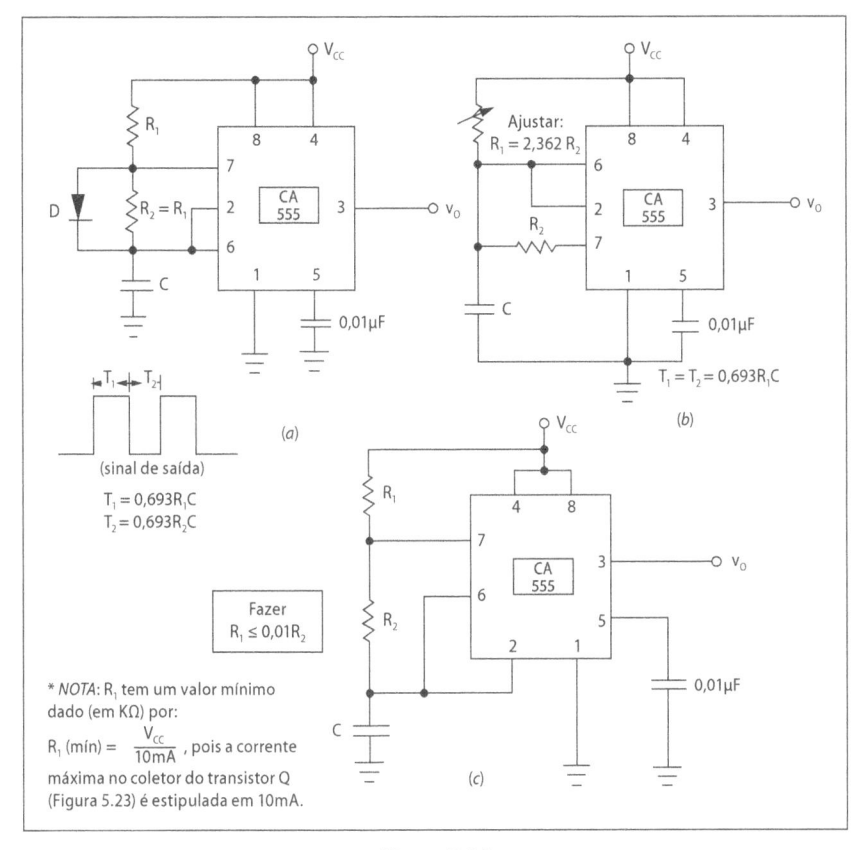

Figura 5.24

Finalmente, façamos algumas considerações práticas. Para se obter a máxima estabilidade de operação, os fabricantes recomendam escolher os resistores R_1 e R_2 dentro da faixa de 1KΩ a 100KΩ e com tolerância de 5% ou menos. A utilização de resistores de filme metálico é uma boa opção, pois apresentam alto fator de confiabilidade.

≫ O multivibrador astável com AOP

Um multivibrador é um circuito que apresenta apenas dois estados de saída: alto ou baixo. O estado alto apresenta uma certa amplitude em relação ao estado baixo, que normalmente está no nível "zero", ou seja, na referência de tensão. Assim, a forma de onda do sinal de saída tem como padrão um pulso retangular (ou quadrado). Os multivibradores podem ser classificados em três tipos:

   a) monoestável
   b) biestável
   c) astável

Na operação monoestável, o multivibrador apresenta um único estado estável. Após receber um pulso de disparo, sua saída comuta de estado e permanece nessa situação durante um certo intervalo de tempo, após o qual o circuito retorna ao estado estável ou inicial. Essa situação está indicada na Figura 5.25(a).

Esse tipo de operação pode ser conseguido de diversas formas: utilizando circuitos integrados digitais (74LS121, 74LS123, etc.) ou utilizando o temporizador CA555 (veja a Figura 13 no Apêndice F). Na prática, o multivibrador monoestável pode ser construído com AOPs, mas utilizando o temporizador CA555 podemos obter excelentes resultados a baixo custo e com extrema facilidade.

Na operação biestável (ou *flip-flop*), existem dois estados estáveis. Nesse tipo de operação, o multivibrador recebe um pulso de disparo e sua saída é levada para uma das duas possibilidades estáveis: alta ou baixa. O circuito permanece numa dessas situações até que um novo pulso obrigue a saída do mesmo a comutar de estado (veja a Figura 5.25b). Apesar da possibilidade de se implementar multivibradores biestáveis com AOPs, é mais conveniente e prático implementá-los com circuitos integrados digitais específicos (74LS76, 74LS112, etc.).

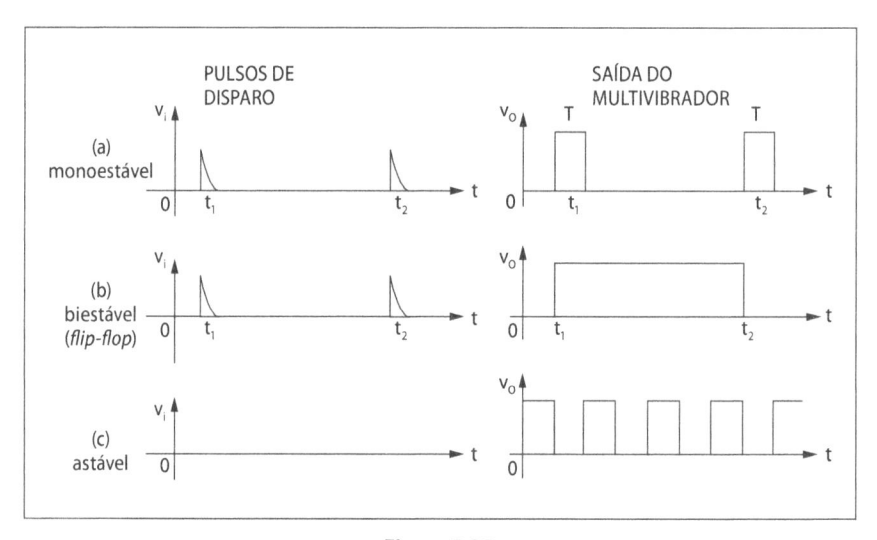

Figura 5.25

Finalmente, na operação astável, o multivibrador comuta constantemente entre os dois estados possíveis, produzindo um trem de pulsos com uma determinada frequência. A operação astável é também denominada corrida livre (*free-running*). Nesse tipo de operação não existem, portanto, estados estáveis (veja a Figura 5.25c). É possível implementar um multivibrador astável com o temporizador CA555 (veja a Figura 16 no Apêndice F), mas sua implementação com AOP, além de ser uma alternativa, é muito comum na prática. De fato, o circuito básico de um multivibrador astável com AOP necessita apenas de um capacitor e três resistores externos, conforme se vê na Figura 5.26.

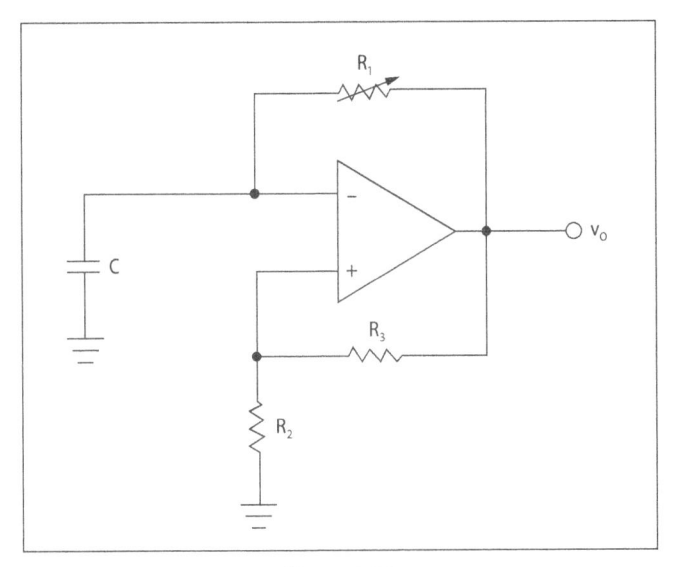

Figura 5.26

O circuito anterior possibilita a geração de um sinal quadrado cuja amplitude varia entre $+V_{sat}$ e $-V_{sat}$ e cuja frequência pode ser variada através de R_1. Na Figura 5.27 temos a forma de onda de saída do circuito em questão.

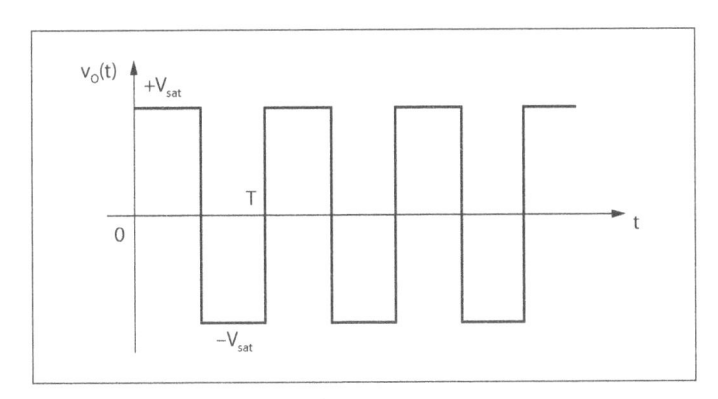

Figura 5.27

A frequência f do sinal de saída pode ser calculada pela seguinte fórmula:

$$\boxed{T = \frac{1}{f} = 2R_1 C \ln\left(1 + \frac{2R_2}{R_3}\right)} \qquad (\ell n \text{ indica logaritmo natural})^2 \quad (5\text{-}16)$$

A amplitude do sinal de saída pode ser atenuada através de uma redução no valor da tensão de alimentação ou utilizando-se dois diodos Zener idênticos ($V_{Z1} = V_{Z2}$)

---

[2] Utilizando logaritmos decimais, a Equação 5-16 pode ser escrita da seguinte forma:

$$T = \frac{1}{f} = 4{,}6 R_1 C \log\left(1 + \frac{2R_2}{R_3}\right)$$

e em oposição, conforme está indicado na Figura 5.28. Se for desejada uma forma de onda assimétrica, basta fazer $V_{Z1} \approx V_{Z2}$.

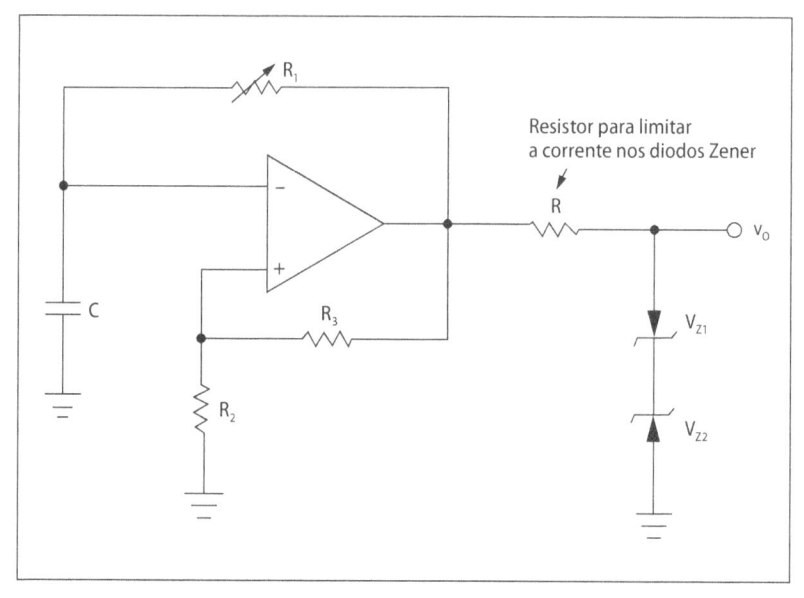

Figura 5.28

Finalmente, vamos fazer algumas considerações práticas acerca do multivibrador astável com AOP. Para evitar problemas de limitação ou distorção por *slew-rate*, quando trabalhamos em frequências relativamente altas, devemos utilizar AOPs com SR adequado. Outra consideração prática a ser feita diz respeito ao capacitor C utilizado no circuito. Como a tensão sobre esse capacitor não é contínua, não podemos utilizar capacitores eletrolíticos. Por último, para evitar danos no AOP devido à tensão diferencial existente entre as entradas não inversora e inversora, o projetista deve escolher AOPs com tensão diferencial de entrada aproximadamente igual ao dobro da tensão de alimentação do AOP. Como, normalmente, a alimentação do AOP é feita com $\pm$ 15 V_{cc}, devemos utilizar um AOP com tensão diferencial de entrada da ordem de $\pm$ 30 V_{cc}. Nessa classe temos, dentre outros, os seguintes AOPs: CA741, LF351, LF356, LM307, CA1458, etc. O CA 3140 não é aconselhável para essa aplicação. (Por quê? Consulte o manual de algum fabricante desse integrado.)

≫ Gerador de onda dente de serra

Em muitas situações práticas, torna-se necessária a utilização de um sinal do tipo dente de serra (*sawtooth*). Assim, por exemplo, para se obter uma imagem do sinal de entrada aplicada ao canal vertical de um osciloscópio é necessário aplicar um sinal do tipo dente de serra (denominado sinal de varredura) no canal horizontal simultaneamente. Esse sinal de dente de serra é fornecido por uma parte do circuito do osciloscópio, e o ajuste da frequência do mesmo é feito através de um controle externo (base de tempo ou *sweep-time*/DIV) existente no painel do osciloscópio.

Na Figura 5.29, apresentamos o circuito básico de um gerador de onda dente de serra. Note que existe, em paralelo com o capacitor, um elemento chaveador denominado PUT (ou TUP) – Transistor de Unijunção Programável. O PUT é um membro da família dos tiristores, ou seja, é um dispositivo de quatro camadas PNPN.

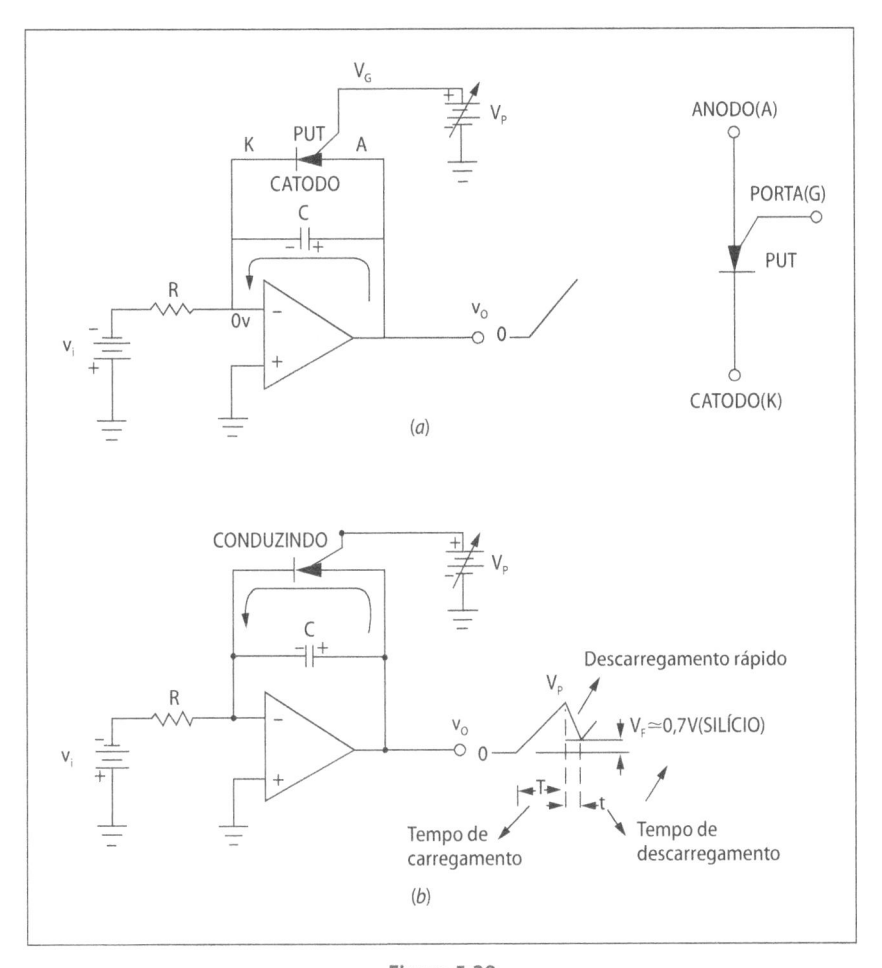

Figura 5.29

O funcionamento do circuito inicia quando a tensão negativa de entrada (v_i) produz uma rampa positiva na saída do mesmo. Durante o tempo no qual a rampa está sendo produzida, o circuito atua como um integrador comum. Durante esse tempo, o capacitor está se carregando, e o PUT está cortado. Essa situação está indicada na Figura 5.29(a).

O PUT irá disparar quando a tensão de anodo (rampa de saída) do mesmo atingir o valor da tensão de disparo (V_G), pré-ajustada através da bateria V_p ($V_G = V_p$). Evidentemente, a tensão de disparo V_G corresponde à amplitude (valor de pico) desejada para o sinal dente de serra. Após o disparo do PUT, o capacitor se descarrega. É interessante ressaltar que o capacitor não se descarrega completamente devido à tensão direta (V_F) a que o PUT fica submetido quando está conduzindo. Essa situação está indicada na Figura 5.29(b).

O processo de descarga continua até que a corrente no PUT caia abaixo do valor de sua corrente de manutenção. Nesse ponto, o PUT retorna ao estado de corte, e o capacitor reinicia o processo de carga, gerando, assim, outra rampa positiva na saída. Devido à repetitividade desse ciclo de operação, teremos na saída do circuito um trem de sinais dente de serra.

A frequência do sinal de saída é determinada pela constante de tempo RC, bem como pela amplitude pré-ajustada para o mesmo (V_p). Assim, temos:

$$T = \frac{(V_p - V_F)RC}{|V_i|} \qquad (5\text{-}17)$$

$$T = \frac{|V_i|}{RC}\left(\frac{1}{V_p - V_F}\right) \qquad (5\text{-}18)$$

Nas fórmulas anteriores, o período T é considerado como sendo o tempo necessário para o capacitor se carregar (veja a Figura 5.29b). Note que estamos desprezando o tempo de descarregamento (t) do capacitor.

Apresentamos na Figura 5.30 (p. 107) um circuito prático para produzir sinais dente de serra com frequência e amplitude ajustáveis através de dois potenciômetros lineares. O PUT utilizado (2N6027) é muito comum e, portanto, é facilmente encontrado no mercado. Sua pinagem está indicada na Figura 5.30.

O circuito anterior apresenta a vantagem de utilizar as tensões de alimentação do AOP ($\pm 15V$) para prover as tensões V_p (ou V_G) e v_i.

Finalmente, é interessante ressaltar que, sendo a frequência do sinal uma função da tensão de entrada v_i, esse circuito pode ser considerado um tipo de conversor tensão-frequência ou, até mesmo, um oscilador controlado por tensão (VCO = *voltage-controlled oscillator*).

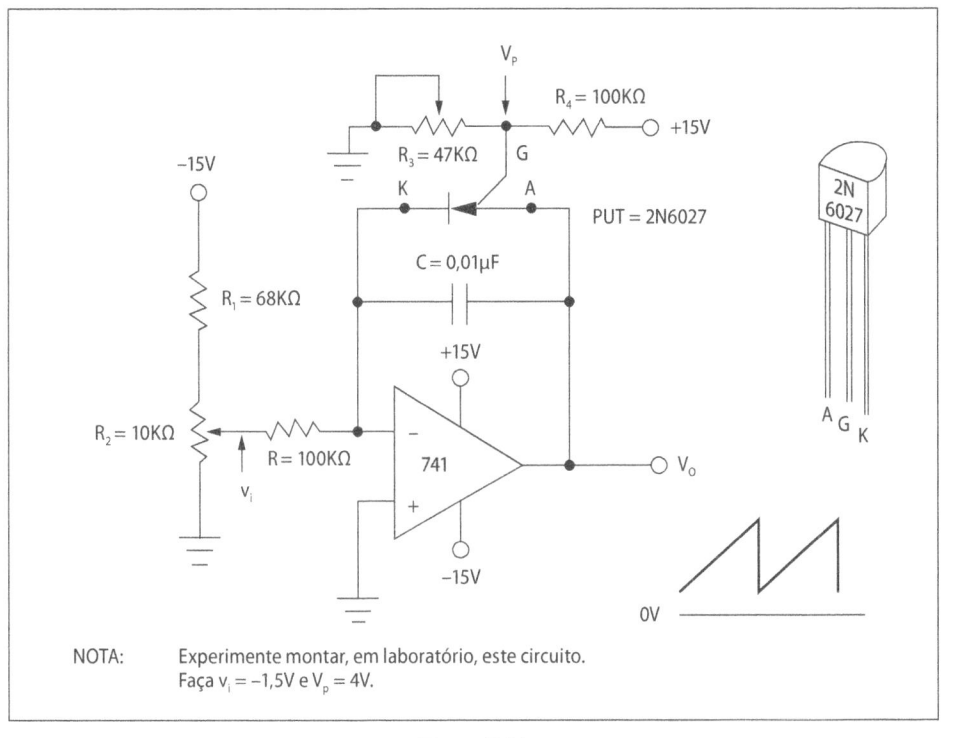

Figura 5.30

Circuitos logarítmicos

Os circuitos logarítmicos são também denominados de amplificadores logarítmicos. Esses circuitos são utilizados em computação analógica e em áreas onde exista a necessidade de se comprimir a faixa dinâmica de uma informação ou medição a ser processada, por exemplo: medidores de VU (unidade de volume de áudio), instrumentação nuclear, equipamentos de radar, etc.

Neste item estudaremos o circuito logarítmico (propriamente dito), bem como o circuito antilogarítmico e o circuito multiplicador de variáveis (este último é uma aplicação direta dos dois primeiros). Existem muitos outros circuitos que poderiam ser estudados dentro deste item e, portanto, o estudante interessado deverá pesquisar alguns textos avançados sobre o assunto para complementar o presente estudo. Para tanto, podemos indicar o seguinte texto: WONG, Y. J.; OTT, W. E. *Function circuits*: design and applications. New York: McGraw-Hill, 1976.

Circuito logarítmico

Um dos dispositivos eletrônicos mais conhecidos pela sua característica de não linearidade é o transistor bipolar. De fato, a relação entre a corrente de coletor e a tensão base-emissor é precisamente logarítmica numa faixa que se estende desde alguns picoampères até alguns miliampères. Da teoria dos semicondutores obtemos a seguinte equação:

$$I_C = I_{ES}\left(e^{\frac{qV_{BE}}{KT}} - 1\right) \simeq I_{ES}e^{\frac{qV_{BE}}{KT}} \tag{5-19}$$

Onde:

- I_C = corrente de coletor
- I_{ES} = corrente entre emissor e base quando os terminais coletor e base do transistor estiverem curto-circuitados
- V_{BE} = tensão base-emissor
- K = constante de Boltzmann (K = 1,381 × 10^{-23} joule/°K)
- T = temperatura absoluta em graus Kelvin (°K)
  Nota: T(°K) = T(°C) + 273,16
- q = carga do elétron (q = 1,602 × 10^{-19} coulombs – C)

Se introduzirmos na malha de realimentação negativa de um AOP um transistor na configuração base-comum, obteremos o circuito logarítmico em sua forma básica. A Figura 5.31 apresenta a configuração em questão. Em alguns textos, utiliza-se um diodo como elemento não linear em lugar do transistor, mas a performance do circuito e a faixa de tensões de entrada ficam bastante reduzidas.

Expressando V_{BE} na Equação 5-19, obtemos:

$$V_{BE} = \frac{KT}{q}\ln\left(\frac{I_C}{I_{ES}}\right)$$

Mas,

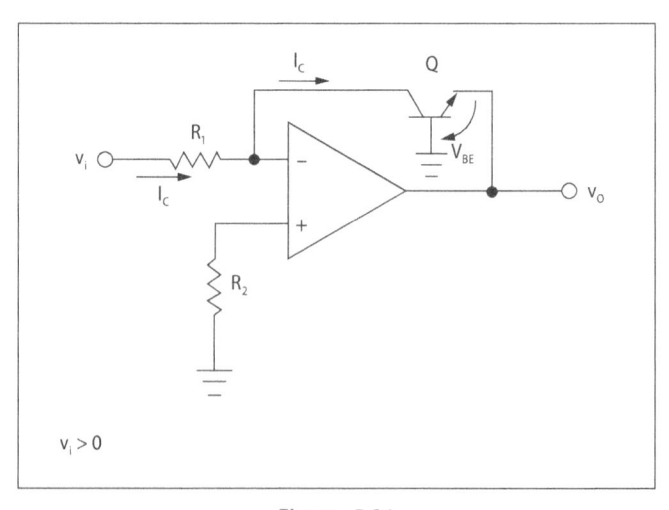

$$V_O = -V_{BE}$$

Figura 5.31

e

$$I_C = \frac{V_i}{R_1}$$

Então:

$$V_o = -\frac{KT}{q} \cdot \ln\left(\frac{V_i}{R_1 I_{ES}}\right) \quad (5\text{-}20)$$

Notemos que o circuito é extremamente dependente da temperatura. De fato, I_{ES} é afetado pelas variações térmicas, e a expressão $\frac{KT}{q}$ também é função da temperatura. Nas condições ambientes (25°), temos:

$$\frac{KT}{q} \simeq 26\,mV$$

Na prática, os efeitos da temperatura são minimizados ou compensados através de alguns recursos que tornam o circuito bem mais complexo:

> utilização de transistores casados
> utilização de termistores (NTC/PTC)

Entretanto, a forma mais prática (mas não a mais econômica) de se obter um circuito logarítmico com alta estabilidade térmica e grande precisão de resposta é utilizar um integrado específico. Existem diversos fabricantes de circuitos logarítmicos sob a forma de circuitos integrados: Analog Devices, Burr-Brown, Intersil, etc. Apenas como exemplo, podemos citar o ICL8048 da Intersil. Evidentemente, esses integrados especiais são muito caros... Os projetistas devem utilizá-los apenas como último recurso e em projetos de extrema precisão.

Para finalizar este tópico, é conveniente ressaltar que, se V_i for negativo, deveremos utilizar um transistor tipo PNP no circuito da Figura 5.31.

>> Circuito antilogarítmico

Se no circuito logarítmico substituirmos o resistor R_1 por um transistor PNP e o transistor Q por um resistor R_1, obteremos o circuito antilogarítmico em sua forma básica, o qual está indicado na Figura 5.32 (p. 110).

Para o circuito anterior, podemos escrever:

$$I_C = -\frac{V_o}{R_1}$$

e

$$V_i = V_{BE}$$

Levando essas relações na Equação 5-19, obteremos:

$$V_o = -R_1 I_{ES} e^{\frac{qV_i}{KT}} \quad (5\text{-}21)$$

Evidentemente, para V_i negativo, deveremos utilizar um transistor tipo NPN.

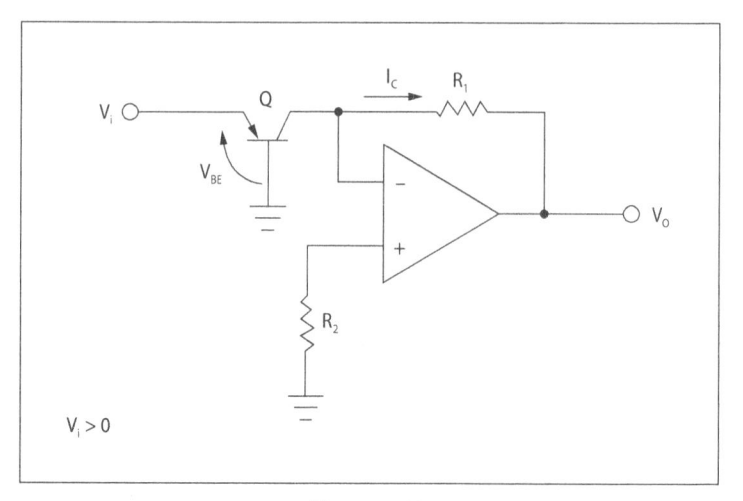

Figura 5.32

Em aplicações de grande precisão, o projetista pode utilizar um integrado específico. Como exemplo, podemos citar o ICL 8049 da Intersil. Esse integrado é um circuito antilogarítmico de excelente estabilidade térmica na faixa comercial de temperatura (0°C a +70°C).

» Circuito multiplicador de variáveis

Combinando os circuitos logarítmico e antilogarítmico, podemos implementar diversas funções, tais como: $X^{1/2}$, X^2, X^3, $1/X$, X/Y, XY, etc. Para ilustrar uma dessas aplicações, iremos implementar a estrutura básica de um multiplicador de duas variáveis. Na Figura 5.33 (p. 111), apresentamos o circuito em questão.

Para simplificar a análise do circuito multiplicador, vamos desprezar as constantes IES de cada estágio. Assim, temos:

Ponto A $\rightarrow \ell n\, V_1$
Ponto B $\rightarrow \ell n\, V_2$
Ponto C $\rightarrow \ell n\, V_1 + \ell n\, V_2$
Ponto D $\rightarrow V_o = e^{(\ell n\, V_1 + \ell n\, V_2)}$
Ou seja, $V_o = V_1 V_2$

O leitor deve observar que utilizamos a relação matemática $e^{\ell n\, x} = x$ para obtermos a expressão de saída.

O circuito anterior é um multiplicador de primeiro quadrante, pois o mesmo exige que ambas as tensões de entrada (V_1 e V_2) sejam positivas. É extremamente difícil projetar um circuito multiplicador de quatro quadrantes, mas, felizmente, existem integrados específicos para implementar multiplicadores de variáveis desse tipo. Como exemplo, podemos citar o integrado ICL 8013 da Intersil. Esse integrado é um multiplicador de quatro quadrantes, ou seja, sua saída é proporcional à multiplicação algébrica das duas variáveis de entrada. A precisão de resposta desse

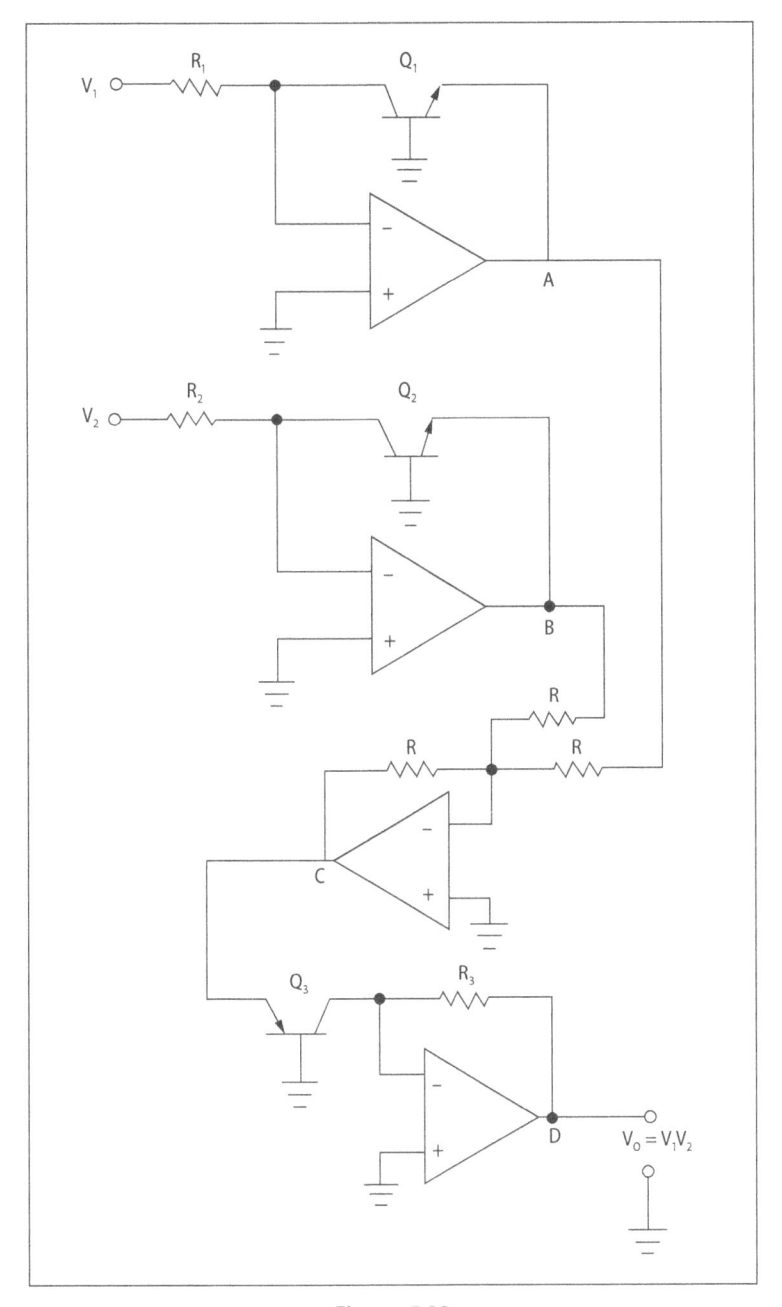

Figura 5.33

integrado é da ordem de ±0,5% e apresenta ótima estabilidade térmica. O ICL 8013 pode ser utilizado em instrumentação de processos que exijam grande precisão. Assim, por exemplo, em sistemas automáticos de controle de vazão, são exigidos os chamados extratores de raiz quadrada, os quais podem facilmente ser implementados com o ICL 8013 (veja o *databook* Intersil ou de outro fabricante).

❯❯ Retificador de precisão com AOP

Um diodo retificador comum não consegue retificar sinais de níveis muito baixos, pois o mesmo não conduz quando polarizado diretamente com tensões abaixo de 0,7V (supondo diodo de silício). Entretanto, em alguns casos, torna-se necessário retificar sinais da ordem de algumas dezenas de milivolts ou menos. Um exemplo dessa situação ocorre quando se deseja retificar sinais provenientes de sensores ou transdutores utilizados em instrumentação industrial ou em instrumentação para bioeletrônica.

Neste item, estudaremos o retificador de precisão com AOP, o qual é também conhecido como superdiodo.

Na Figura 5.34(a), temos um circuito retificador de precisão de meia-onda. É um circuito bastante simples, mas iremos utilizá-lo para introduzir o assunto.

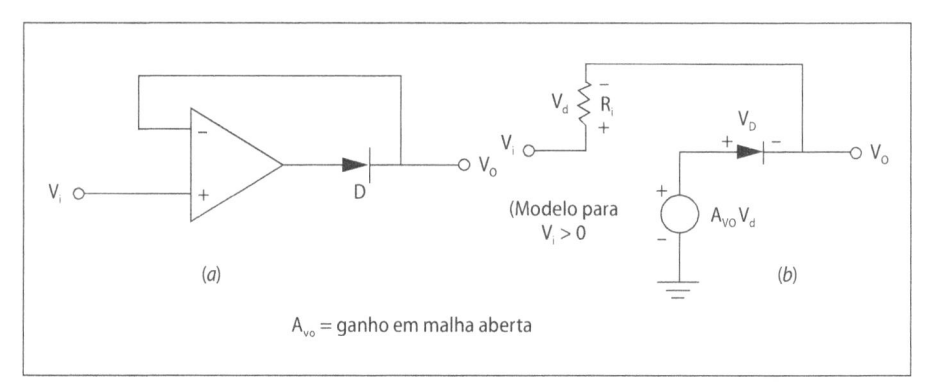

Figura 5.34

Na Figura 5.34(b), temos um modelo simplificado do circuito em questão. Quando V_i é negativo, o diodo é um circuito aberto (por quê?) e o alto valor de R_i "isola" a entrada da saída, e não teremos nenhum sinal na mesma. Entretanto, quando V_i é positivo, com uma carga conectada à saída, o diodo conduz com uma queda direta V_D. Analisando matematicamente o modelo apresentado na Figura 5.34(b), temos:

a) quando $V_i < 0 \Rightarrow V_o = 0$
b) quando $V_i > 0 \Rightarrow \quad V_o = V_i - V_d$, e também
$V_o = A_{vo} V_d - V_D$, logo:

$$V_o = A_{vo} V_d - V_D = A_{vo} \underbrace{(V_i - V_o)}_{V_d} - V_D$$

ou seja:

$$V_o = \frac{A_{vo}}{1 + A_{vo}} V_i - \frac{V_D}{1 + A_{vo}}$$

fazendo $A_{vo} \to \infty$, temos:

$$\boxed{V_o = V_i} \qquad \text{(supondo } V_i > 0 \text{ e } A_{vo} \to \infty\text{)}$$

O resultado anterior nos mostra que, sendo V_i positivo e o ganho em malha aberta infinito, o circuito apresentará na saída o mesmo sinal de entrada, independentemente do seu nível ou de sua amplitude (claro que esta é uma situação ideal, pois, na prática, o valor de V_o apresenta uma diferença da ordem de alguns milivolts ou microvolts, dependendo da qualidade do AOP utilizado). Notemos que a queda direta do diodo (V_D) foi reduzida graças à divisão da mesma por um fator idealmente infinito ($1 + A_{vo}$). Isso justifica a denominação dada ao circuito, pois, de fato, temos um retificador de precisão, já que praticamente não existe queda de tensão no diodo durante o processo de retificação.

Na Figura 5.35 apresentamos um circuito retificador de onda completa. Evidentemente, este é um circuito mais complexo, e sua análise, através de modelos, seria um pouco longa. No Capítulo 9, apresentaremos uma experiência envolvendo esse circuito, e então o estudante terá condições de verificar a alta precisão do mesmo, pois é possível retificar sinais da ordem de 30mV (pico a pico). Se forem utilizados AOPs de qualidades superiores às do 741 (p. ex., LF351, LF356, etc.), os níveis dos sinais de entrada podem ser bem menores.

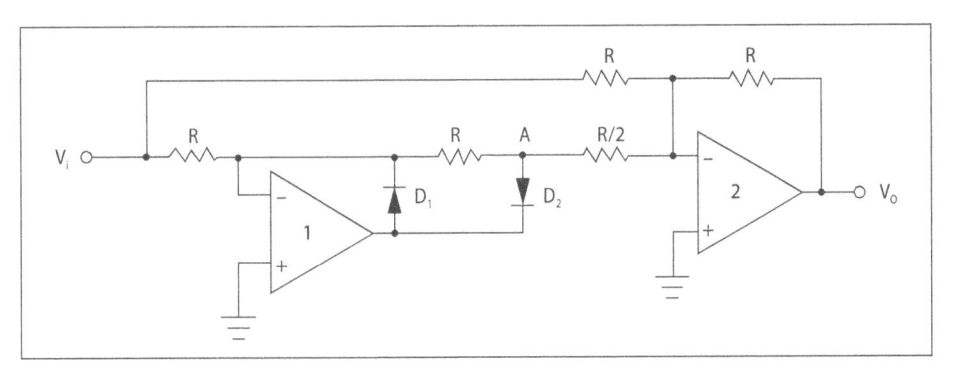

Figura 5.35

No circuito anterior, temos, na realidade, um retificador de meia-onda, formado pelo AOP1, associado a um somador, formado pelo AOP2. Se tomarmos o sinal no ponto A do circuito, verificaremos que se trata de um sinal de meia-onda. Esse sinal é aplicado no somador em conjunto com o sinal de entrada, de tal sorte que na saída obtemos um sinal de onda completa. Os diodos D_1 e D_2 devem ser de chaveamento rápido, tipo 1N914 ou 1N4148. Os resistores devem ser de filme metálico, pois possuem tolerâncias não superiores a 5%. Para aplicações de média e alta precisão, envolvendo sinais da ordem de 100mV (pico a pico) ou menos, é conveniente fazer o ajuste de *offset* dos AOPs.

O estudante irá verificar, na experiência citada, que o sinal obtido no ponto A, conforme já dissemos, é um sinal de meia-onda, o qual corresponde à retificação dos semiciclos positivos do nível de entrada. Quando o sinal de entrada estiver no semiciclo negativo, o sinal no ponto A será nulo. Nesse intervalo, os dois sinais são somados, e a resultante, reproduzida na saída do AOP2, será um sinal retificado de onda completa. Observe a existência de um resistor R/2 entre o ponto A e a entrada inversora do AOP2. Tente explicar a função desse resistor analisando o circuito da Figura 5.35, bem como as formas de onda da Figura 5.36.

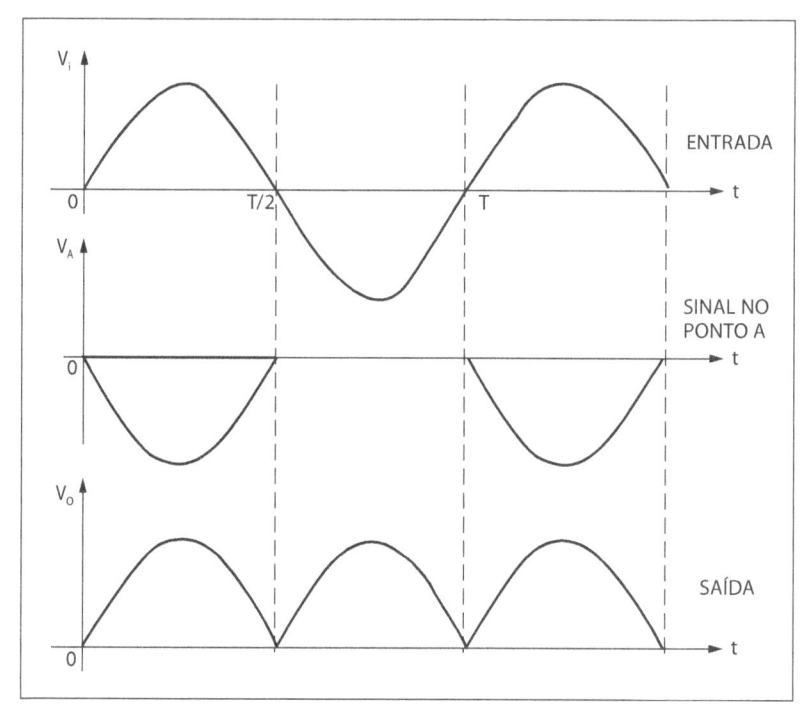

Figura 5.36

O leitor deve estar se perguntando o seguinte: no caso de se necessitar retificar sinais da ordem de poucos milivolts ou, até mesmo, microvolts, como proceder? Neste caso, temos uma aplicação de alta precisão e, portanto, deveremos utilizar AOPs de instrumentação, pois é necessário um alto valor de CMRR, bem como alta resistência de entrada, alto ganho em malha aberta e reduzida tensão de *offset* de entrada. Para projetistas interessados em retificadores de alta precisão, indicamos como fonte de consulta o seguinte texto: GRAEME, J. *Designing with operational amplifiers:* applications alternatives. New York: McGraw-Hill, 1977. Cap. 5.

Finalmente, é conveniente ressaltar que o circuito retificador de onda completa recebe, em alguns textos, a denominação de CIRCUITO DE VALOR ABSOLUTO, pois qualquer sinal alternado, aplicado no circuito, terá sua parte negativa retificada pelo mesmo. De fato, a curva de transferência desse circuito, mostrada na Figura 5.37, nos permite verificar que dois sinais simétricos (mesmo módulo, mas sinais opostos) produzem a mesma tensão de saída, ou seja, $v_o = |v_i|$ em qualquer instante.

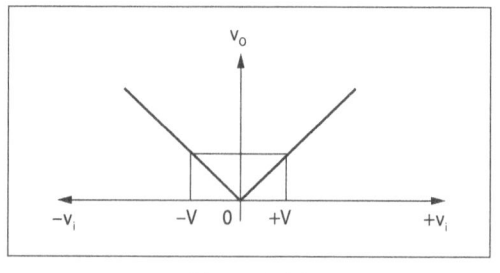

Figura 5.37

O AOP em circuitos de potência

Suponhamos um amplificador (inversor ou não inversor) construído com um AOP de resistência de saída (R_o) muito baixa. Se conectarmos uma carga Z_L na saída do amplificador, a sua tensão de saída (V_o), bem como a sua impedância de entrada (Z_{if}), não serão afetadas pela carga Z_L. Entretanto, existe um valor mínimo para Z_L em função da capacidade de corrente fornecida pelo AOP.

Para o AOP 741, a carga típica é 10KΩ. Não são aconselháveis cargas menores do que 2KΩ ligadas diretamente à saída do amplificador.

Na Figura 5.38, temos um amplificador inversor em cuja saída foi conectada uma carga $R_L = 10KΩ$. Seja I_L a corrente de carga e I_F a corrente de realimentação, teremos então:

$$\boxed{I_o = I_F + I_L} \quad (5\text{-}22)$$

onde I_o é a corrente fornecida pelo AOP.

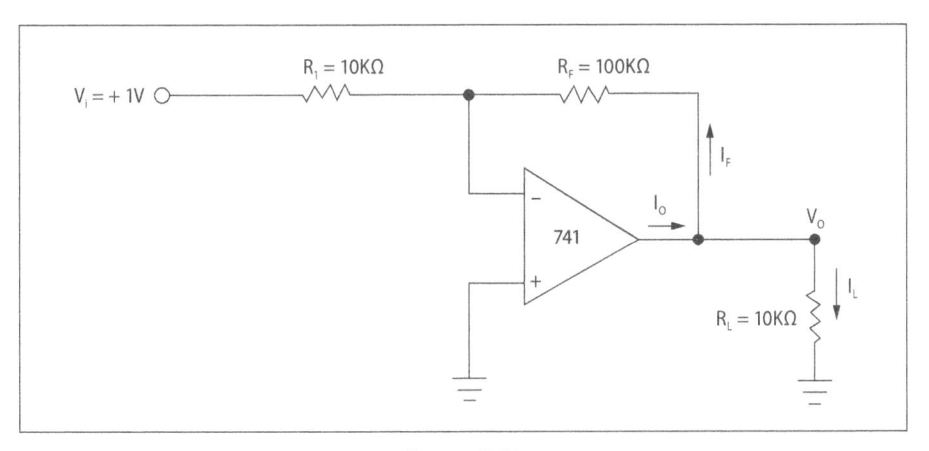

Figura 5.38

Para este circuito, temos:

$$I_F = \frac{V_o}{R_F} = \frac{-10V}{100KΩ} = -0{,}1mA$$

$$I_L = \frac{V_o}{R_L} = \frac{-10V}{10KΩ} = -1mA$$

$$I_o = I_F + I_L = -1{,}1mA$$

A corrente máxima de saída do AOP741 é de 25mA e corresponde à corrente de curto-circuito de saída (*output short circuit current*). Na prática, procura-se não ultrapassar os 10 mA para não sobrecarregar o componente, nem distorcer a saída.

Entretanto, existem situações práticas nas quais são exigidas correntes bem superiores às mencionadas anteriormente. O que fazer nesses casos? Existem duas opções: utilizar o AOP como elemento acionador de transistores ou utilizar AOPs de potência. Vamos estudar ambas as opções.

Para acionar uma carga que requer uma corrente superior à capacidade normal do AOP, podemos utilizar um transistor que permita a circulação da corrente exigida. Para tanto, o circuito mostrado na Figura 5.39 pode ser utilizado.

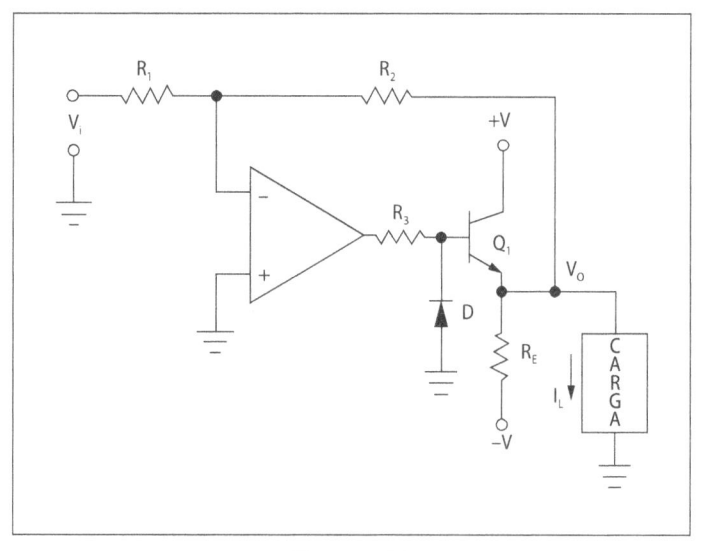

Figura 5.39

Circuitos desse tipo são denominados reforçadores (*booster*) de corrente. O diodo D tem como objetivo proteger o transistor à saída do AOP de assumir um potencial negativo superior (em módulo) ao potencial negativo do emissor. O resistor R_3 tem a função de limitar a corrente na base do transistor e no diodo D. Um valor típico para R_3 é $1K\Omega$, quando se utiliza o diodo 1N914 ou 1N4148. O transistor Q_1 depende, evidentemente, da corrente e potência necessárias para acionar a carga.

O estudante deve observar que no circuito da Figura 5.39 os componentes Q_1, R_E, D e R_3 estão "dentro" da malha de realimentação negativa. Por esse motivo, o ganho do circuito ainda é dado por $-R_2/R_1$. O transistor está sendo utilizado na configuração seguidor de emissor, a qual possui uma resistência de entrada bastante alta e uma resistência de saída muito baixa.

Muitas vezes desejamos acionar certos tipos de cargas utilizando comparadores em vez de AOPs. Isso é muito comum em circuitos de interface. Na Figura 5.40 temos alguns exemplos utilizando o comparador LM 311.

No circuito da Figura 5.40(b), temos um diodo em paralelo com a bobina do relé. Esse diodo tem como finalidade proteger o transistor contra o efeito reverso da força eletromotriz produzida quando o relé é desligado. De fato, o diodo "segura" a tensão reversa produzida, impedindo que a mesma danifique o transistor.

A segunda opção para acionar cargas de potência consiste na utilização de AOPs de potência. Esses AOPs podem ser utilizados em controle de velocidade de motores, em projetos de fontes de corrente, em amplificadores de áudio, em reguladores de tensão, etc.

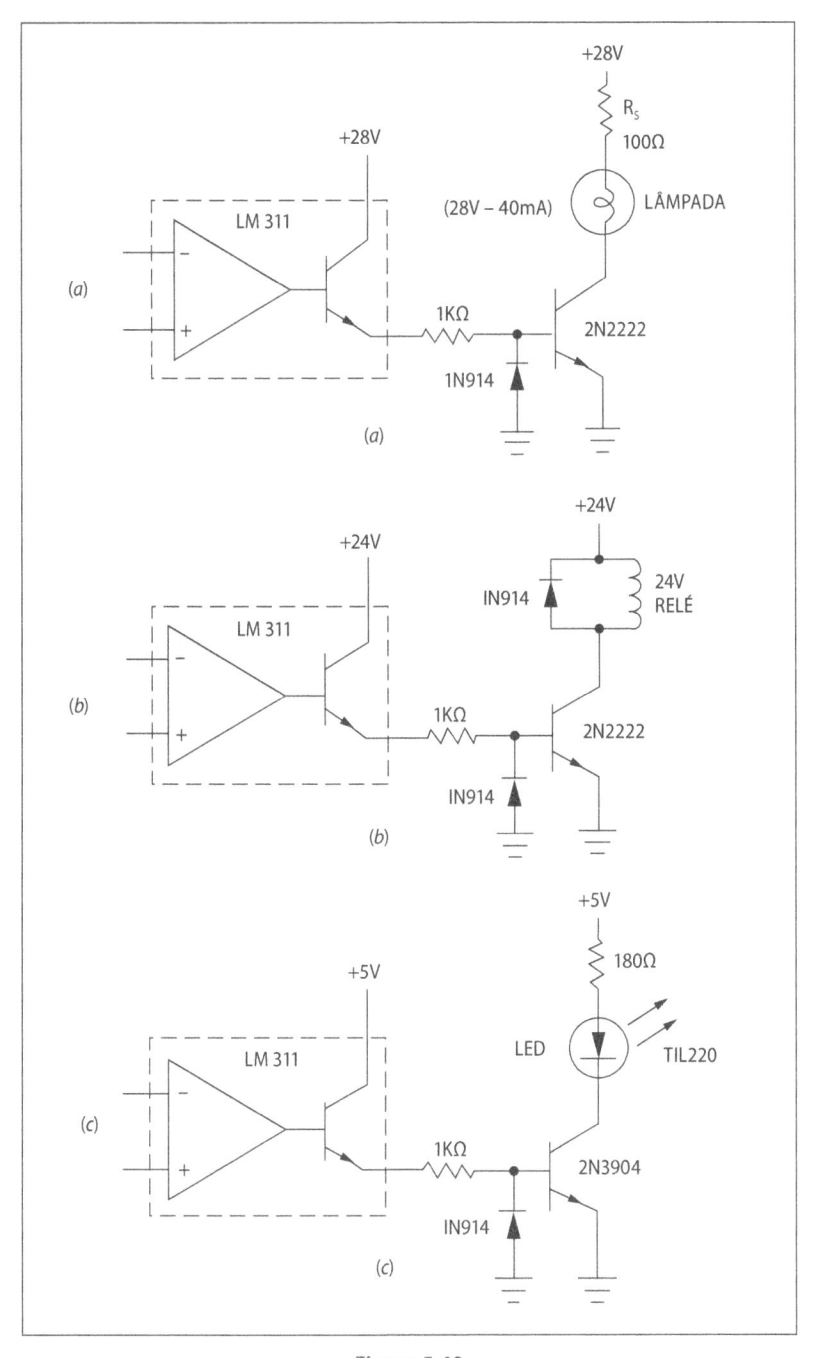

Figura 5.40

Como exemplo de AOPs de potência podemos citar o LM 675, com capacidade de corrente da ordem de 3A, potência de saída da ordem de 20W e tensão de alimentação até 60V. Na Figura 5.41 (p. 118), apresentamos o LM 675 em seu encapsulamento TO-220.

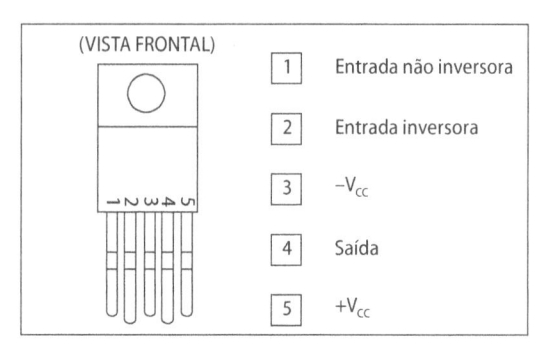

Figura 5.41

Outras características importantes do LM 675 são:

» ganho de tensão em malha aberta (A_{vo}) da ordem de 90dB
» *slew-rate* de 8 V/μs
» largura de faixa de 5,5MHz

Na Figura 5.42, apresentamos uma aplicação do LM 675. Trata-se de um circuito de controle de velocidade de um servomotor (um tipo de motor CC destinado a executar funções de posicionamento em servomecanismos).

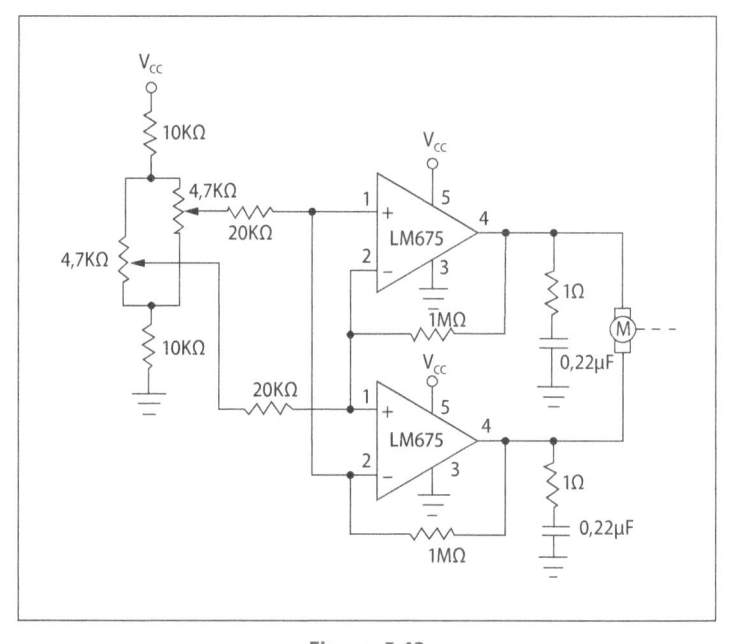

Figura 5.42

Como último exemplo de aplicação do LM 675, apresentamos na Figura 5.43 uma fonte de alta corrente. O manual do fabricante, no caso a National Semiconductors, fornece a seguinte equação para a corrente de saída deste circuito:

$I_o = V_i \times 2,5$ A/V

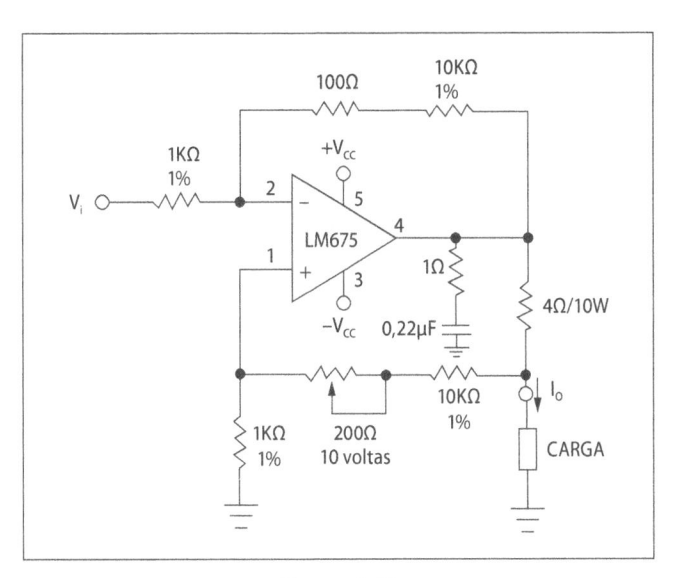

Figura 5.43

Logo, para uma tensão de entrada da ordem de 400mV, temos uma corrente de saída da ordem de 1A. Na realidade, esse circuito é um conversor tensão-corrente.

Mas a evolução dos AOPs de potência não cessa. A National Semiconductors produz o LM 12. Esse AOP possui uma capacidade de corrente da ordem de 10A, potência de saída de 150W, *slew-rate* de 9V/μs e encapsulamento metálico do tipo TO-3 com quatro terminais, mais o encapsulamento que deve ser conectado ao $-V_{CC}$ da fonte. Na Figura 5.44, temos o LM 12 em seu encapsulamento TO-3. Um dos AOPs de potência mais recentes é o PA46 da APEX Microtechnology, o qual opera com 150V, 75W e 5A (ver em Leituras recomendadas o endereço do *site* do fabricante). No Apêndice G, temos as folhas de dados desse AOP.

As aplicações dos AOPs de potência são ilimitadas e ficam condicionadas apenas à capacidade criativa dos projetistas que desejarem utilizá-los em projetos de potência.

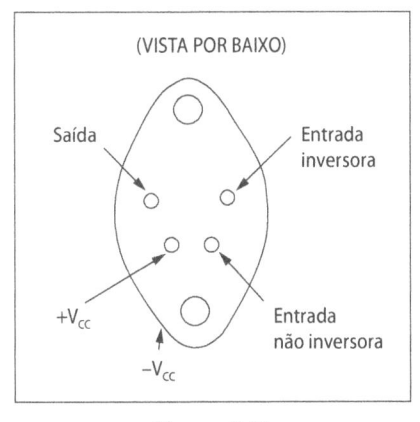

Figura 5.44

⟫ Reguladores de tensão integrados

Uma importante aplicação dos AOPs são os reguladores de tensão sob a forma de circuitos integrados (CIs). De fato, a ideia de se produzir esses integrados em escala industrial surgiu dos reguladores construídos com AOPs associados com alguns componentes discretos. Um circuito bastante simples, mas muito útil para mostrar a utilização do AOP como regulador de tensão, está indicado na Figura 5.45. Esse circuito é denominado regulador de tensão-série, devido à presença do transistor Q_1 em série com a entrada e a saída do mesmo, de modo a permitir ou controlar a passagem de corrente para a carga (não mostrada no circuito). Nessa configuração, o transistor se comporta como um resistor variável, cuja resistência é determinada pelas condições de operação do circuito.

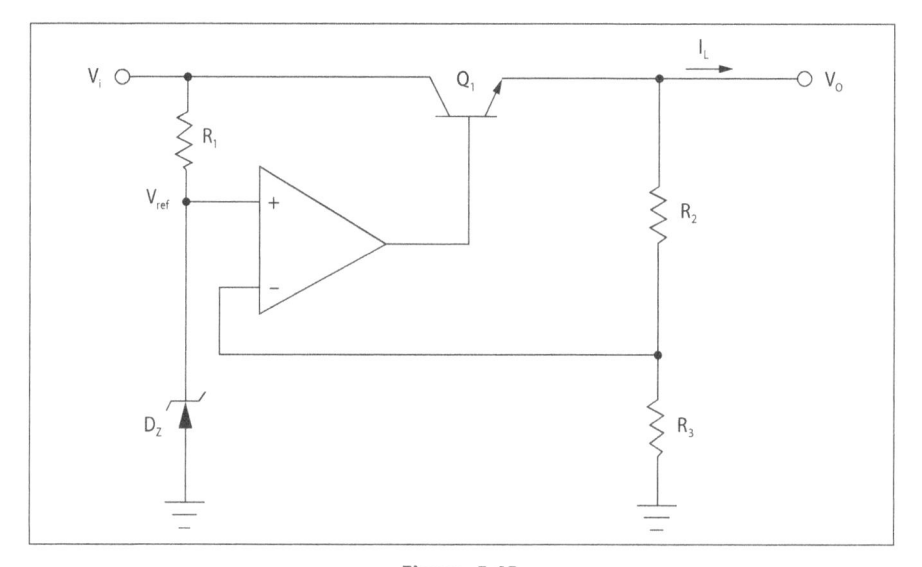

Figura 5.45

A operação desse circuito pode ser resumida da seguinte forma: o divisor de tensão, formado por R_2 e R_3, percebe qualquer mudança na tensão de saída. Quando a tensão de saída tende a diminuir (por diminuição de V_i ou aumento de I_L), uma tensão proporcional a esse decréscimo é aplicada (pelo divisor de tensão) à entrada inversora do AOP. Como o diodo Zener estabelece na entrada não inversora do AOP uma tensão de referência (V_{ref}) fixa, evidentemente aparecerá entre as entradas do AOP uma pequena diferença de tensão (tensão de erro). Essa diferença, após ser amplificada, produzirá um acréscimo na tensão de saída do AOP. Essa tensão de saída é aplicada na base de Q_1, fazendo com que a tensão de saída do circuito (V_o) aumente até tornar o potencial na entrada inversora igual à tensão de referência. Essa ação faz com que o decréscimo de tensão na saída do circuito seja corrigido, levando-o à condição normal (preestabelecida no projeto). Esse processo é denominado regulação de tensão. Deixamos aos cuidados do leitor a análise da situação oposta, ou seja, quando a tensão de saída tender a aumentar.

O transistor Q_1 é um transistor de potência e deve ser utilizado com o dissipador adequado, pois por ele irá circular toda a corrente de carga. Por esse motivo, Q_1 costuma ser denominado de transistor de passagem.

O AOP está trabalhando como amplificador não inversor e recebe a denominação de amplificador de erro. Assim, a tensão de saída pode ser aproximada pela seguinte equação:

$$\boxed{V_o \simeq \left(1 + \frac{R_2}{R_3}\right) \cdot V_{ref}} \tag{5-23}$$

Note que estamos desprezando V_{BE} (tensão base-emissor) de Q_1.

Esperamos que esse exemplo tenha despertado no leitor uma noção de como surgiu a ideia de se fabricarem reguladores de tensão sob a forma de CIs, a partir dos reguladores envolvendo AOPs e componentes discretos.

Um dos primeiros reguladores de tensão, sob a forma de circuito integrado, foi o µA723. Esse integrado possibilita uma tensão regulada de saída ajustável de 2V a 37V, com corrente máxima de 150mA e uma regulação de carga da ordem de 0,03%. O µA723 é um integrado de 14 pinos (DIP) ou 10 pinos (metal).

Atualmente, os projetistas de fontes de alimentação ajustável têm preferido utilizar o regulador LM 317, pois o mesmo apresenta apenas três terminais, corrente máxima de 1,5A, tensão de saída ajustável de 1,2V a 37V e uma regulação de carga da ordem de 0,1% (nesse aspecto, o µA723 é superior).

Uma outra classe de reguladores de tensão são os chamados reguladores fixos de três terminais. A utilização desses reguladores é bastante simples. Dentro dessa classe temos as famosas séries 78XX (reguladores positivos) e 79XX (reguladores negativos). Esses reguladores podem fornecer correntes de até 1A, quando devidamente montados em dissipadores de calor. Na Figura 5.46, apresentamos o circuito básico de uma fonte de tensão fixa regulada, utilizando o LM 78XX. Como regra prática, V_i deve ser aproximadamente 3V maior do que a tensão nominal do regulador.

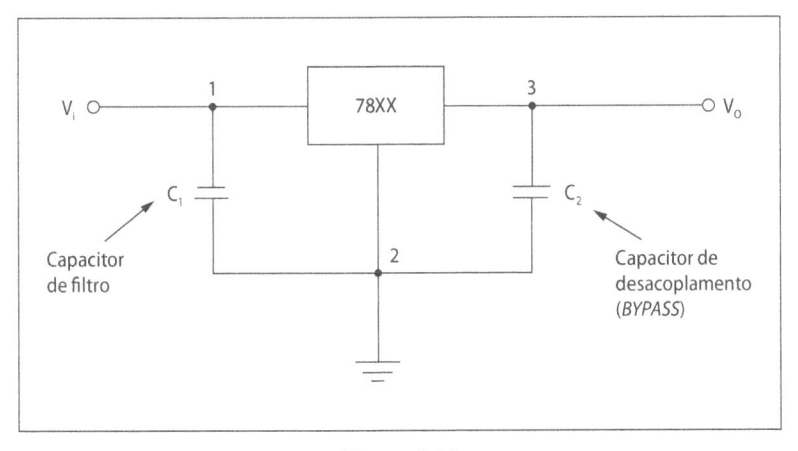

Figura 5.46

Evidentemente, uma fonte de alimentação completa consiste em diversas etapas ou estágios, dos quais o CI regulador de tensão é um deles. Na Figura 5.47, temos o diagrama em blocos de uma fonte de alimentação completa. Observe que, em cada um dos estágios, o sinal recebe um tratamento específico, até se tornar um sinal CC puro aplicado à carga.

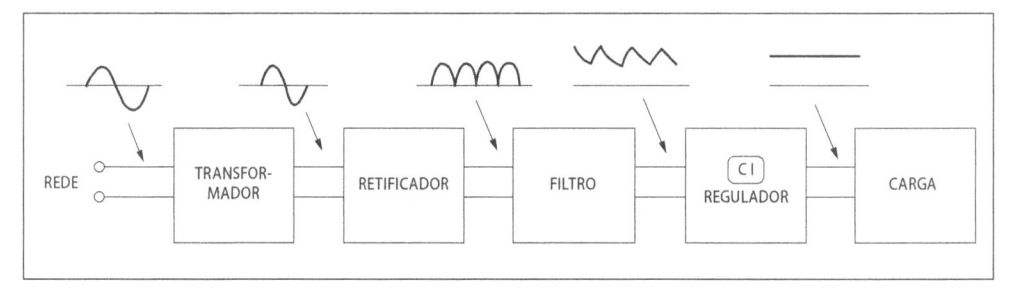

Figura 5.47

Utilizando-se dois reguladores fixos e de valores opostos, podemos construir uma fonte CC simétrica. Na Figura 5.48, temos o esquema básico de uma fonte desse tipo.

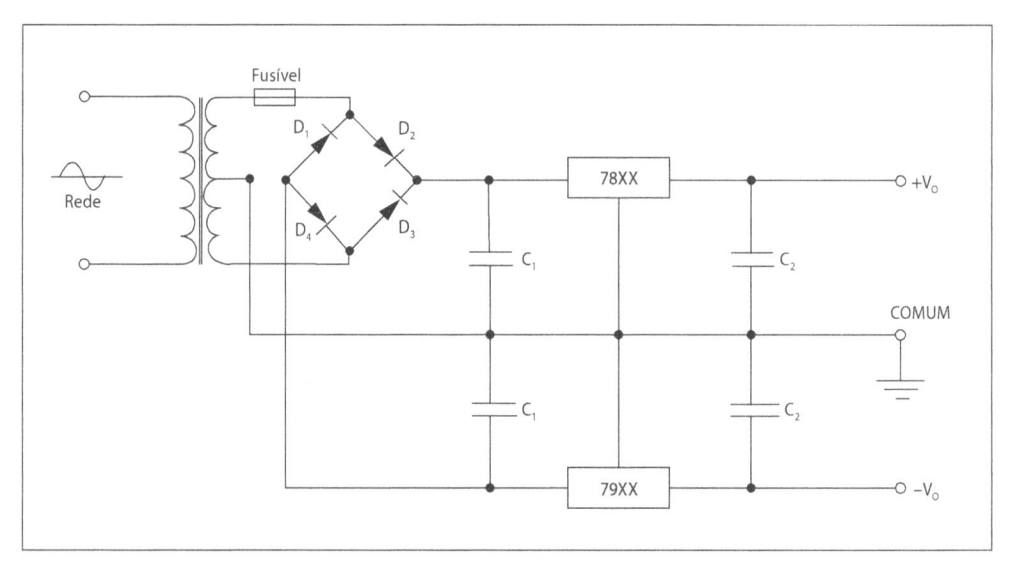

Figura 5.48

Aos leitores interessados em desenvolver projetos de fontes de alimentação, aconselhamos a seguinte publicação da National Semiconductors: *Voltage Regulator Handbook*. Nesse manual, o leitor encontrará toda teoria necessária, bem como diversos exemplos de projetos práticos de fontes de alimentação CC utilizando CIs reguladores. No *site* do fabricante, podem ser obtidas informações técnicas sobre o tema (ver endereços de alguns *sites* nas Leituras recomendadas).

>> Considerações finais

Muitos projetistas estão utilizando os AOPs em lugar de transistores de média e alta potência. Essa substituição se torna mais econômica, bem como melhora a performance do circuito. De fato, os AOPs dispensam os circuitos de apoio ou de polarização, necessários aos circuitos transistorizados. Em virtude disso, temos maior confiabilidade e maior simplicidade de projeto em relação aos circuitos transistorizados.

As aplicações dos AOPs são ilimitadas e não podemos conceber nenhum circuito ou tecnologia digital capaz de substituí-los, pelo menos nas próximas duas décadas. Aliás, é mais provável que os AOPs se tornem cada vez mais insubstituíveis, graças aos avanços tecnológicos pelos quais os mesmos estão passando.

Exercícios resolvidos

1 Consideremos o circuito da Figura 5.14, no qual $R_1 = 10K\Omega$ e $R_2 = 47K\Omega$. Admitamos que o mesmo esteja alimentado com $\pm 15V$. Pede-se:

a) Calcule a tensão de disparo superior.
b) Calcule a tensão de disparo inferior.
c) Calcule a margem de tensão de histerese.

Solução

Para uma alimentação de $\pm 15V$, temos: $\pm V_{sat} = \pm 13{,}5V$.
Logo:

$$V_{DS} = \frac{10}{10+47} \cdot (+13{,}5)$$

$$\boxed{V_{DS} \simeq +2{,}37V}$$

$$V_{DI} = \frac{10}{10+47} \cdot (-13{,}5)$$

$$\boxed{V_{DI} \simeq -2{,}37V}$$

$V_H = V_{DS} - V_{DI}$ ∴ $\boxed{V_H \simeq 4{,}74V}$

2 Projete um oscilador com ponte de Wien, de modo que a frequência do sinal de saída possa ser ajustada numa faixa de 100Hz a 1KHz. Faça os dois capacitores iguais a $0{,}01\mu F$.

Solução

Nosso objetivo é determinar R_1 e R_2 (ver a Figura 5.19), pois o circuito ressonante é quem estabelece a frequência do sinal de saída.
Supondo os resistores R_1 e R_2 iguais (pode ser, por exemplo, um potenciômetro duplo, conforme mostrado na Figura 5.21), temos:

$$f_o = \frac{1}{2\pi RC}$$

$R = R_1 = R_2$
$C = C_1 = C_2$

Logo:

$$R_{(máx)} = \frac{1}{2\pi(10^2)(10^{-8})} \quad \boxed{R_{(máx)} = 159{,}15K\Omega}$$

$$R_{(mín)} = \frac{1}{2\pi(10^3)(10^{-8})} \quad \boxed{R_{(mín)} = 15{,}915K\Omega}$$

Portanto, o problema pode ser resolvido, na prática, com um potenciômetro duplo de valor R, tal que:

$$\boxed{R = 180K\Omega \text{ (comercial)}}$$

3 Um circuito temporizador com 555 está montado conforme indicado na Figura 5.24(c). Determine a frequência do sinal de saída e a taxa de trabalho (TT) em estado alto do circuito. Faça $R_1 = 1K\Omega$, $R_2 = 470K\Omega$ e $C = 0{,}0047\mu F$.

Solução

Pela Equação 5-13, temos:

$$f = \frac{1{,}443}{(R_1 + 2R_2)C} \quad \therefore \quad \boxed{f \simeq 326Hz}$$

$$TT_{(H)} = \frac{R_1 + R_2}{R_1 + 2R_2} \quad \therefore \quad \boxed{TT_{(H)} \simeq 50\%}$$

4 Um projetista deseja determinar a relação entre R_2 e R_3 no circuito da Figura 5.26, de modo que a frequência do sinal de saída do multivibrador astável possa ser calculada pela seguinte fórmula:

$$f \simeq \frac{1}{R_1C}$$

Qual é a relação procurada pelo projetista?

Solução

Temos:

$$T = \frac{1}{f} = 2R_1C\ell n\left(1+\frac{2R_2}{R_3}\right)$$

$$f = \frac{1}{2R_1C\ell n\left(1+\frac{2R_2}{R_3}\right)} = \frac{1}{R_1C}$$

$$\therefore \ell n\left(1+\frac{2R_2}{R_3}\right) = \frac{1}{2}$$

Finalmente:

$$\boxed{\frac{R_2}{R_3} \simeq 0{,}3244}$$

5 Determine a amplitude e a frequência do gerador de onda dente de serra apresentado na Figura 5.49. Suponha $V_F \simeq 1V$. Esboce a forma de onda de saída.

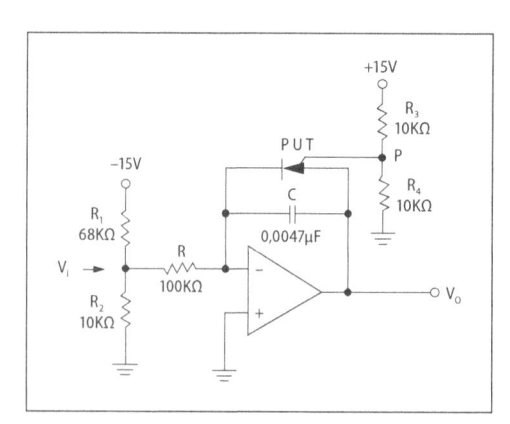

Figura 5.49

Solução

Calculemos V_G, V_P, V_i e T:

$$V_G = V_P = \frac{10}{20} \cdot (+15) = 7{,}5V$$

$$V_i = \frac{10}{78} \cdot (-15) \simeq -1{,}923V$$

$$T = \frac{(7{,}5-1)(10^5)(47 \times 10^{-10})}{|-1{,}923|} \simeq 1{,}59ms$$

Após os cálculos anteriores, temos:

$$\text{amplitude} \simeq V_p \simeq 7{,}5V$$

$$f = \frac{10^3}{1{,}59} \therefore \boxed{f \simeq 629Hz}$$

A forma de onda de saída está mostrada na Figura 5.50.

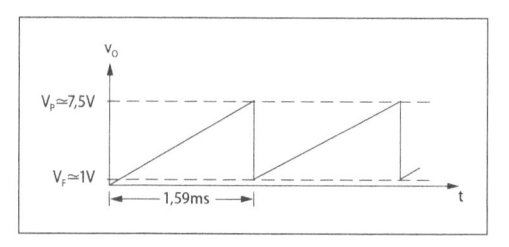

Figura 5.50

6 No amplificador logarítmico da Figura 5.31 temos $R_1 = 10K\Omega$ e $I_{ES} = 0{,}1pA$. Determine V_o na temperatura ambiente, quando V_i assume os seguintes valores:

a) 10mV
b) 100mV
c) 1V
d) 10V

Solução

Utilizando a Equação 5-20, temos:

$$V_o \simeq -26\ell n(10^9 V_i)$$

Logo:

a) $V_o = -26(16{,}118)$

$$\boxed{V_o \simeq -419mV}$$

b) $V_o \simeq -26(18{,}421)$

$$\boxed{V_o \simeq -479mV}$$

c) $V_o \simeq -26(20{,}723)$

$$\boxed{V_o \simeq -539mV}$$

d) $V_o \simeq -26(23{,}026)$

$$\boxed{V_o \simeq -599mV}$$

Note que, entre cada dois resultados consecutivos, existe uma diferença constante de apenas 60mV, apesar de V_i variar de uma década em cada intervalo.

7 A fonte de corrente indicada na Figura 5.43 recebe na sua entrada um sinal CC de 320mV. Determine a corrente de saída da mesma.

Solução

Conforme estipulado pelo fabricante, temos:

$I_o = V_i \times 2{,}5 \text{ A/V}$

$I_o = (320 \times 10^{-3} \text{ V})(2{,}5 \text{ A/V})$

$\therefore \quad \boxed{I_o = 800 \text{ mA}}$

8 No circuito regulador de tensão da Figura 5.45, temos: $R_2 = R_3 = 10\text{K}\Omega$, e o diodo Zener tem tensão nominal de 5,1V. Determine a tensão de saída do circuito. Despreze V_{BE} do transistor.

Solução

Pela Equação 5-23, temos:

$V_o \simeq \left(1 + \dfrac{10}{10}\right)(5{,}1)$

$\therefore \quad \boxed{V_o \simeq 10{,}2 \text{ V}}$

Exercícios de fixação

1 O que é um comparador? Explique os tipos básicos de comparadores, bem como os seus respectivos circuitos e características de transferência.

2 Explique dois procedimentos básicos para limitar a tensão de saída de um comparador.

3 O que é velocidade de comutação de um comparador? Qual é a velocidade de comutação do LM 311? E a do LM 339?

4 O que é histerese? Explique detalhadamente.

5 O que é comparador regenerativo?

6 Explique a importância da histerese num circuito regenerativo.

7 Defina tensão de disparo superior (V_{DS}) e tensão de disparo inferior (V_{DI}).

8 Defina margem de tensão de histerese (V_H).

9 Explique os tipos básicos de comparadores regenerativos, apresentando os respectivos circuitos, bem como as características de transferência dos mesmos.

10 O que são osciladores e como são classificados?

11 Explique o funcionamento básico do oscilador com ponte de Wien.

12 Explique a finalidade dos diodos D_1 e D_2 no circuito da Figura 5.21.

13 Explique o significado da Equação 5-12.

14 Explique sucintamente as aplicações e características básicas do temporizador 555. (Sugestão: consulte também o Apêndice E.)

15 O que são multivibradores e como são classificados?

16 Como podemos reduzir a amplitude do sinal de saída do multivibrador astável com AOP da Figura 5.26?

17 Qual é o efeito sobre o sinal de saída do multivibrador astável da Figura 5.26, na hipótese de R_3 entrar em curto?

18 Explique o funcionamento do gerador de onda dente de serra apresentado na Figura 5.29.

19 Explique o funcionamento do circuito logarítmico da Figura 5.31. Quais as alterações necessárias no caso de V_i ser negativo?

20 Repita o exercício anterior para o circuito antilogarítmico da Figura 5.32.

21 Demonstre que a expressão $\dfrac{KT}{q}$ tem dimensão de volts.

22 O que é um retificador de precisão?

23 Explique sucintamente o funcionamento do retificador de onda completa da Figura 5.35.

24 Qual é a função do circuito da Figura 5.39? Explique a finalidade do diodo D.

25 Cite algumas características do AOP de potência LM 675. (Sugestão: consulte o *databook* do fabricante.)

26 Repita o exercício anterior para o LM 12.

27 O que é um circuito regulador de tensão?

28 Explique o funcionamento do circuito da Figura 5.45.

29 O que é um regulador fixo? Cite alguns exemplos.

30 O que é um regulador ajustável? Cite alguns exemplos.

31 Explique sucintamente as diversas etapas de uma fonte de alimentação completa (veja a Figura 5.47).

32 Quais são as vantagens de se empregar AOPs em lugar de transistores de média e alta potência em amplificadores?

33 Utilizando o *linear databook* da National Semiconductors (ou o *site* da mesma), procure determinar para o LM 12 os valores típicos dos seguintes parâmetros:

a) tensão de *offset* de entrada.
b) razão de rejeição de modo comum (CMRR).
c) ganho de tensão em malha aberta (em dB).

34 PESQUISA – A National Semiconductors possui um circuito integrado LMC 669 denominado AUTO-ZERO. Esse componente reduz automaticamente a tensão de *offset* de entrada de um AOP para aproximadamente 5μV. Isso elimina a necessidade de ajustes manuais da tensão de *offset* em circuitos de precisão. Faça uma pesquisa no *databook* (indicado no exercício anterior) sobre o LMC 669. Apresente, por escrito, os principais destaques, características elétricas e aplicações desse fantástico circuito integrado.

> **» DICA**
> Uma opção para responder às Questões 33 e 34 é acessar o *databook* *on-line* da National no *site* www.national.com.

capítulo 6

Proteções e análise de falhas em circuitos com AOPs

Neste capítulo, apresentaremos algumas técnicas de proteções para circuitos com AOPs que permitem ao projetista aumentar a confiabilidade e a segurança de um sistema no qual tais circuitos estão inseridos. Por outro lado, apresentaremos também alguns comentários e procedimentos muito úteis quando se deseja pesquisar falhas ou defeitos em circuitos com AOPs.

Objetivos de aprendizagem

» Apresentar algumas técnicas de proteções para circuitos com AOPs
» Analisar algumas falhas que podem ocorrer em circuitos com AOPs

❯❯ Proteção das entradas de sinal

Sabemos que qualquer componente eletrônico apresenta especificações máximas para suas diversas características elétricas, tais como tensão, corrente, potência, etc. Se por algum motivo alguma dessas características for ultrapassada, o dispositivo poderá sofrer danos irreparáveis.

O estágio diferencial de um AOP poderá ser danificado caso a máxima tensão diferencial de entrada do mesmo seja excedida. Para o AOP 741, essa tensão é da ordem de $\pm$ 30V. Por definição, a tensão diferencial de entrada é medida a partir da entrada não inversora para a entrada inversora do AOP, em concordância com a equação fundamental do AOP (ver no Apêndice A a Equação A-8).

Existem diversas maneiras de se proteger as entradas do AOP, mas a mais comum consiste na utilização de dois diodos em antiparalelo conectados entre os terminais das entradas de sinal do AOP. Essa técnica está ilustrada na Figura 6.1. Os diodos utilizados devem ser diodos retificadores do tipo 1N4001 ou equivalente. Costuma-se, também, colocar resistores nas entradas para evitar uma provável queima dos diodos e garantir, assim, melhor proteção para a AOP. Alguns AOPs já possuem os diodos de proteção na sua estrutura interna. Nesse caso, basta acrescentar os resistores.

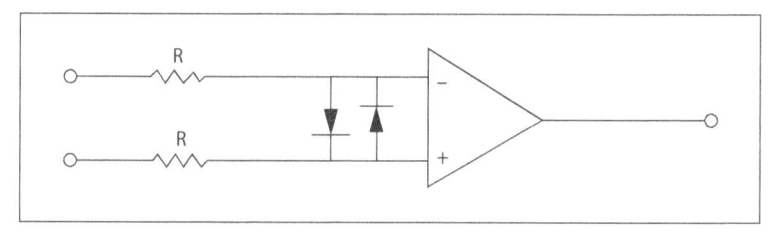

Figura 6.1

O leitor já deve ter concluído que essa proteção impede que a tensão diferencial de entrada ultrapasse a barreira dos 700mV (aproximadamente).

❯❯ Proteção da saída

Atualmente a maioria dos AOPs possui proteção interna contra curto-circuito na saída. O AOP 741, por exemplo, apresenta essa proteção. Se consultarmos a folha de dados do fabricante do AOP 741, encontraremos para a corrente de curto-circuito de saída um valor de 25mA. O fabricante garante que a duração do curto-circuito de saída pode ser ilimitada ou indeterminada, desde que a capacidade de dissipação térmica do componente não seja excedida (310mW para o AOP 741 com encapsulamento plástico de 8 pinos e 500mW para o encapsulamento metálico). Note que estamos falando da capacidade de dissipação térmica do componente e não da potência de consumo do mesmo, a qual é da ordem de 50mW (típico) sob temperatura ambiente de 25°C.

O AOP 709 não possui proteção interna contra curto-circuito na saída e, portanto, o fabricante recomenda a colocação de um resistor externo para essa finalidade.

>> Proteção contra latch-up (ou sobretravamento)

Chamamos de *latch-up* (ou sobretravamento) aquela condição na qual a saída de um AOP permanece fixada em um determinado nível de tensão CC, mesmo depois de ser retirado o sinal de entrada responsável pela mesma. Se um AOP entrar em *latch-up*, é bem provável que ele fique definitivamente danificado.

O AOP 741 não apresenta problema de *latch-up*. Todavia, existem AOPs nos quais esse problema pode ocorrer. O AOP 709 é um exemplo típico dessa classe de operacionais. Se consultarmos o manual do fabricante, verificaremos que existe uma recomendação no sentido de proteger o AOP 709 contra um provável *latch-up*. Essa proteção consiste na conexão de um diodo de sinal (1N914, 1N4148, etc.) entre o pino 6 (saída) e o pino 8 (entrada de compensação de frequência), conforme se vê na Figura 6.2.

A utilização desse diodo não interfere na operação normal do AOP, tanto em malha aberta quanto em malha fechada.

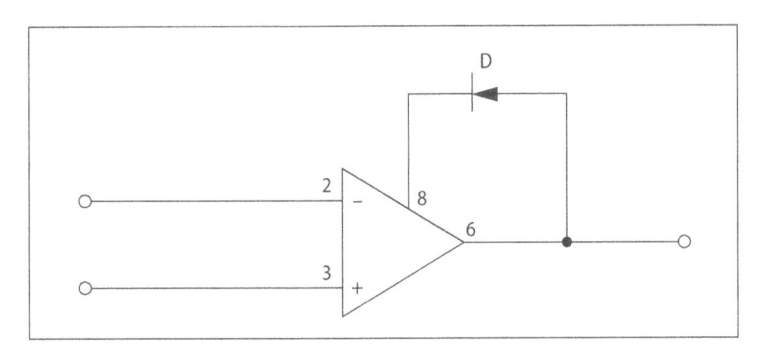

Figura 6.2

⟫ Proteção das entradas de alimentação

Esta é uma das mais importantes técnicas de proteção de AOPs. Se a polaridade das tensões de alimentação do AOP forem invertidas, o componente ficará irremediavelmente danificado. De fato, a inversão de polaridade significa polarizar incorretamente quase todos os componentes que fazem parte do circuito interno do AOP. Isso irá provocar o aparecimento de tensões e correntes internas não condizentes com o circuito, causando a sua destruição.

A Figura 6.3(a) nos mostra a forma correta de proteger um AOP contra uma provável inversão de polaridade da fonte de alimentação. No caso de se ter um banco de AOPs alimentados por uma única fonte simétrica, poderemos utilizar o circuito da Figura 6.3(b). Em ambos os casos, os diodos são diodos retificadores comuns (1N4001 ou outro equivalente).

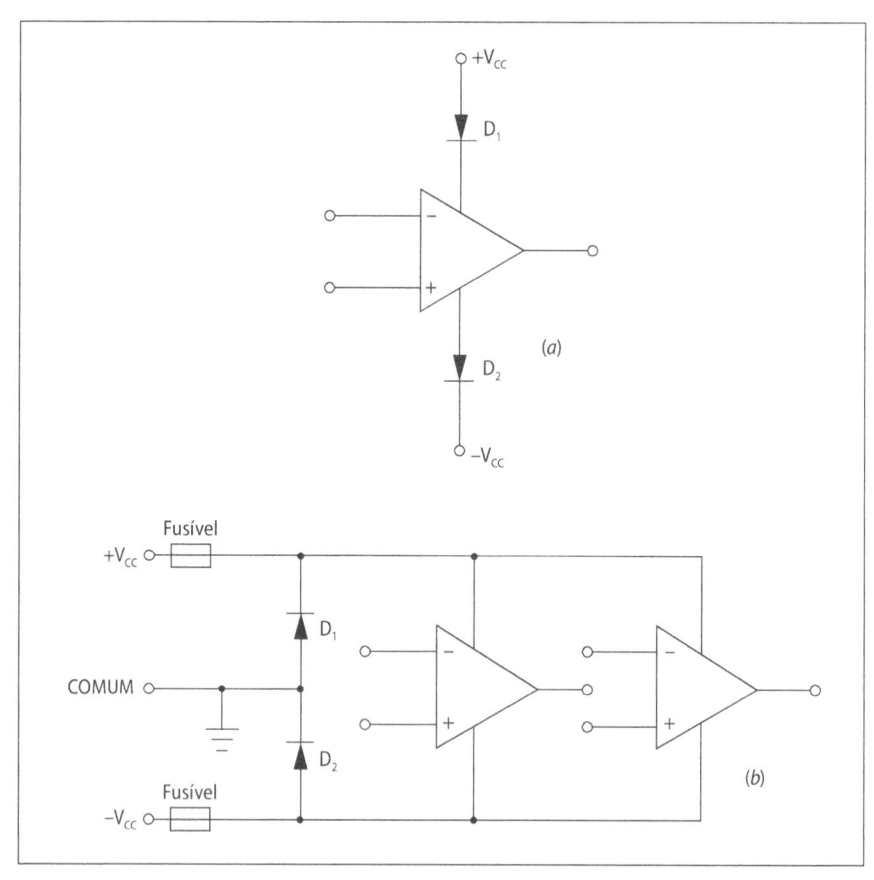

Figura 6.3

» Proteção contra ruídos e oscilações da fonte de alimentação

A presença de fontes geradoras de ruídos ou interferências, próximas aos circuitos com AOPs, pode alterar o nível da tensão CC de alimentação do integrado, a qual deve ser estabilizada e de baixíssimo *ripple* (ondulação).

Essa alteração pode prejudicar a resposta do circuito e, dependendo da aplicação e dos níveis dos sinais processados, poderá provocar erros grosseiros e perigosos ao sistema.

Para proteger o AOP contra os ruídos e oscilações da fonte de alimentação, costuma-se colocar um capacitor da ordem de 0,1μF entre o terra e cada um dos terminais de alimentação do AOP. Os capacitores deverão ficar bem próximos dos pinos de alimentação para minimizar o efeito "antena" dos fios provenientes da fonte de tensão. Essa técnica já foi comentada na seção "Outras vantagens da RN" (p. 25), e o leitor poderá se reportar à Figura 2.10 para recordá-la. Também já foi comentado que um outro recurso para proteger o circuito ou o sistema contra ruídos ou interferências é a realização de um aterramento real dos mesmos.

» Análise de falhas em circuitos com AOPs

Normalmente, um circuito com AOP é bastante complexo e, quase sempre, um teste aleatório com um multímetro não é suficiente para determinar prováveis falhas no circuito, pois é preciso que o técnico conheça as características do AOP em seus três modos básicos de operação, a fim de que saiba o que medir e por que medir. Consideremos os três modos de operação do AOP:

- » com realimentação negativa
- » com realimentação positiva
- » sem realimentação

Em cada um desses modos, o AOP apresenta algumas propriedades diferentes.

Com realimentação negativa, o AOP apresenta a propriedade do curto-circuito virtual. Assim sendo, ao medirmos a diferença de potencial entre os terminais de entrada de um AOP realimentado negativamente, deveremos encontrar valores de tensão inferiores a alguns milivolts. A Figura 6.4 (p. 132) ilustra o que dissemos.

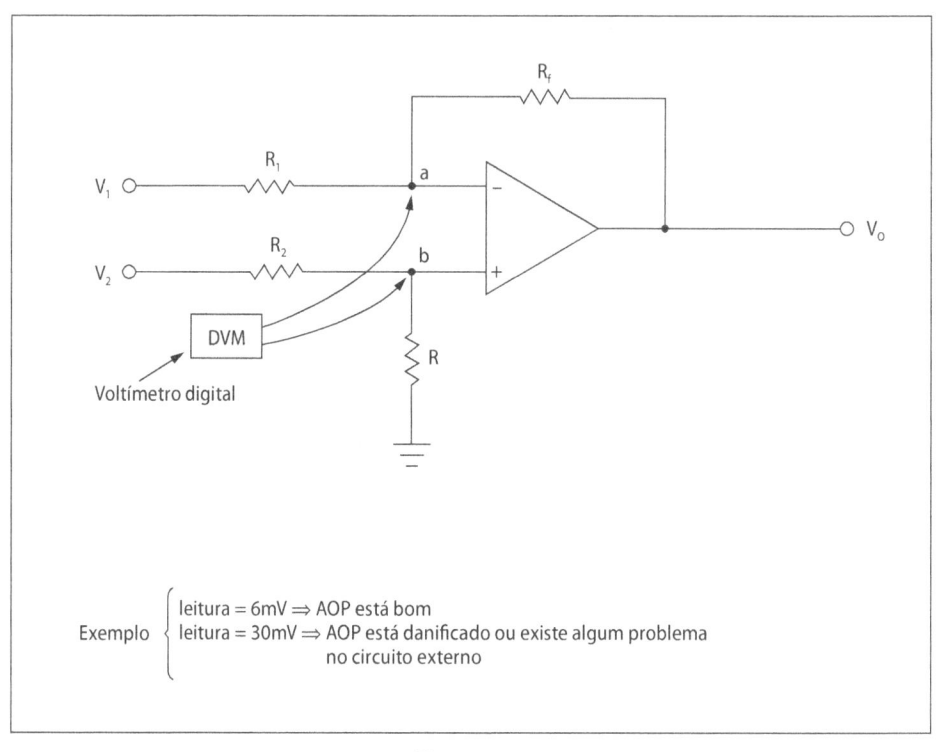

Figura 6.4

Uma leitura muito alta na situação anterior indica algum defeito no circuito, tais como: R_1 ou R_2 em curto; R_f aberto; ou AOP com estágio diferencial de entrada danificado.

Em realimentação positiva, o circuito apresenta alto grau de instabilidade e, normalmente, a saída apresenta-se saturada. Nessa situação, a tensão diferencial de entrada é relativamente alta (da ordem de alguns volts). Assim, em um circuito realimentado positivamente, se verificarmos que a tensão está muito baixa em relação a $\pm V_{cc}$ ou se encontrarmos um valor de tensão muito baixo entre os terminais de entrada, é bem provável que o AOP esteja danificado.

Finalmente, consideremos o AOP em operação com malha aberta. A análise de falhas é aproximadamente idêntica à situação anterior. De fato, o AOP estará basicamente funcionando como comparador, e a tensão de saída deverá estar sempre saturada em um valor positivo próximo a $+V_{cc}$ (cerca de 1V a menos) ou em um valor negativo próximo a $-V_{cc}$ (cerca de 1V a mais). Por outro lado, devido à inexistência do curto-circuito virtual, a tensão entre os terminais de entrada é da ordem de alguns volts.

» Alguns testes especiais para determinação de falhas em sistemas com AOPs

Existem alguns testes interessantes e eficazes para estabelecermos se um AOP está danificado ou não, quando este se acha inserido num sistema ou circuito de alto porte.

Consideremos a Figura 6.5, na qual o AOP está realimentado negativamente. Se fizermos um curto-circuito entre os pontos **a** e **b**, garantindo, assim, um curto-circuito virtual, deveremos ter aproximadamente 0 (zero) volts na saída. Caso isso não ocorra, o AOP está danificado. Esse teste é denominado teste de saída nula.

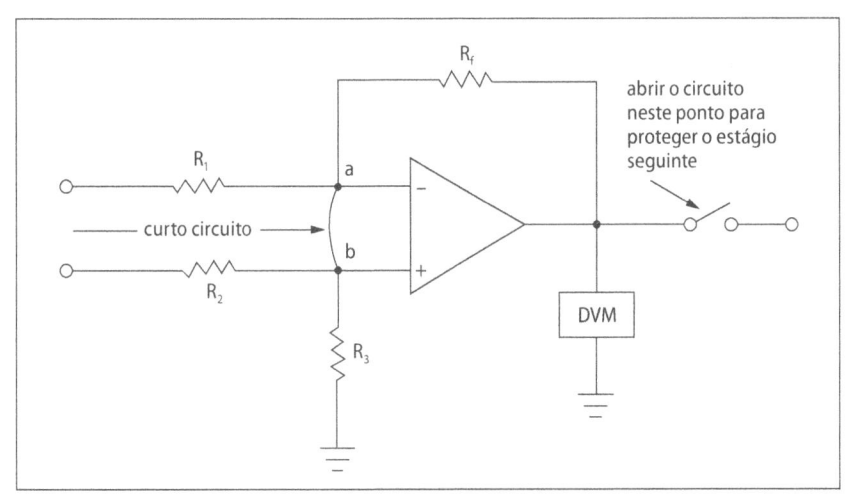

Figura 6.5

Outro teste importante é o denominado teste de ganho CC. A Figura 6.6 (p. 134) ilustra o circuito necessário ao teste. Note que deveremos abrir o circuito nos terminais de entrada e saída de sinal para evitar interações dos estágios anterior e posterior ao estágio sob teste. Esse teste é muito útil para determinar se um AOP está danificado, pois, nesse caso, surge uma perda de ganho no sistema.

Medindo V_i e V_o, o técnico pode estabelecer se o AOP está trabalhando corretamente, pois deverá existir a seguinte relação (já estudada no Capítulo 3):

$$V_o = -\frac{R_f}{R_1}V_i$$

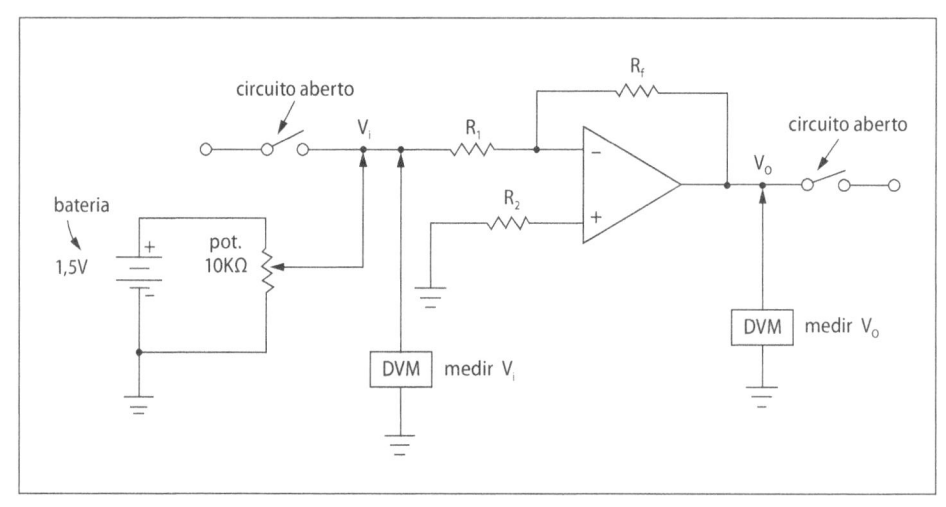

Figura 6-6

Outro teste muito importante, principalmente quando o AOP trabalha em CA, é o denominado teste de retorno CC para terra. Sabemos que o AOP só pode trabalhar corretamente se seu estágio diferencial estiver devidamente polarizado, ou seja, deverá existir um caminho de circulação livre para as correntes CC de polarização das entradas (I_{B1} e I_{B2}) para o terra. Em circuitos com sinais CA, costuma-se colocar capacitores para bloquear sinais CC e, nesse caso, o técnico deve tomar cuidado para não interromper a circulação das correntes I_{B1} e I_{B2}.

No final do Capítulo 3, apresentamos os dois circuitos básicos (inversor e não inversor) aplicados em CA. No amplificador inversor (veja a Figura 3.17), a colocação dos capacitores não interrompe a polarização, pois a malha de realimentação negativa e a conexão para o terra da entrada não inversora permitem a circulação para o terra das correntes de polarização. Entretanto, no caso do amplificador não inversor, foi necessária a colocação do resistor R_2 (veja a Figura 3.18) para garantir a polarização da entrada não inversora.

Diante do que foi exposto, quando um amplificador CA com AOP não estiver apresentando sinal na saída, o técnico deverá verificar se existe o retorno CC para o terra nas entradas de sinal do dispositivo. Por algum motivo, pode ser que o retorno CC tenha sido interrompido ou até mesmo esquecido no projeto.

>> Teste de AOPs utilizando osciloscópio

O osciloscópio é, provavelmente, o mais útil dos instrumentos de testes existentes à disposição dos técnicos e estudiosos de eletrônica. Uma das aplicações mais importantes do osciloscópio é no rastreamento de sinais em um sistema ou circuito eletrônico, a fim de localizar falhas no mesmo.

A técnica de rastreamento de sinais consiste na "injeção" de um determinado sinal na entrada do sistema ou circuito sob análise. A ponta de prova do osciloscópio será conectada, em cada instante, à saída de um determinado estágio, a partir do primeiro, até se atingir a saída do último estágio. Quando um estágio defeituoso for encontrado, o técnico deverá localizar o componente ou componentes responsáveis pela falha.

Na Figura 6.7 (p. 136), temos um sistema eletrônico composto por três estágios com AOPs. Note que os capacitores na entrada do primeiro estágio e na saída do último têm como objetivo bloquear possíveis sinais CC que poderiam prejudicar as medições, bem como causar distorções nos sinais obtidos nas saídas.

Considerando que o sinal aplicado é determinado pelo próprio técnico, torna-se fácil para o mesmo prever os tipos de sinais a serem obtidos na saída de cada um dos estágios do sistema e, por comparação, deduzir se um estágio apresenta ou não alguma falha.

>> Alguns procedimentos adicionais

Fizemos uma análise geral dos procedimentos normais para pesquisar falhas em circuitos e sistemas com AOPs. Contudo, nunca é demais acrescentar alguns procedimentos extras que o técnico pode aplicar de imediato antes de proceder a uma análise mais minuciosa do defeito. Esses procedimentos são os seguintes:

1. Conferir a polaridade da alimentação.
2. Conferir as conexões de todos os pinos.
3. Se o AOP estiver se aquecendo, verificar se a saída está curto-circuitada ou se a carga é muito alta (valor ôhmico baixo).
4. Se a saída de um amplificador (inversor ou não inversor) estiver saturada, verificar se a malha de realimentação está aberta ($R_f = \infty$) ou se o resistor de entrada está em curto ($R_1 = 0$).
5. Verificar se o terra do sinal de entrada é o mesmo do AOP.
6. Verificar se a impedância de entrada do circuito não está muito baixa, comparada à impedância de saída da fonte de sinal.
7. Se o AOP não possui proteção interna contra *latch-up*, verificar se a proteção externa foi utilizada.
8. Verificar se as entradas têm retorno CC para o terra.
9. Verificar a continuidade dos condutores.
10. Verificar se as pistas e pinos metalizados da placa de circuito impresso não estão abertos ou curto-circuitados.
11. Verificar todos os pontos de solda (solda fria).

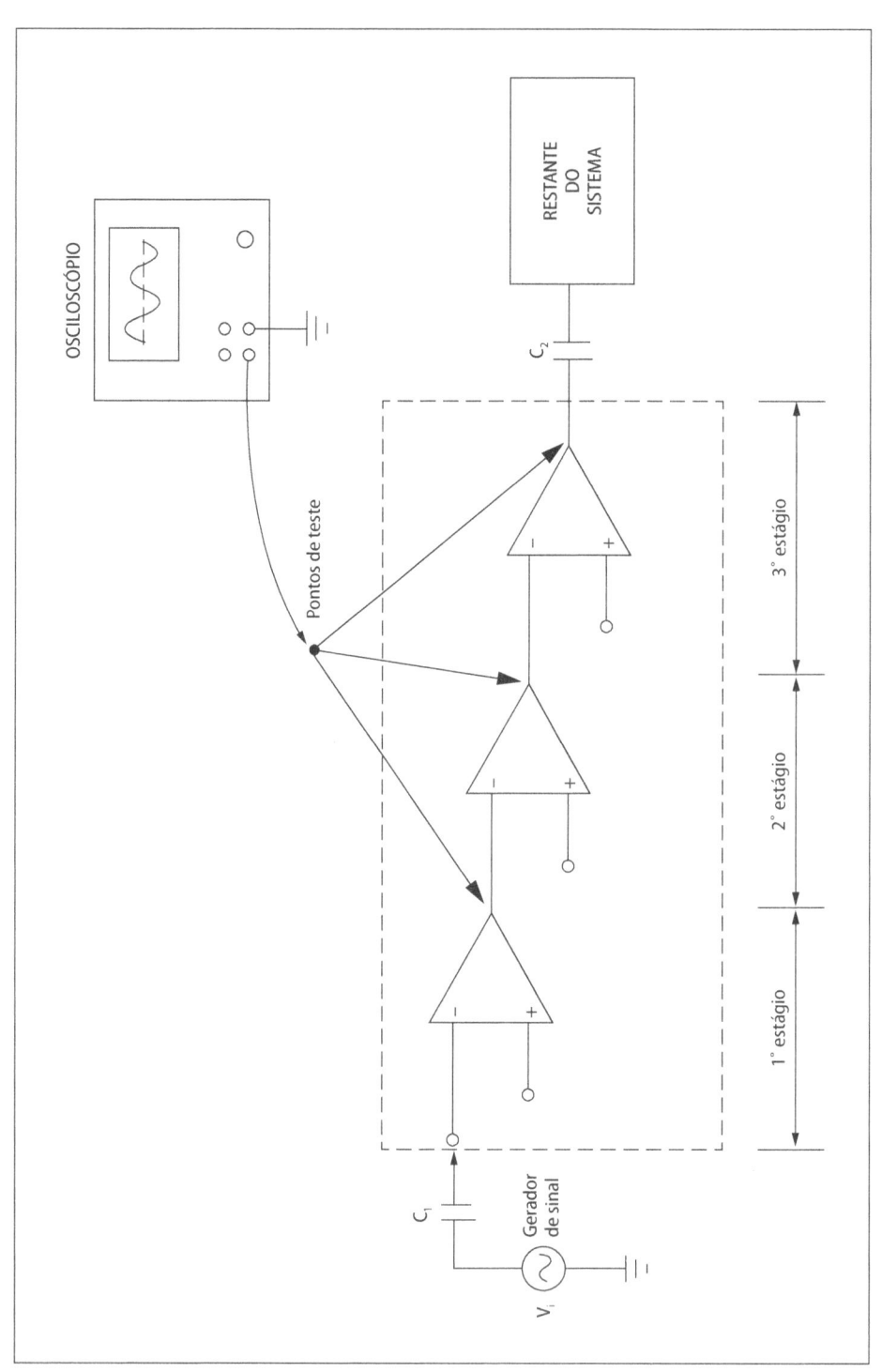

Figura 6.7

>> Considerações finais

Antes de instalar um sistema ou circuito eletrônico é conveniente tomar algumas precauções relativas ao local no qual o mesmo vai ser instalado, pois existem ambientes muito prejudiciais aos componentes eletrônicos.

Alguns circuitos podem ser danificados por efeitos de corrosão, ferrugem, choques mecânicos, avalanche térmica dos dispositivos semicondutores, etc. Para tomar as medidas preventivas necessárias, o técnico de manutenção deverá observar o grau de incidência dos seguintes fatores prejudiciais ao circuito ou sistema:

- » umidade excessiva do ar
- » calor excessivo do ambiente
- » ácidos e gases corrosivos na atmosfera ambiente
- » partículas metálicas em suspensão
- » vibrações mecânicas frequentes
- » fontes de interferências frequentes, etc.

Evidentemente, cada indústria tem características específicas, e os fatores considerados anteriormente podem variar de uma indústria para outra; por exemplo: em indústrias químicas, nota-se a predominância de ácidos e gases corrosivos no ar; em indústrias siderúrgicas, verifica-se a presença acentuada de partículas metálicas em suspensão; em estações de tratamento de água, nota-se um alto teor de umidade do ar, e assim por diante. Em cada situação, o técnico deverá proteger adequadamente os circuitos ou sistemas eletrônicos, pois, caso contrário, terá problemas constantes com os mesmos.

Algumas medidas preventivas, comumente utilizadas, são os miniventiladores para dissipar calor, a sílica-gel para absorver umidade e alguns tipos de vernizes aplicados nas placas para protegê-las contra corrosão, ferrugem, etc. No caso das indústrias próximas ao litoral e, portanto, sujeitas à maresia, é muito comum a aplicação do chamado verniz-marítimo (utilizado para proteção de equipamentos eletrônicos de navios) nas placas de circuito impresso dos equipamentos. Também existem algumas lacas isolantes feitas à base de resinas sintéticas. No caso de vibrações mecânicas frequentes, pode-se utilizar borrachas autocolantes de espessuras variáveis e, normalmente, fornecidas em rolos.

Exercícios de fixação

1. Quais são as prováveis falhas num circuito com AOP quando o mesmo estiver se aquecendo?

2. Por que a alimentação invertida pode danificar o AOP? Apresente algumas razões, baseando-se no circuito interno do integrado (tome o CA 741 como exemplo).

3. Supondo um amplificador não inversor, determine qual será o efeito sobre o nível de tensão na saída, em cada uma das situações a seguir:

    a) resistor de realimentação aberto
    b) resistor de realimentação em curto
    c) resistor de entrada aberto
    d) resistor de entrada em curto

4. Qual é o efeito sobre a saída de um amplificador inversor, caso a sua entrada não inversora esteja "flutuando"?

5. Onde se situa o ponto comum (terra ou referência) de um AOP alimentado simetricamente? Justifique sua resposta.

6 Quais são os possíveis defeitos de um circuito com AOP, realimentado negativamente, quando a diferença de potencial entre o terminal inversor e o não inversor estiver relativamente alta?

7 Explique (fazendo os diagramas necessários) cada uma das seguintes proteções:

    a) proteção das entradas de sinal
    b) proteção da saída
    c) proteção contra *latch-up*
    d) proteção das entradas de alimentação
    e) proteção contra ruídos e oscilações da fonte de alimentação

8 Cite as características gerais do AOP em cada um dos seus três modos básicos de operação.

9 Explique o teste de saída nula. Faça o diagrama necessário.

10 Explique o teste de ganho CC. Faça o diagrama necessário.

11 Explique o "teste de retorno CC para terra". Explique a função do resistor R_2 no circuito indicado na Figura 3.18.

12 Explique a técnica de rastreamento de sinais utilizando osciloscópio.

13 Cite os procedimentos que um técnico de manutenção pode aplicar de imediato antes de proceder a uma análise mais minuciosa de um defeito em um circuito ou sistema com AOP.

14 Cite alguns fatores ambientais que podem ser prejudiciais aos circuitos ou sistemas eletrônicos.

15 Considerando uma usina hidrelétrica, cite pelo menos dois fatores ambientais prejudiciais aos circuitos ou sistemas de controle eletrônicos instalados próximos à mesma.

16 Cite algumas medidas preventivas utilizadas como proteção contra os fatores ambientais nocivos aos circuitos ou sistemas eletrônicos.

17 PESQUISA – Faça uma pesquisa sobre os efeitos das radiações eletromagnéticas nos equipamentos eletrônicos e as formas de protegê-los. Você já ouviu falar em blindagem eletromagnética ou em interferência eletromagnética? Provavelmente você encontrará esses conceitos na pesquisa que irá fazer. Utilize a Internet.

PARTE II
FILTROS ATIVOS

capítulo 7 Filtros ativos I: Fundamentos
capítulo 8 Filtros ativos II: Projetos

capítulo 7

Filtros ativos I: Fundamentos

Todos nós possuímos um conceito, ainda que intuitivo, do significado de filtro. Em quase todos os sistemas eletrônicos existe algum tipo de filtro. Especialmente no campo das telecomunicações e da instrumentação industrial, os filtros possuem uma presença acentuada. Atualmente, por exemplo, as redes de comunicação de dados têm se beneficiado muito dos filtros ativos, pois os terminais de computadores são conectados à rede telefônica através de equipamentos denominados MODEM (MOdulator-DEModulator), nos quais os filtros ativos se apresentam como elementos constitutivos básicos.

Objetivos de aprendizagem

» Conceituar filtros
» Classificar os diversos tipos de filtros
» Definir alguns parâmetros e características fundamentais

>> Definição

A definição formal de filtro é a seguinte:

> Um filtro elétrico é um quadripolo capaz de atenuar determinadas frequências do espectro do sinal de entrada e permitir a passagem das demais.

Chamamos de espectro de um sinal a sua decomposição numa escala de amplitude *versus* frequência. Isso é feito através das séries de Fourier ou utilizando um analisador de espectro. Notemos que, enquanto um osciloscópio é um instrumento para análise de um sinal no domínio do tempo, o analisador de espectro é um instrumento para análise de um sinal no domínio da frequência.

Em nosso estudo de filtros ativos, trataremos dos filtros cujos sinais de entrada são senoidais.

>> Vantagens e desvantagens dos filtros ativos

Os filtros ativos possuem uma série de vantagens em relação aos filtros passivos:

a) eliminação de indutores, os quais em baixas frequências são volumosos, pesados e caros;
b) facilidade de projeto de filtros complexos através da associação em cascata de estágios simples;
c) possibilidade de se obter grande amplificação do sinal de entrada (ganho), principalmente quando este for um sinal de nível muito baixo;
d) grande flexibilidade de projetos;

por outro lado, existem algumas desvantagens dos filtros ativos:

a) exigem fonte de alimentação;
b) a resposta em frequência dos mesmos está limitada à capacidade de resposta dos AOPs utilizados;
c) não podem ser aplicados em sistemas de média e alta potência (como, por exemplo, filtros para conversores e inversores tiristorizados, utilizados em acionamentos industriais).

Apesar das limitações citadas, os filtros ativos têm se tornado cada vez mais úteis no campo da eletrônica em geral. Já citamos a instrumentação e as telecomunicações como sendo as áreas mais beneficiadas pelos mesmos. Dentro da área de instrumentação, é interessante ressaltar a eletromedicina ou bioeletrônica, na qual os equipamentos utilizados fazem grande uso dos filtros ativos, principalmente quando esses equipamentos devem operar em baixas frequências.

» Classificação

Os filtros podem ser classificados sob três aspectos:

> » quanto à função executada
> » quando à tecnologia empregada
> » quanto à função-resposta (ou aproximação) utilizada

O primeiro nos permite considerar quatro tipos básicos de filtros:

a) **Filtro Passa-Baixas (PB)**
Só permite a passagem de frequências abaixo de uma frequência determinada f_c (denominada frequência de corte). As frequências superiores são atenuadas.

b) **Filtro Passa-Altas (PA)**
Só permite a passagem de frequências acima de uma frequência determinada f_c (freqüência de corte). As frequências inferiores são atenuadas.

c) **Filtro Passa-Faixa (PF)**
Só permite a passagem das frequências situadas numa faixa delimitada por uma frequência de corte inferior (f_{c1}) e outra superior (f_{c2}). As frequências situadas abaixo da frequência de corte inferior ou acima da frequência de corte superior são atenuadas.

d) **Filtro Rejeita-Faixa (RF)**
Só permite a passagem das frequências situadas abaixo de uma frequência de corte inferior (f_{c1}) ou acima de uma frequência de corte superior (f_{c2}). A faixa de frequências delimitada por f_{c1} e f_{c2} é atenuada.

Na Figura 7.1 (p. 144), temos a simbologia adotada para cada uma das funções citadas, e, na Figura 7.2 (p. 145), temos as curvas de respostas ideais e reais (tracejadas) de cada um dos tipos de filtros.

As curvas de respostas dadas na Figura 7.2(a) são gráficos que nos mostram o ganho do filtro em função da frequência do sinal aplicado. Como dissemos, são curvas ideais. Na prática, é impossível obtê-las, mas podemos realizar aproximações muito boas. As linhas tracejadas indicam as respostas reais dos filtros. Utilizaremos a letra K para representar o ganho máximo do filtro. A notação $|H(j\omega)|$, ou simplesmente $|H|$, representa o módulo do ganho de tensão do filtro em termos da variável $\omega (\omega = 2\pi f)$, ou frequência angular.

No caso de um filtro real, a sua curva de resposta pode ser dividida em diversas faixas. Para um filtro PB, temos a seguinte divisão:

> » faixa de passagem (0 a f_c)
> » faixa de transição (f_c a f_s)
> » faixa de corte (acima de f_s)

A Figura 7.2(b) nos mostra essas três faixas para um filtro PB, e a Figura 7.2(c) nos mostra as cinco faixas de um filtro PF. Neste último, existem, evidentemente, duas faixas de transição e duas de corte. Arbitrariamente, escolhemos f_s no ponto onde a amplitude se reduziu a 10% do seu valor máximo. Essa escolha não é um procedimento rigorosamente correto, mas, para finalidades práticas, é perfeitamente aceitável.

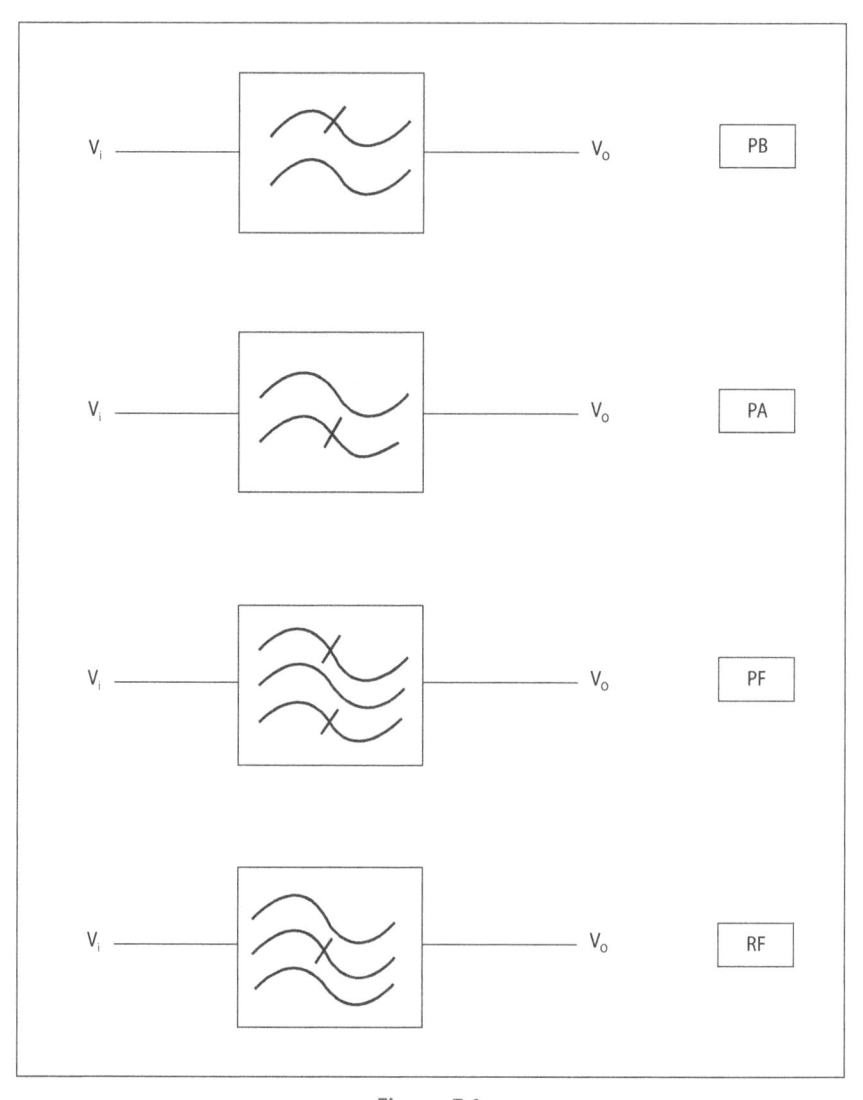

Figura 7.1

O segundo aspecto de classificação dos filtros nos permite considerar três tecnologias fundamentais.

» a) Filtros passivos

São aqueles construídos apenas com elementos passivos, como: resistores, capacitores e indutores. Tais filtros são inviáveis em baixas frequências, pois exigem indutores muito grandes.

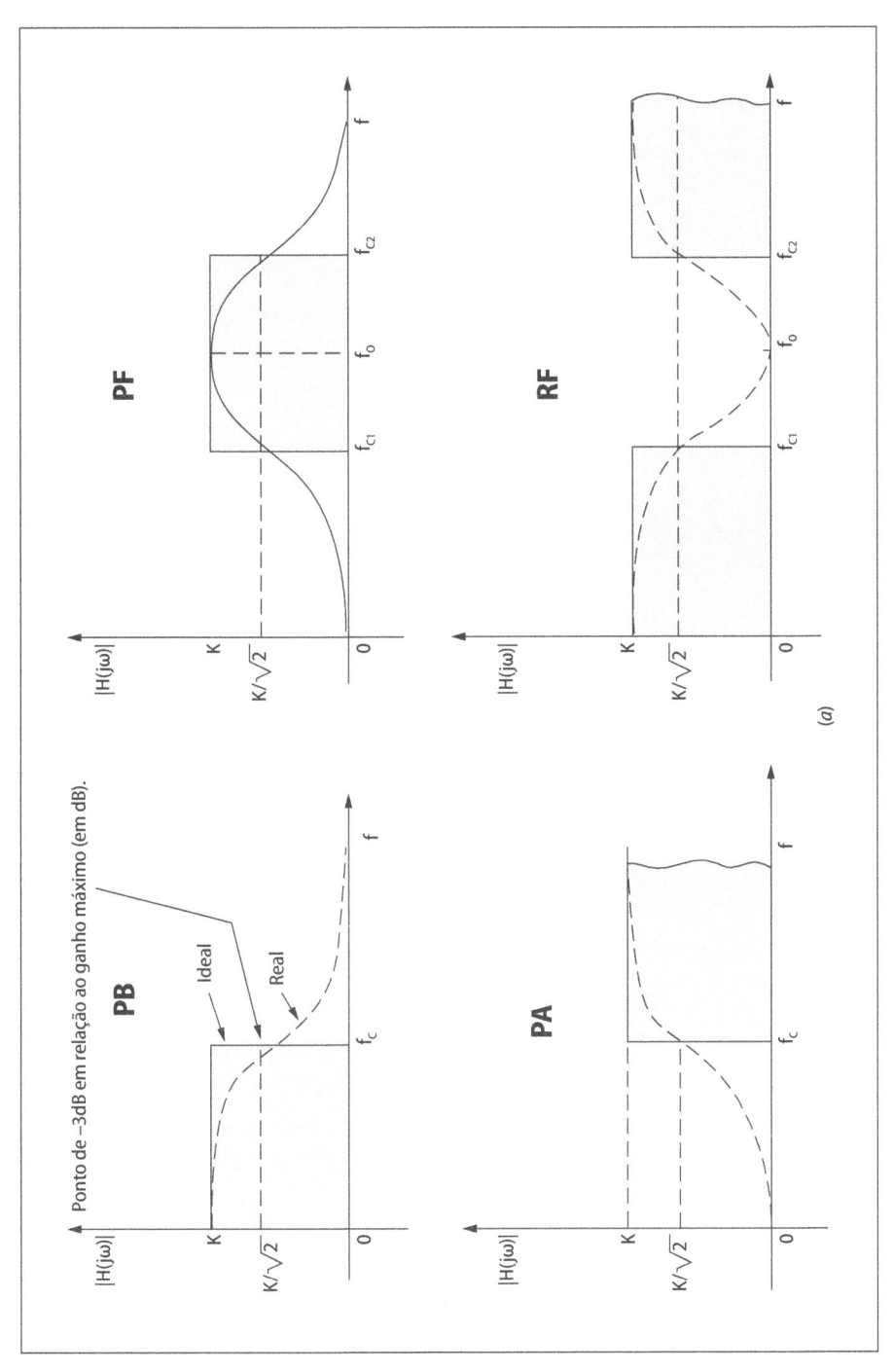

Figura 7.2a (Continua na página 146.)

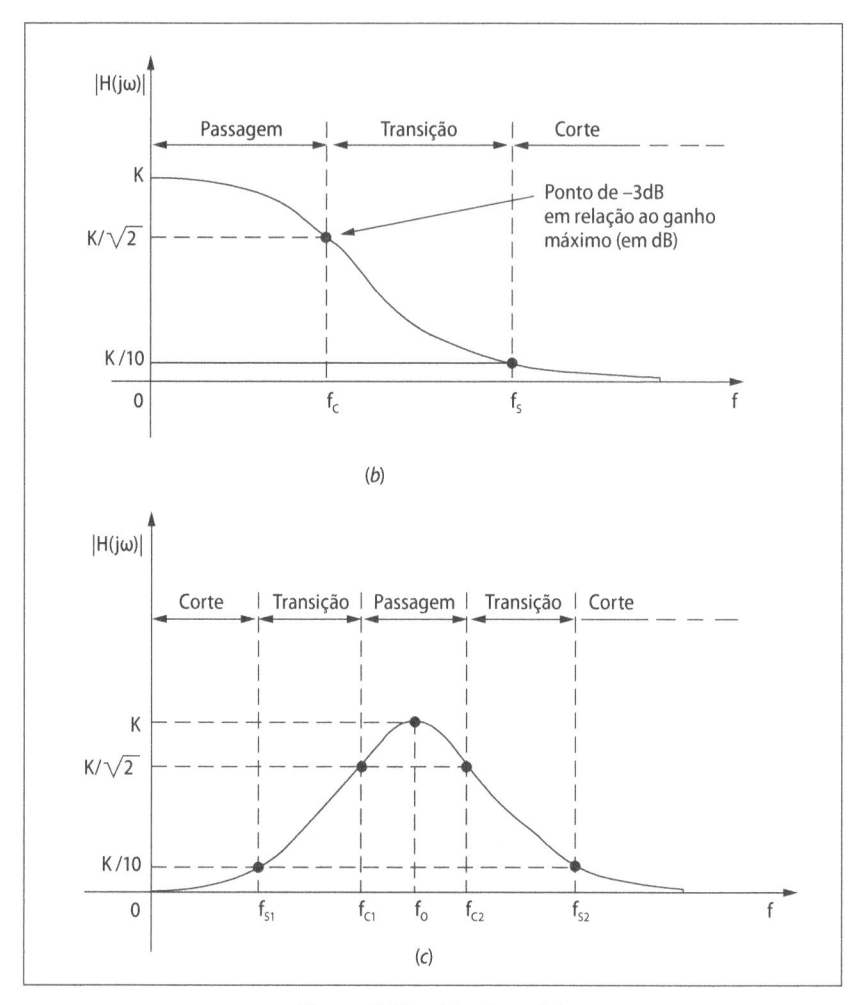

Figura 7.2b (Continuação)

❯❯ b) Filtros ativos

São aqueles construídos com alguns elementos passivos associados a elementos ativos (válvulas, transistores ou amplificadores operacionais).

A primeira geração de filtros ativos foi construída tendo as válvulas como elementos ativos. Eram filtros de alto consumo de potência, alta margem de ruídos, baixo ganho, etc.

A segunda geração de filtros ativos utilizava os transistores e, sem dúvida, as vantagens sobre a primeira geração foram marcantes, mas tais filtros ainda deixavam muito a desejar.

A terceira geração, que será nosso objeto de estudo, utiliza os amplificadores operacionais como elementos ativos. A alta resistência de entrada e a baixa resistência de saída dos AOPs, associadas a suas outras características, permitem a implementação de filtros de ótimas qualidades.

c) Filtros digitais

Tais filtros utilizam componentes digitais como elementos constitutivos. Um sinal analógico é convertido em sinais digitais através de um sistema de conversão analógico-digital. O sinal binário representativo do sinal de entrada, obtido pelo processo citado, é filtrado pelo filtro digital e o resultado é reconvertido em sinal analógico por um sistema de conversão digital-analógico. Tais filtros são úteis na situação em que muitos canais de transmissão de dados necessitam ser processados através de um mesmo filtro.

Finalmente, o terceiro aspecto de classificação dos filtros diz respeito à função-resposta ou aproximação utilizada para projetá-los. Um estudo detalhado deste assunto foge ao escopo deste texto, pois exige um tratamento matemático altamente complexo e de interesse puramente teórico.

Os tipos mais comuns de aproximação são os seguintes:

- Butterworth
- Chebyshev
- Cauer

Cada uma dessas aproximações possui uma função matemática específica, através da qual se consegue obter uma curva de resposta aproximada para um determinado tipo de filtro. Nos itens seguintes faremos um estudo das duas primeiras aproximações, por serem as mais simples e mais comuns na prática. A aproximação de Cauer, também denominada elíptica, é a mais exata, mas a sua complexidade impede-nos de abordá-la detalhadamente neste texto. O leitor interessado poderá consultar livros específicos sobre filtros ativos. Um texto excelente é o seguinte: DARYANANI, G. *Principles of active network synthesis and design*. New York: John Wiley & Sons, 1976.

Ressonância, fator Q_O e seletividade

Trataremos, agora, de alguns tópicos da teoria de circuitos, muito úteis ao nosso estudo de filtros ativos. Para tanto, nos basearemos no circuito RLC série.

O circuito RLC mostrado na Figura 7.3 tem, em condição de circuito aberto, uma impedância de entrada dada por:

$$Z_i(\omega) = R + j\left(\omega L - \frac{1}{\omega C}\right)$$

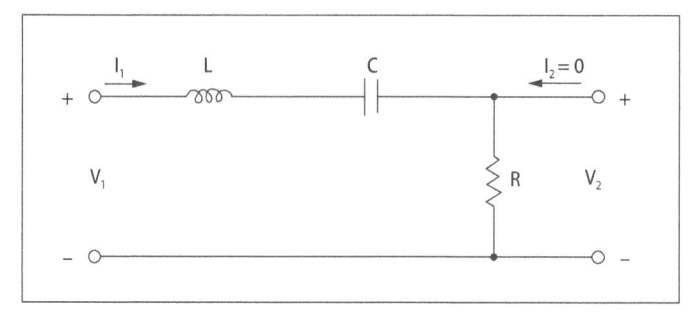

Figura 7.3

Diz-se que o circuito está em ressonância-série quando $Z_i(\omega)$ é real (e assim $|Z_i(\omega)|$ é um mínimo); ou seja, se tivermos:

$$\omega L - \frac{1}{\omega C} = 0 \quad \text{ou} \quad \omega = \omega_o = \frac{1}{\sqrt{LC}} \longrightarrow |Z_i(\omega)| = R, \text{ e, portanto,}$$

teremos a máxima corrente no circuito.

Na Figura 7.4, temos a variação de fase do circuito RLC série em função da frequência.

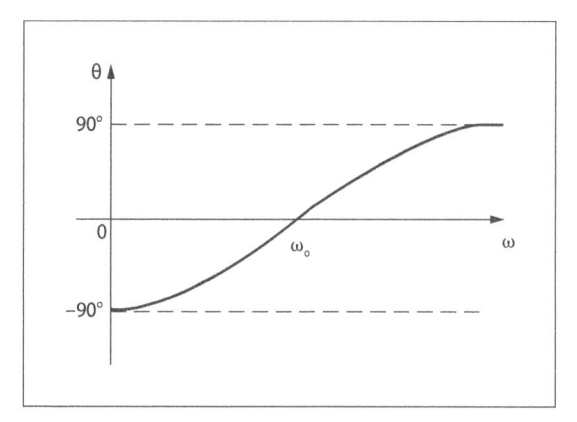

Figura 7.4

A resposta em frequência (apenas módulo) está plotada na Figura 7.5. Observe que ocorre redução tanto abaixo como acima da frequência ressonante ω_o. Os pontos onde a resposta é 0,707 (pontos de meia potência) acham-se nas frequências ω_{c1} e ω_{c2}. A largura de faixa (*bandwidth*) é dada por:

$$\boxed{BW = f_{c2} - f_{c1}} \tag{7-1}$$

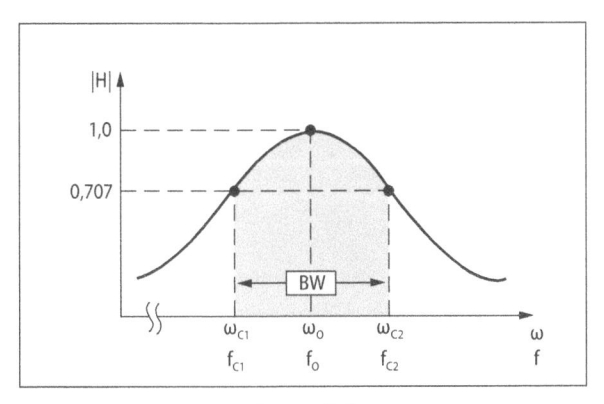

Figura 7.5

Um fator de qualidade, $Q_o = \omega_o L/R$, pode ser definido para o circuito RLC série, quando em ressonância. As frequências de meia potência podem ser expressas em termos dos elementos do circuito, ou em termos de ω_0 e Q_0, como segue:

$$\text{(a) } \omega_{c2} = \omega_o\left(\sqrt{1 + \frac{1}{4Q_o^2}} + \frac{1}{2Q_o}\right)$$
$$\text{(b) } \omega_{c1} = \omega_o\left(\sqrt{1 + \frac{1}{4Q_o^2}} - \frac{1}{2Q_o}\right)$$

(7-2)

A subtração, membro a membro, das expressões anteriores nos permite escrever:

$$BW = \frac{f_o}{Q_o}$$

(7-3)

o que sugere que, quanto maior o fator de qualidade, tanto mais estreita é a largura da faixa, ou seja, maior será a seletividade do circuito. Note que o fator Q_o é um número adimensional.

Nota-se, pelo gráfico da Figura 7.5, que o circuito RLC série pode ser considerado um filtro PF. Como o filtro não é ideal, faz-se necessário definir os pontos de corte em função de algum conceito físico. Assim, definiu-se como pontos de corte os pontos de meia potência (pontos onde o ganho é 70,7% do ganho máximo, também denominado ponto de atenuação 3dB, pois nesses pontos se tem uma queda de 3dB em relação ao ponto de ganho máximo em dB). Essa definição é válida para os quatro tipos de filtros simbolizados na Figura 7.1.[1]

Outro conceito importante, mencionado anteriormente, é o conceito de seletividade. Esse termo é muito familiar na área de telecomunicações e pode ser definido como habilidade de um circuito em distinguir, num dado espectro de frequências, uma determinada frequência em relação às demais. Esse conceito tem muito signifi-

---

[1] O ponto de corte é denominado frequência de corte. Não importa a ordem do filtro nem sua função-resposta, pois, na frequência de corte, o ganho sempre cai 3dB (por definição) em relação ao ganho máximo (em dB).

cado nos filtros PF e RF, mas nos demais o mesmo quase não se aplica. Apesar de não haver um consenso geral acerca da melhor definição do fator Q_o, acreditamos que a definição clássica, dada anteriormente e repetida a seguir, é a que melhor atende aos nossos propósitos:

$$Q_o = \frac{\omega_o}{\omega_{c2} - \omega_{c1}} = \frac{f_o}{f_{c2} - f_{c1}} = \frac{f_o}{BW} \qquad (7\text{-}4)$$

Nota-se que um Q_o alto significa alta seletividade (para um valor fixo de f_o), pois indica uma menor largura de faixa (BW) e vice-versa. A Figura 7.6 ilustra tal fato.

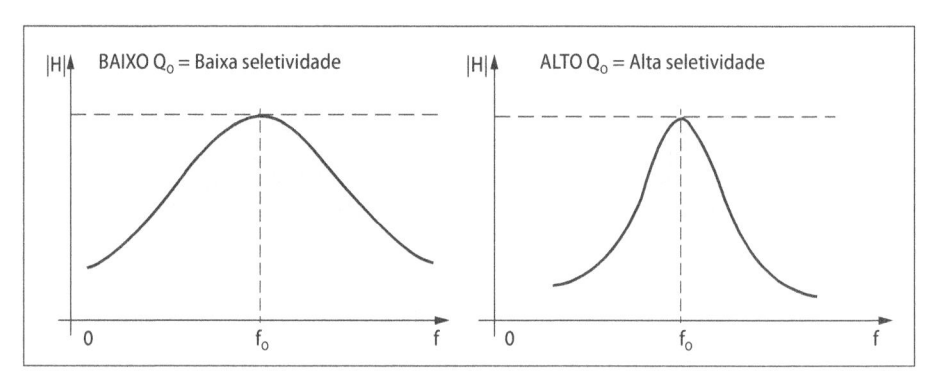

Figura 7.6

» Filtros de Butterworth

Os filtros de Butterworth possuem a seguinte função-resposta:

$$|H(j\omega)| = \frac{K_{PB}}{\sqrt{1 + (\omega/\omega_c)^{2n}}} \qquad \text{(aproximação para filtro PB)} \qquad (7\text{-}5)$$
$$n = 1, 2, 3, \ldots$$

onde K_{PB} é o ganho do filtro PB quando a frequência ω é nula; ω_c é a frequência de corte ($\omega_c = 2\pi f_c$) e n é a ordem do filtro.[2]

Neste ponto, surge a necessidade de explicar o que é ordem de um filtro. Em termos matemáticos, a ordem de um filtro é, por definição, o número de polos existentes na função de transferência do mesmo. Em termos físicos, podemos dizer que a ordem de um filtro é dada pelo número de redes de atraso presentes em sua estrutura. Ficaremos com a última explicação, já que a primeira envolve alguns conceitos (polos e função de transferência) que não serão tratados neste

---

[2] A ordem de um filtro indica o quanto sua resposta se aproxima da resposta de um filtro ideal. Quanto maior a ordem, mais próximo do ideal é o filtro.

texto. É interessante frisar que, quanto maior for a ordem de um filtro, mais a sua resposta se aproximará das curvas ideais mostradas na Figura 7.2(a).

A Figura 7.7 nos mostra diversas respostas, obtidas a partir da Equação 7-5, supondo $K_{PB} = 1$ e fazendo n = 2,4,6 e 8.

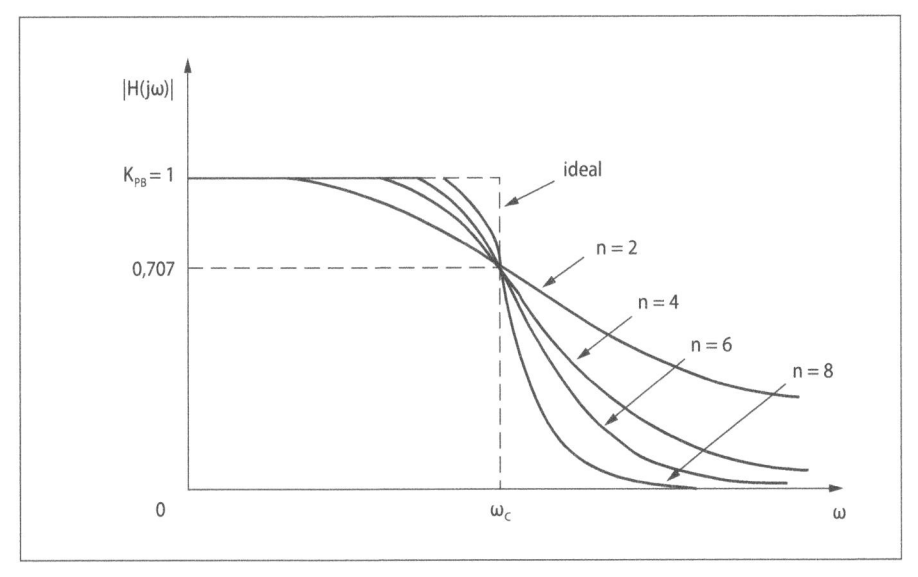

Figura 7.7

Observando a figura anterior, verificamos que as respostas se aproximam gradativamente da resposta ideal de um filtro PB, à medida que *n* aumenta.

A partir das estruturas utilizadas para implementar os filtros PB, consegue-se obter os demais tipos de filtros. Algumas estruturas de implementação serão estudadas posteriormente.

A resposta Butterworth é também denominada resposta plana. Essa denominação se deve ao fato de que as curvas obtidas não possuem nenhum tipo de ondulação (*ripple*), ou seja, possuem uma variação monotônica decrescente. A resposta plana máxima ocorre nas vizinhanças do ponto $\omega = 0$, conforme se pode ver na Figura 7.7.

Se na Equação 7-5 fizermos $\omega \gg \omega_c$, podemos escrever a seguinte expressão aproximada:[3]

$$|H(j\omega)| \simeq K_{PB}\left(\frac{\omega_c}{\omega}\right)^n$$

Em termos de decibéis teremos para $\omega \geq \omega_c$:

$$|H(j\omega)|dB \simeq 20\log K_{PB} - 20n\,\log\left(\frac{\omega}{\omega_c}\right) \qquad (7\text{-}6)$$

---
[3] Se $\omega \geq 10\omega_c$, podemos considerar, na prática, que temos $\omega \gg \omega_c$.

Esta expressão nos permite concluir que a taxa de atenuação (TA) do filtro de Butterworth é dada por:

$$TA = -20n \log\left(\frac{\omega}{\omega_c}\right)(dB) \qquad (7\text{-}7)$$

Ou seja, um filtro Butterworth de primeira ordem tem uma taxa de atenuação de 20dB/década; um de segunda ordem tem 40dB/década; um de terceira tem 60dB/década, etc. Essas atenuações são relativas ao valor de ganho máximo dado por $20\log K_{PB}$.

>> Filtros de Chebyshev

Nas frequências próximas à frequência de corte (ω_c), a resposta Butterworth não é muito boa para filtros de baixa ordem. Assim, apresentaremos os filtros de resposta Chebyshev, os quais possuem melhor definição nas vizinhanças de ω_c. Se considerarmos um filtro do tipo Butterworth e outro do tipo Chebyshev, ambos de mesma ordem e com a mesma estrutura de implementação, a resposta do filtro Chebyshev será melhor em termos de frequência de corte, ou seja, sua transição próxima à frequência de corte será muito mais aguda do que a obtida para o filtro Butterworth. Entretanto, o filtro Chebyshev apresenta ondulações (*ripples*) na faixa de passagem, conforme veremos a seguir.

A função-resposta (ou aproximação) sugerida por Chebyshev é a seguinte:

$$|H(j\omega)| = \frac{K_{PB}}{\sqrt{1+E^2 C_n^2(\omega/\omega_c)}} \quad \begin{matrix} n=1,2,3,\ldots \\ (0 < E \le 1) \end{matrix} \quad \text{(aproximação para filtro PB)} \qquad (7\text{-}8)$$

onde K_{PB} é o ganho do filtro PB para frequência nula, ($\omega = 0$); ω_c é a frequência de corte; E é uma constante que define a amplitude (PR) dos *ripples* presentes na faixa de passagem, e C_n é o chamado polinômio de Chebyshev, dado por:

$$C_n(\omega) = \cos(n \operatorname{arc} \cos \omega)$$

Podemos demonstrar a seguinte fórmula de recorrência:[4]

$$C_{n+1}(\omega) = 2\omega C_n(\omega) - C_{n-1}(\omega)$$

Se representarmos a Equação 7-8, supondo $K_{PB} = 1$ e $\omega_c = 1$rads/s, para diversos valores de n, teremos o gráfico mostrado na Figura 7.8.[5]

---

[4] O leitor interessado em maiores detalhes sobre essa teoria poderá consultar o livro do Prof. Daryanani, citado anteriormente neste capítulo. Entretanto, essa teoria não será necessária nos projetos que iremos desenvolver.

[5] A frequência $\overline{\omega}$ utilizada no gráfico é denominada frequência normalizada e é útil para simplificar a representação gráfica.

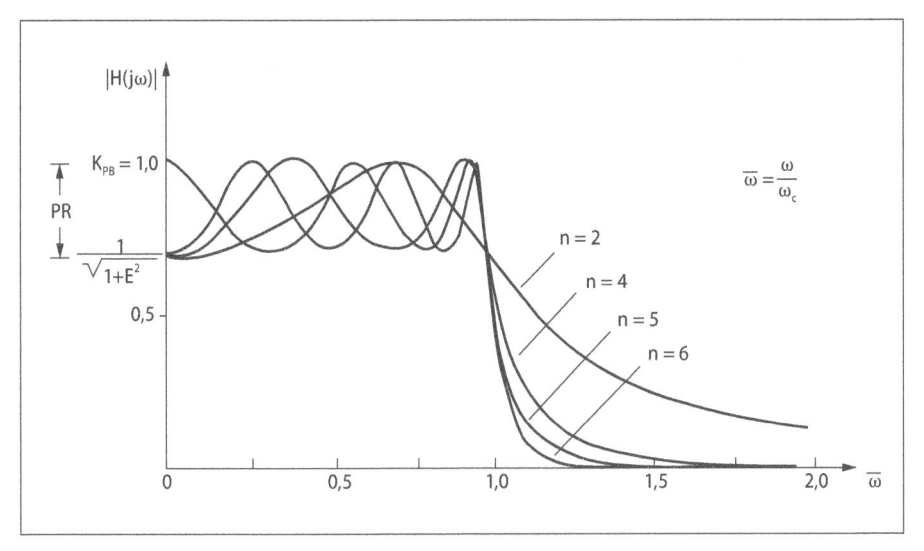

Figura 7.8

O número de *ripples* presentes na faixa de passagem é igual à ordem do filtro. Por outro lado, conforme dissemos, a amplitude dos *ripples* (PR) depende do parâmetro E. Outra observação interessante é que, para n ímpar, os *ripples* apresentam em $\omega = 0$ seu valor máximo e, para n par, os *ripples* apresentam em $\omega = 0$ o seu valor mínimo. A Figura 7.9 (p. 153) ilustra tudo o que dissemos.

A taxa de atenuação (TA) do filtro Chebyshev é, na maioria das vezes, superior a 20ndB/década. Seu valor pode ser calculado através da seguinte expressão do ganho (válida somente para $\omega \geq \omega_c$):

$$|H(j\omega)|(dB) \simeq 20\log K_{PB} - 20 \log E - 6(n-1) - 20n \log(\omega/\omega_c) \quad (7\text{-}9)$$

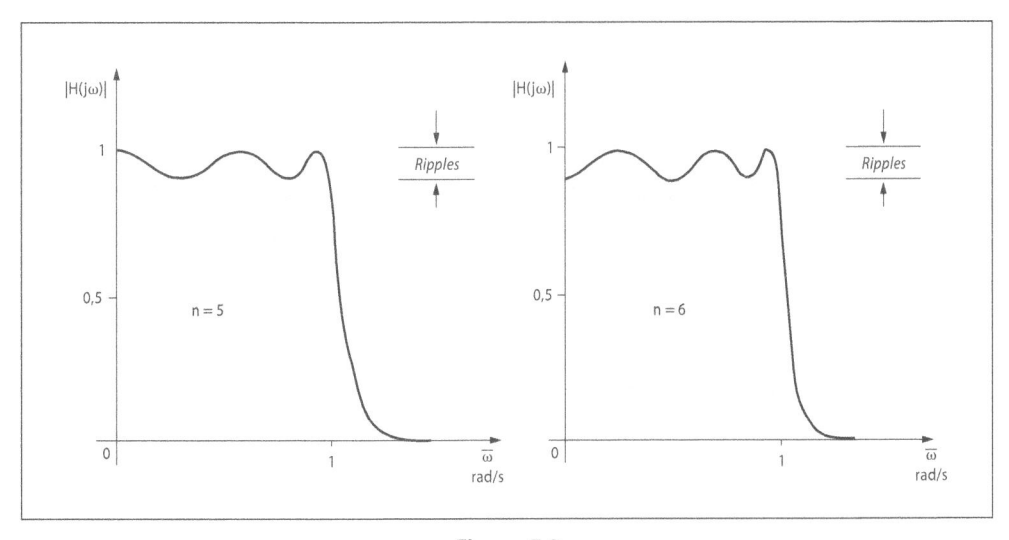

Figura 7.9

da qual se obtém:

$$TA = -20 \log E - 6(n-1) - 20n \log(\omega/\omega_c) \quad (7\text{-}10)$$

A amplitude dos *ripples* (PR) em decibéis está relacionada com E através da seguinte expressão:

$$E = \sqrt{10^{PR/10} - 1} \quad (0 < E < 1) \quad (7\text{-}11)$$

da qual se obtém:

$$PR(dB) = 20\log\sqrt{1 + E^2} \quad (7\text{-}12)$$

O valor de PR é utilizado para caracterizar o filtro de Chebyshev. Por exemplo: filtro de Chebyshev 0,5dB, filtro de Chebyshev 1,0dB, etc. O máximo valor permitido para PR é 3dB (E ≃ 0,99763).

É conveniente observar um fato curioso e contraditório acerca dos filtros Chebyshev: quanto maior a amplitude do *ripple*, maior será a atenuação obtida na faixa de transição. Isso coloca o projetista numa situação bastante confusa, pois os *ripples* são sempre indesejáveis, mas, por outro lado, uma alta taxa de atenuação na faixa de transição é muito importante. Assim, o projetista deverá escolher uma situação que melhor se adapte às suas necessidades de projeto.

Finalmente, o leitor deverá perceber pela Equação 7-10 que, para E = 1 e n = 1, os filtros Butterworth e Chebyshev apresentam a mesma taxa de atenuação, dada por −20dB/década. Assim sendo, não se costuma distinguir filtros de primeira ordem em termos de uma função-resposta Butterworth ou Chebyshev.

» *Filtros de Cauer ou elípticos*

Os filtros de Cauer, ou filtros elípticos, apresentam *ripples* tanto na faixa de passagem como na faixa de corte. Todavia, são os que têm a melhor definição em termos de frequência de corte. Em outras palavras, a sua faixa de transição é bastante estreita. Esse tipo de filtro é muito utilizado em equipamentos que exigem alta precisão no ponto de corte, bem como uma atenuação acentuada na faixa de corte.

A Figura 7.10 (p. 155) nos mostra a curva de resposta típica para um filtro elíptico de quinta ordem, onde $\omega_c = 1$ rad/s.

Comparando com a Figura 7.9(a), podemos constatar uma performance muito melhor do filtro elíptico em relação ao filtro de Chebyshev.

Não analisaremos os filtros elípticos, mas os leitores interessados podem se reportar ao texto sugerido anteriormente (Daryanani).

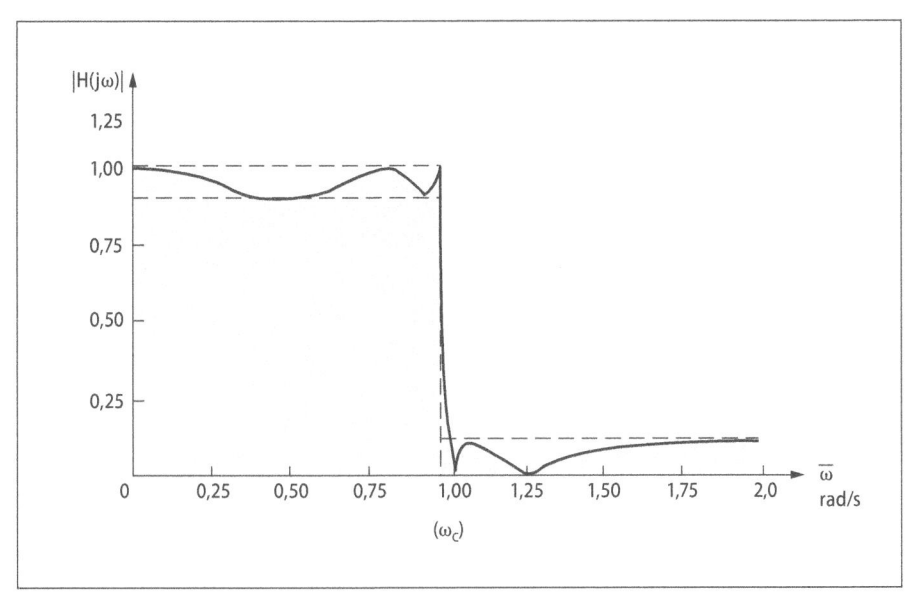

Figura 7.10

>> Defasagens em filtros

Até o momento só nos preocupamos com as características de ganho e atenuação dos filtros. Neste item vamos tecer alguns comentários sobre defasagens entre os sinais de entrada e de saída num filtro.

A resposta de amplitude e atenuação de um filtro de Chebyshev para uma determinada ordem é melhor que a do filtro de Butterworth da mesma ordem. Entretanto, a resposta de fase do filtro de Chebyshev é menos linear que a do filtro de Butterworth, conforme se vê na Figura 7.11 (p. 156) (considerando ambos com n = 6).

Existem situações nas quais as defasagens entre entrada e saída podem prejudicar a performance de um sistema. Um exemplo desse caso ocorre quando se transmite sinais digitais via linhas telefônicas. Nesse tipo de transmissão, o sincronismo é fundamental, e a ocorrência de atrasos de tempo provocados por defasagens pode causar sérios distúrbios. Existem circuitos especiais para corrigir esses atrasos. Tais circuitos são colocados em série na linha de transmissão e são denominados circuitos deslocadores de fase. Esses circuitos não afetam a amplitude dos sinais transmitidos e possibilitam que o sincronismo do sistema seja restabelecido. Alguns textos denominam os circuitos deslocadores de fase de circuitos equalizadores de fase ou filtros passa-todas.

No capítulo seguinte abordaremos um pouco da teoria e projeto dos circuitos deslocadores (ou equalizadores) de fase.

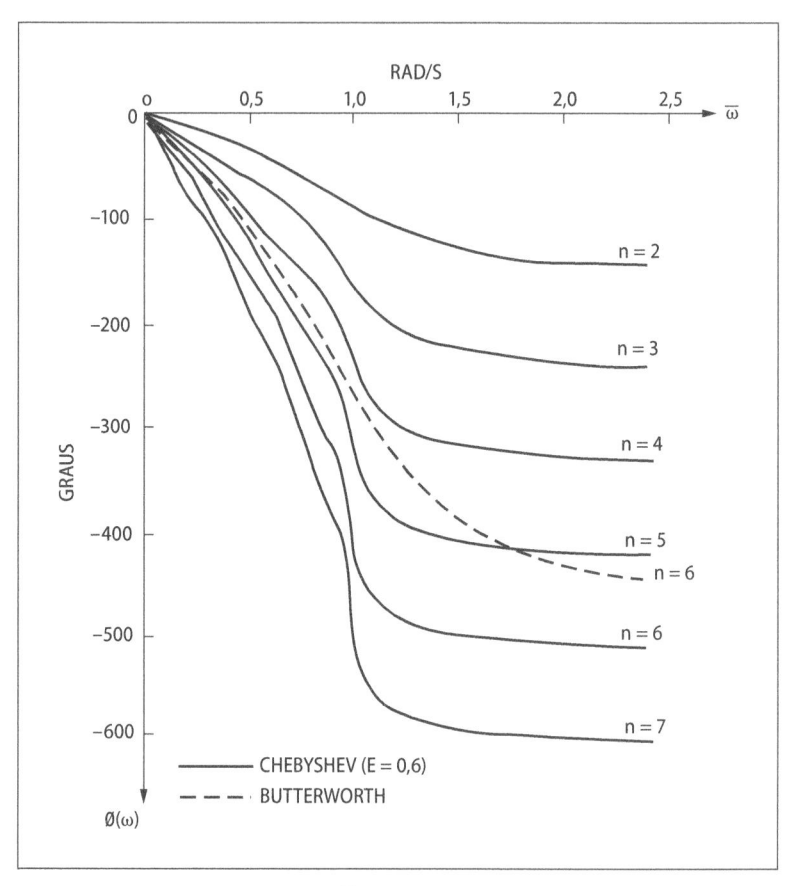

Figura 7.11

Exercícios resolvidos

1 Num circuito RLC série, a frequência de ressonância é igual a 3KHz, e o fator de qualidade é igual a 15. Pede-se:

a) Determine as frequências de corte inferior (f_{c1}) e superior (f_{c2}).
b) Determine a largura de faixa do circuito.

Solução

a) $f_{c1} = 3\left(\sqrt{1 + \dfrac{1}{900}} - \dfrac{1}{30}\right)$

$\boxed{F_{c1} \simeq 2{,}9\text{KHz}}$

$f_{c2} = 3\left(\sqrt{1 + \dfrac{1}{900}} + \dfrac{1}{30}\right)$

$\boxed{f_{c2} \simeq 3{,}1\text{KHz}}$

b) $BW = \dfrac{3.000}{15}$ ∴ $\boxed{BW = 200\text{Hz}}$ ou

$BW = f_{c2} - f_{c1}$ ∴ $\boxed{BW = 200\text{Hz}}$

2 Qual é o valor da taxa de atenuação (TA) de um filtro PB de sexta ordem implementado segundo a função-resposta de Butterworth? Suponha uma variação de 1 década em relação à frequência de corte.

Solução

Temos:

$TA = -20n\log\left(\dfrac{\omega}{\omega_c}\right)$

$n = 6$

$\dfrac{\omega}{\omega_c} = 10 (1 \text{ década})$

∴ $\boxed{TA = -120 \text{ dB/década}}$

3 Determine o ganho de tensão (em decibéis) de um filtro PB de segunda ordem e resposta Butterworth, quando ω assume os seguintes valores:

a) $\omega = 0$
b) $\omega = 300 \text{ rad/s}$
c) $\omega = 3.000 \text{ rad/s}$
d) $\omega = 30.000 \text{ rad/s}$

O ganho máximo do filtro é igual a 4 e sua frequência de corte é 300 rad/s.

Solução

Devemos utilizar a Equação 7-5, na qual $n = 2$, $K_{PB} = 4$ e $\omega_c = 300 \text{ rad/s}$.
Logo:

$$|H(j\omega)| = \frac{4}{\sqrt{1 + (\omega/300)^4}}$$

Portanto:

a) $\omega = 0 \Rightarrow |H(j\omega)| = 20 \log 4$

$\boxed{|H(j\omega)| \simeq 12 \text{ dB}}$

b) $\omega = 300 \Rightarrow |H(j\omega)| = 20 \log \frac{4}{\sqrt{2}}$

$\boxed{|H(j\omega)| \simeq 9 \text{ dB}}$

c) $\omega = 3.000 \Rightarrow |H(j\omega)| = 20 \log \frac{4}{\sqrt{1 + 10^4}}$

$\boxed{|H(j\omega)| \simeq -28 \text{ dB}}$

d) $\omega = 30.000 \Rightarrow |H(j\omega)| = 20 \log \frac{4}{\sqrt{1 + 10^8}}$

$\boxed{|H(j\omega)| \simeq -68 \text{ dB}}$

4 Qual o valor da taxa de atenuação (TA) de um filtro PB de sexta ordem implementado segundo a função-resposta de Chebyshev, cuja amplitude dos *ripples* (PR) é de 1dB? Supor uma variação de 1 década.

Solução

Primeiramente devemos calcular E para PR = 1dB:

$$E = \sqrt{10^{PR/10} - 1} \simeq 0{,}50885$$

Temos, portanto:

$$TA = -20\log E - 6(n-1) - 20n \, \log\left(\frac{\omega}{\omega_c}\right)$$

$\boxed{TA \simeq -144{,}13 \text{ dB/década}}$

(Conforme esperávamos, esse resultado é superior ao resultado obtido no Exercício 2.)

Exercícios de fixação

1. Defina filtro.
2. O que é espectro de um sinal?
3. Cite as vantagens e as desvantagens dos filtros ativos.
4. Explique os quatro tipos básicos de filtros em termos da função executada e apresente a simbologia para cada um deles.
5. Explique o que é faixa de transição de um filtro.
6. Explique, sob o ponto de vista tecnológico, cada um dos seguintes tipos de filtros:
   a) filtros passivos
   b) filtros ativos
   c) filtros digitais
7. Quais são os tipos mais comuns de aproximações (ou funções-respostas) utilizadas no projeto de filtros? Explique cada uma delas, citando suas respectivas vantagens e desvantagens.
8. O que é ressonância-série e qual é a condição para sua ocorrência?
9. O que é fator de qualidade?
10. O que é seletividade?
11. Por que a resposta Butterworth é denominada resposta plana?
12. O que é ordem de um filtro? Por que não se costuma distinguir filtros de primeira ordem em termos de uma função-resposta Butterworth ou Chebyshev?
13. Explique a ocorrência de defasagens entre os sinais de entrada e de saída nos filtros.
14. Compare a resposta de fase do filtro de Butterworth com a resposta de fase do filtro de Chebyshev para uma mesma ordem.
15. Por que as Equações 7-6 e 7-9 só são válidas para $\omega \geq \omega_c$?

16 Justifique a seguinte afirmativa: "A defasagem angular entre dois sinais corresponde, na realidade, a um atraso de tempo entre os mesmos".

17 O que é um circuito deslocador de fase? Quais são as outras denominações dadas a esse circuito?

18 Demonstre a seguinte relação:
$f_{c1}^2 + f_{c2}^2 = (BW)^2(1 + 2Q_o^2)$

19 PESQUISA – A engenharia de som desenvolveu um sistema denominado equalização gráfica, através do qual se consegue melhorar consideravelmente a performance ou resposta dos equipamentos de áudio. Faça uma pesquisa e apresente um relatório sobre as funções básicas da equalização gráfica e a importância dos filtros ativos na implementação desse sistema.

20 PESQUISA – Enquanto no filtro de Butterworth a frequência de corte sempre ocorre no ponto de $-3dB$, no filtro de Chebyshev isso só acontece se o filtro possuir $PR(dB) = 3dB$ ($E \simeq 0,99763$). Procure livros específicos de filtros e justifique esse fato.

capítulo 8

Filtros ativos II: Projetos

Após os fundamentos teóricos sobre filtros ativos, estabelecidos no capítulo anterior, passaremos agora aos projetos deles. Procuraremos desenvolver o assunto de forma não muito teórica, mas suficientemente analítica para permitir a execução de alguns projetos de performance satisfatória.

Objetivos de aprendizagem

>> Analisar as principais estruturas de implementação de filtros ativos

>> Projetar os diversos tipos de respostas de filtros

>> Estruturas de implementação

Existem inúmeras estruturas de implementação para filtros ativos. Em nosso estudo, abordaremos as duas estruturas mais comuns na prática, a saber:

> » estrutura de realimentação múltipla – MFB (MFB: *multiple-feedback*)
> » estrutura de fonte de tensão controlada por tensão – FTCT ou VCVS (VCVS: *voltage-controlled voltage source*)

Ambas as estruturas possuem algumas vantagens que as tornam muito usuais na prática: boa estabilidade, baixa impedância de saída, facilidade de ajuste de ganho e de frequência, requerem poucos componentes externos, etc. Entretanto, o máximo valor do fator Q_o para filtros implementados com essas estruturas é da ordem de 10. A estrutura MFB apresenta polaridade de saída invertida, ou seja, apresenta um ganho invertido $-K$ ($K>0$). Essa característica não tem nenhum efeito prejudicial na performance dos filtros implementados com estrutura MFB. A estrutura VCVS costuma também ser denominada estrutura de Sallen e Key (dois professores que pesquisaram os filtros ativos na década de 1950 e apresentaram um excelente trabalho sobre o assunto). A denominação VCVS está relacionada com o fato do AOP, como amplificador de tensão, poder ser comparado a uma fonte de tensão cuja saída é função da tensão de entrada e do ganho do circuito.

Nos itens seguintes, apresentaremos as implementações dos diversos tipos de filtros. O leitor observará que as equações de projeto exigirão frequentes consultas a tabelas, já elaboradas por diversos estudiosos dos filtros. Não demonstraremos as equações, pois seria um trabalho teórico muito longo e complexo. Todavia, relembramos a referência sugerida no capítulo anterior.

Veremos que uma mesma estrutura pode ser utilizada para implementar diferentes aproximações (Butterworth, Chebyshev, Bessel, etc.). A determinação de uma certa função-resposta é estabelecida pelos valores dos componentes da estrutura, os quais, por sua vez, são condicionados por alguns parâmetros previamente tabelados, bem como pelas condições de projeto do filtro.

>> Filtros passa-baixas

>> Projeto do filtro PB de primeira ordem – VCVS

Estudaremos primeiramente o filtro PB de primeira ordem. Para implementar esse filtro, utilizaremos a estrutura VCVS, conforme está indicado na Figura 8.1 (p. 161).

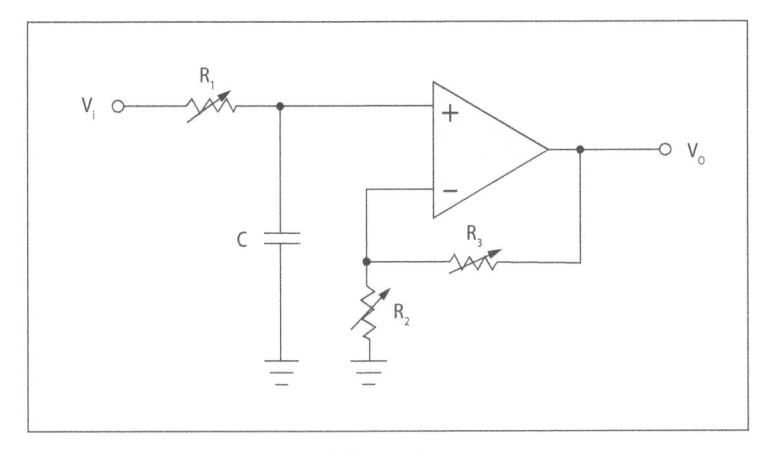

Figura 8.1

Este circuito apresenta um ganho K dado por:

$$K = 1 + \frac{R_3}{R_2} \qquad (8\text{-}1)$$

Por outro lado, é interessante minimizar o efeito da tensão de *offset* de entrada, impondo a seguinte relação:

$$R_1 = \frac{R_2 R_3}{R_2 + R_3} \qquad (8\text{-}2)$$

Pode ser demonstrado que R_1 está relacionado com a frequência de corte através da seguinte fórmula (ver a Equação 2-19):

$$R_1 = \frac{1}{b \omega_c C} \qquad (8\text{-}3)$$

onde b é um parâmetro que irá determinar o tipo de função-resposta para filtros de ordem ímpar ≥ 3.[1] Expressando R_3 na Equação 8-1 e substituindo na Equação 8-2, obtém-se:

$$R_2 = \frac{K}{K-1} R_1 \qquad (8\text{-}4)$$

(se K = 1, podemos "abrir" R_2, pois, nesse caso, $R_2 \to \infty$. Assim, R_3 poderá ser substituído por um curto.)

Se, entretanto, tirarmos R_2 na Equação 8-1 e substituirmos na Equação 8-2, obteremos uma outra relação importante:

$$R_3 = K R_1 \qquad (8\text{-}5)$$

---

[1] Ao projetarmos filtros de ordem superior à segunda (p. 170), utilizaremos o método da associação de estágios em cascata e os filtros de primeira ordem só serão utilizados quando o projeto exigir um filtro de ordem ímpar ≥ 3.

O valor de C pode ser estabelecido arbitrariamente, mas existe uma regra prática (ou empírica) para projetos de filtros ativos, a qual consiste em se estabelecer para o capacitor C um valor comercial em torno de 10/f, onde, para f_c dado em Hertz, se obtém C em microfarad.

Finalmente, resta-nos considerar o parâmetro b encontrado na Equação 8-3. Esse parâmetro tem valor unitário (b=1), caso se deseje apenas um filtro de primeira ordem (pois, nesse caso, não importa se o mesmo é considerado como filtro Butterworth ou Chebyshev). Entretanto, quando projetarmos filtros de ordem ímpar igual ou superior à terceira, o parâmetro b será obtido através de tabelas apropriadas no final deste capítulo.

Podemos resumir as etapas do projeto do filtro PB de primeira ordem no seguinte quadro-projeto:

Quadro-projeto 1

1	Estabelecer o valor de K
2	Estabelecer o valor de f_c
3	Determinar $C \simeq 10/f_c$ (comercial)
4	Determinar R_1 (Equação 8-3)
5	Determinar R_2 (Equação 8-4)
6	Determinar R_3 (Equação 8-5)
7	Montar um protótipo em laboratório e executar testes
8	Ajustar o ganho através de R_2 (ou R_3)
9	Ajustar a frequência de corte em $-3dB$ através de R_1
10	Substituir os potenciômetros R_1, R_2 e R_3 por resistores comerciais próximos dos valores ajustados
11	Montar o circuito definitivo

» Projeto do filtro PB de segunda ordem – MFB

Para implementar o filtro PB de segunda ordem, podemos utilizar tanto a estrutura VCVS como a estrutura MFB. Consideraremos, primeiramente, a implementação com estrutura MFB.

A Figura 8.2 nos mostra o filtro PB de segunda ordem com estrutura MFB.

As equações de projeto para esse filtro são as seguintes:

$$K = -\frac{R_2}{R_1}$$ (Esta estrutura possui fase invertida.) (8-6)

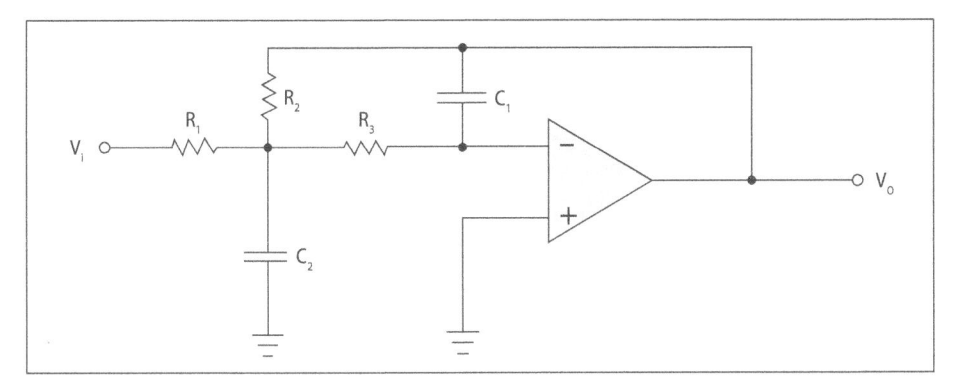

Figura 8.2

$$R_2 = \frac{2(K+1)}{\left[aC_2 + \sqrt{a^2C_2^2 - 4bC_1C_2(K+1)}\right]\omega_c} \quad (8\text{-}7)$$

$$R_1 = \frac{R_2}{K} \quad (8\text{-}8)$$

$$R_3 = \frac{1}{bC_1C_2\omega_c^2 R_2} \quad (8\text{-}9)$$

Os valores de a e b são obtidos na Tabela 8.1, se a resposta ou aproximação desejada for de Butterworth, ou na Tabela 8.2, se a resposta ou aproximação desejada for de Chebyshev. Essas tabelas estão no final deste capítulo (p. 181).

Mais uma vez, aconselhamos a escolha de um valor comercial para C_2 próximo a $10/f_c$ (f_c em Hertz nos dá C_2 em microfarad). A partir da escolha de C_2, podemos determinar C_1. Analisando a Equação 8-7, é possível demonstrar a seguinte condição de projeto:

$$C_1 \leq \frac{a^2 C_2}{4b(K+1)} \quad (8\text{-}10)$$

O valor comercial de C_1 deve ser o maior possível, respeitando, evidentemente, a equação anterior. Os resistores comerciais R_1, R_2 e R_3 devem ter seus valores o mais próximo possível dos valores teóricos calculados.

Algumas vezes, ao projetarmos filtros ativos, podemos obter capacitâncias muito grandes e resistências muito pequenas. Essa situação é inconveniente, tanto do ponto de vista técnico, como do ponto de vista comercial. De fato, resistores de valores muito pequenos são desaconselháveis para circuitos com AOPs. Por outro lado, capacitores de valores muito altos são difíceis de se encontrar no comércio (além de serem volumosos e caros). Para contornar essa situação, utiliza-se uma regra denominada escalamento de impedância. Essa regra é a seguinte:

Um filtro ativo não tem sua performance alterada quando multiplicamos (ou dividimos) os valores dos resistores por um fator m > 1, desde que os valores dos capacitores sejam divididos (ou multiplicados) pelo mesmo fator.

O fator m é denominado fator de escalamento. A aplicação dessa regra não altera o ganho do filtro, nem a sua frequência de corte. Esse procedimento é muito útil, pois permite a obtenção de valores práticos convenientes ao projeto. Cumpre salientar que esta regra é geral e pode ser aplicada a qualquer tipo de filtro ativo. Se o leitor analisar qualquer uma das equações estabelecidas neste item, verificará, facilmente, a validade da regra de escalamento de impedância.

Apresentamos, a seguir, um quadro-projeto no qual se acham resumidas as etapas necessárias ao projeto do filtro PB de estrutura MFB.

Quadro-projeto 2

1	Estabelecer o valor de K
2	Estabelecer o valor de f_c
3	Estabelecer o valor de PR (no caso do filtro de Chebyshev)
4	Determinar os parâmetros a e b através da tabela apropriada
5	Determinar $C_2 \simeq 10/f_c$ (comercial)
6	Determinar C_1 (Equação 8-10)
7	Determinar R_2 (Equação 8-7)
8	Determinar R_1 (Equação 8-8)
9	Determinar R_3 (Equação 8-9)
10	Montar protótipo... Fazer testes...
11	Fazer ajuste de K e f_c
12	Montar o circuito definitivo

≫ Projeto do filtro PB de segunda ordem – VCVS

A implementação do filtro PB de segunda ordem, utilizando a estrutura VCVS, está indicada na Figura 8.3. Essa estrutura nos lembra o amplificador não inversor estudado no Capítulo 3.

As equações de projeto para esse filtro são as seguintes:

$$K = 1 + \frac{R_4}{R_3} \tag{8-11}$$

$$R_1 = \frac{2}{\left[aC_2 + \sqrt{[a^2 + 4b(K-1)]C_2^2 - 4bC_1C_2}\right]\omega_c} \tag{8-12}$$

$$R_2 = \frac{1}{bC_1C_2R_1\omega_c^2} \tag{8-13}$$

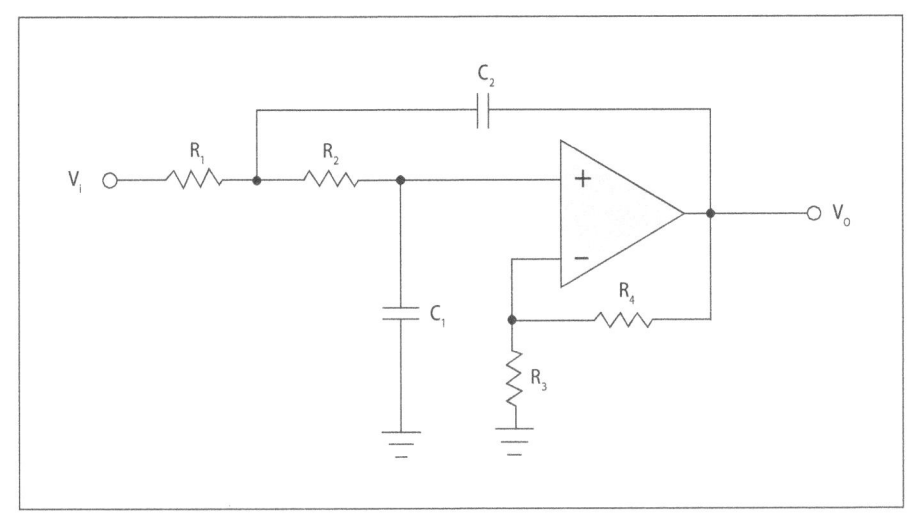

Figura 8.3

$$R_3 = \frac{K(R_1 + R_2)}{K - 1}$$ (Se K = 1, R_3 deverá ser "aberto" e R_4 será um curto.) (8-14)

$$R_4 = K(R_1 + R_2)$$ (8-15)

Os parâmetros a e b são obtidos nas tabelas apropriadas, pois definem o tipo de função-resposta ou aproximação desejada.

Após a escolha de um valor comercial para C_2, próximo a $10/f_c$, podemos determinar o máximo valor comercial de C_1 que atenda à seguinte condição:

Quadro-projeto 3

1. Estabelecer o valor de K
2. Estabelecer o valor de f_c
3. Estabelecer o valor de PR (no caso do filtro de Chebyshev)
4. Determinar os parâmetros a e b através da tabela apropriada
5. Determinar $C_2 \simeq 10/f_c$ (comercial)
6. Determinar C_1 (Equação 8-16)
7. Determinar R_1 (Equação 8-12)
8. Determinar R_2 (Equação 8-13)
9. Determinar R_3 (Equação 8-14)
10. Determinar R_4 (Equação 8-15)
11. Montar protótipo... Fazer testes...
12. Fazer ajustes de K e f_c
13. Montar o circuito definitivo

$$C_1 \leq \frac{[a^2 + 4b(K-1)]C_2}{4b} \quad (8\text{-}16)$$

a qual completa o projeto do filtro.

O quadro-projeto, dado a seguir, resume as etapas necessárias à implementação do filtro PB de segunda ordem com estrutura VCVS.

Antes de finalizarmos nosso estudo dos filtros PB, é conveniente ressaltar que eles constituem a classe fundamental dos filtros, pois todos os demais são derivados dos mesmos.

» Filtros passa-altas

Um filtro PA pode ser obtido a partir da estrutura de um filtro PB, bastando, para tanto, fazer a permutação dos resistores por capacitores e dos capacitores por resistores. Essa permutação é denominada transformação RC → CR.

» Projeto do filtro PA de primeira ordem – VCVS

Se aplicarmos a transformação RC → CR no circuito da Figura 8.1, obteremos o circuito da Figura 8.4. Este circuito corresponde à estrutura VCVS do filtro PA de primeira ordem.

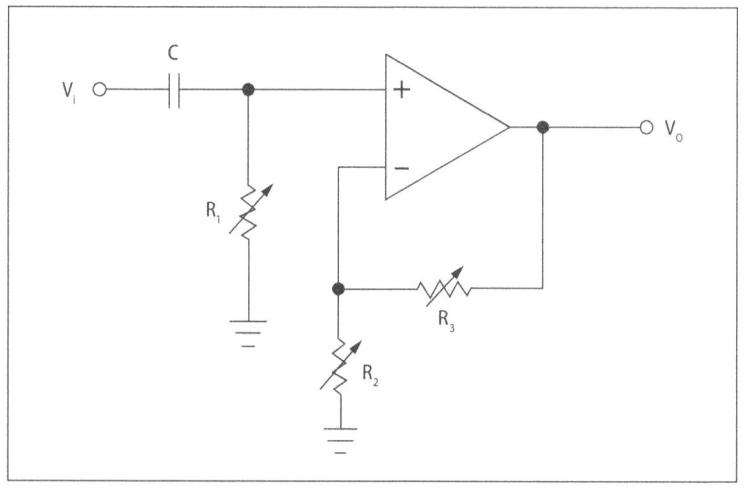

Figura 8.4

As equações de projeto desse filtro são as seguintes:

$$K = 1 + \frac{R_3}{R_2} \quad (8\text{-}17)$$

$$R_1 = \frac{b}{\omega_c C}$$ (b deve ser obtido nas tabelas apropriadas no caso de filtros de ordem ímpar ≥ 3, pois, para filtros PA de primeira ordem, tem-se sempre b = 1.) (8-18)

$$R_2 = \frac{KR_1}{K-1}$$ (Se K = 1, R_2 deverá ser "aberto" e R_3 será um curto.) (8-19)

$$R_3 = KR_1 \qquad (8\text{-}20)$$

Se substituirmos a Equação 8-17 na Equação 8-19, teremos:

$$R_1 = \frac{R_2 R_3}{R_2 + R_3}$$

Portanto, a condição de minimização da tensão de *offset* de entrada já está implícita nas equações de projeto.

O valor comercial de C deve ser em torno de $10/f_c$ (f_c em Hertz e C em microfarad). Os resistores também devem estar o mais próximo possível dos valores calculados.

Apresentamos, a seguir, o quadro-projeto para o filtro PA de primeira ordem.

Quadro-projeto 4

1. Estabelecer o valor de K
2. Estabelecer o valor de f_c
3. Determinar $C \simeq 10/f_c$ (comercial)
4. Determinar R_1 (Equação 8-18)
5. Determinar R_2 (Equação 8-19)
6. Determinar R_3 (Equação 8-20)
7. Montar protótipo... Fazer testes...
8. Fazer ajustes de K e f_c
9. Montar o circuito definitivo

» Projeto do filtro PA de segunda ordem – MFB

A Figura 8.5 (p. 168) nos mostra a implementação com estrutura MFB do filtro PA de segunda ordem. Note a transformação RC → CR desse circuito em relação ao da Figura 8.2.

As equações de projeto para esse filtro são as seguintes:

$$K = -\frac{C_1}{C_2} \qquad \text{(Esta estrutura possui fase invertida.)} \qquad (8\text{-}21)$$

$$R_1 = \frac{a}{(2C_1 + C_2)\omega_c} \qquad (8\text{-}22)$$

$$R_2 = \frac{(2C_1 + C_2)b}{aC_1C_2\omega_c} \qquad (8\text{-}23)$$

O valor de C_1 é arbitrário. Entretanto, é aconselhável selecionar um valor comercial o mais próximo possível de $10/f_c$.

Relembramos que os valores de *a* e *b* são obtidos nas Tabelas 8.1 e 8.2, dependendo da aproximação desejada.

O quadro a seguir resume as etapas necessárias ao projeto do filtro PA de segunda ordem com estrutura MFB.

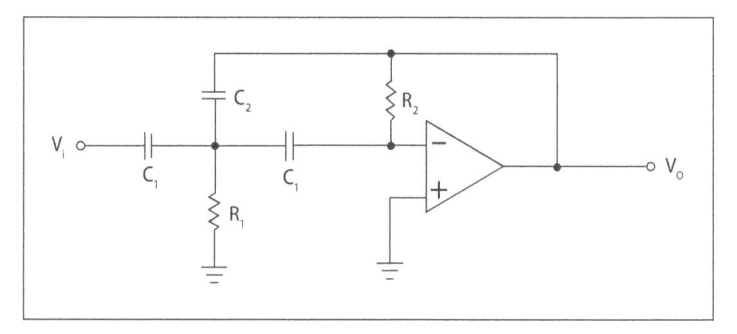

Figura 8.5

Quadro-projeto 5

1. Estabelecer o valor de K
2. Estabelecer o valor de f_c
3. Estabelecer o valor de PR (no caso do filtro de Chebyshev)
4. Determinar os parâmetros a e b através da tabela apropriada
5. Determinar $C_1 \simeq 10/f_c$ (comercial)
6. Determinar C_2 (Equação 8-21)
7. Determinar R_1 (Equação 8-22)
8. Determinar R_2 (Equação 8-23)
9. Montar protótipo... Fazer testes...
10. Fazer ajustes de K e f_c
11. Montar o circuito definitivo

❯❯ Projeto do filtro PA de segunda ordem – VCVS

A estrutura VCVS para o filtro PA de segunda ordem acha-se indicada na Figura 8.6 (p. 169). Mais uma vez, utilizamos a transformação RC → CR (em relação à estrutura da Figura 8.3).

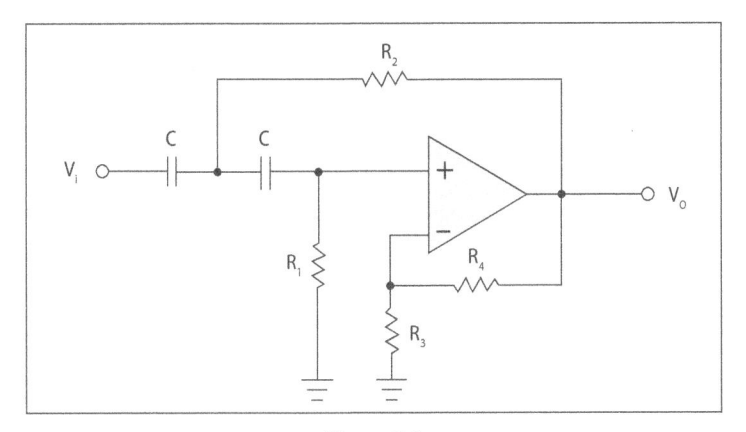

Figura 8.6

O projeto desse filtro pode ser obtido com o seguinte conjunto de equações:

$$K = 1 + \frac{R_4}{R_3} \quad (8\text{-}24)$$

$$R_1 = \frac{4b}{\left[a + \sqrt{a^2 + 8b(K-1)}\right]\omega_c C} \quad (8\text{-}25)$$

$$R_2 = \frac{b}{\omega_c^2 C^2 R_1} \quad (8\text{-}26)$$

$$R_3 = \frac{KR_1}{K-1} \quad \text{(Se } K = 1, R_3 \text{ deverá ser "aberto"} \quad (8\text{-}27)$$
$$\text{e } R_4 \text{ será um curto.)}$$

$$R_4 = KR_1 \quad (8\text{-}28)$$

O valor de C é arbitrário, mas, como de costume, é conveniente determinar um valor comercial próximo a $10/f_c$. Os parâmetros a e b são obtidos nas tabelas apropriadas.

É conveniente ressaltar que a condição de minimização da tensão de *offset* de entrada acha-se implícita nas equações de projeto. Essa condição é dada por:

$$R_1 = \frac{R_3 R_4}{R_3 + R_4}$$

Apresentamos, a seguir, o quadro-projeto para o filtro em questão.

Quadro-projeto 6

1	Estabelecer o valor de K
2	Estabelecer o valor de f_c
3	Estabelecer o valor de PR (no caso do filtro de Chebyshev)
4	Determinar os parâmetros a e b através da tabela apropriada
5	Determinar $C \simeq 10/f_c$ (comercial)
6	Determinar R_1 (Equação 8-25)
7	Determinar R_2 (Equação 8-26)
8	Determinar R_3 (Equação 8-27)
9	Determinar R_4 (Equação 8-28)
10	Montar protótipo... Fazer testes...
11	Fazer ajustes de K e f_c
12	Montar o circuito definitivo

≫ Filtros de ordem superior à segunda

Associando em cascata filtros PB ou PA de primeira e segunda ordens, podemos obter os filtros de ordem superior à segunda. Assim, por exemplo, um filtro PB de sexta ordem pode ser obtido com a associação de três estágios PB de segunda ordem. Por outro lado, um filtro PB de quinta ordem pode ser implementado com dois estágios PB de segunda ordem seguidos por um estágio PB de primeira ordem.[2] A Figura 8.7 ilustra o que dissemos.

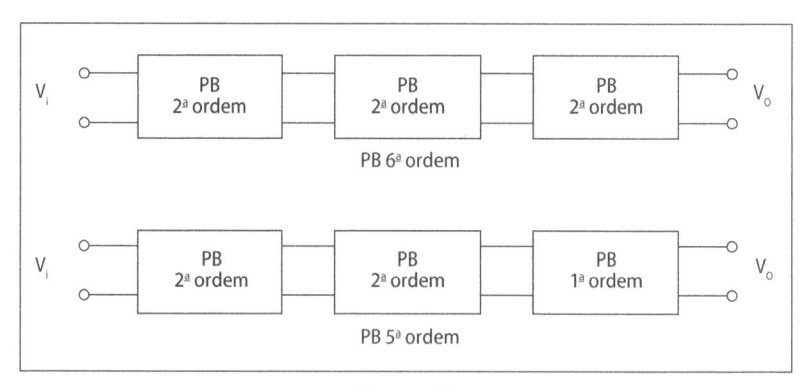

Figura 8.7

---

[2] Para uma melhor qualidade de resposta, o estágio de primeira ordem, em filtros de ordem ímpar ≥ 3, deve ser o último estágio. Além disso, a frequência de corte é, obviamente, a mesma para todos os estágios.

A associação poderá ser feita utilizando tanto a estrutura MFB como a estrutura VCVS. Evidentemente, numa mesma associação não devemos utilizar estruturas distintas.

Cada estágio deve ser projetado como se fosse um estágio independente. Os valores de a e b deverão ser obtidos em função da ordem do filtro desejado e de acordo com a função-resposta necessária ao projeto (Tabelas 8.1 e 8.2).

Como o ganho de uma associação em cascata é dado pelo produto dos ganhos de cada estágio, torna-se necessário distribuir o ganho total entre os estágios, de modo que o produto dos ganhos individuais seja igual ao ganho total estabelecido para o filtro. De modo geral, uma associação com m estágios e ganho total K_T nos permite obter um ganho individual K, dado por:

$$K = \sqrt[m]{K_T} \quad (8\text{-}29)$$

Para esclarecer tudo que dissemos, vamos executar um projeto razoavelmente simples.

>> Projeto

Projetar um filtro PB de terceira ordem, resposta Chebyshev 0,5dB, ganho total igual a 4 e frequência de corte igual a 1KHz. Utilizar estruturas VCVS e fazer todos os capacitores iguais a 0,01µF.

Cálculos

Utilizaremos um estágio de segunda ordem seguido por um estágio de primeira ordem. Cada estágio terá um ganho K dado por:

$K = \sqrt{4} \therefore K = 2$

Da Tabela 8.2, temos (para n = 3 e PR = 0,5):
1º estágio: a = 0,626456   b = 1,142448
    (2ª ordem)
2º estágio: b = 0,626456
    (1ª ordem)

O primeiro estágio pode ser calculado através do Quadro-Projeto 3. Teremos, portanto, os seguintes resultados (fazendo K = 2):

$R_1 = 25,4K\Omega$
$R_2 = 8,7K\Omega$
$R_3 = R_4 = 2.(25,4 + 8,7) = 68,2K\Omega$

O segundo estágio pode ser calculado através do Quadro-Projeto 1. Teremos, portanto (fazendo K = 2):

$R_1 = 25,4K\Omega$ (Fazer b = 0,626456 na Equação 8-3.)
$R_2 = 50,8K\Omega$
$R_3 = 50,8K\Omega$

A utilização de capacitores iguais a 0,01μF tem como objetivo simplificar os cálculos necessários ao projeto. Evidentemente, na prática, o projetista deverá procurar resistores com o máximo de 5% de tolerância, cujos valores estejam o mais próximo possível dos valores teóricos. Uma outra opção é utilizar potenciômetros de precisão para ajustar os valores desejados.

Circuito

A Figura 8.8 nos mostra o circuito do filtro em questão. Note que mantivemos os valores exatos dos resistores, já que estamos fazendo um projeto teórico.

É conveniente ressaltar que, através das Tabelas 8.1 e 8.2, é possível projetar filtros Butterworth até a oitava ordem ou filtros Chebyshev até a sexta ordem, respectivamente. Essas tabelas encontram-se no final deste capítulo (p.181).

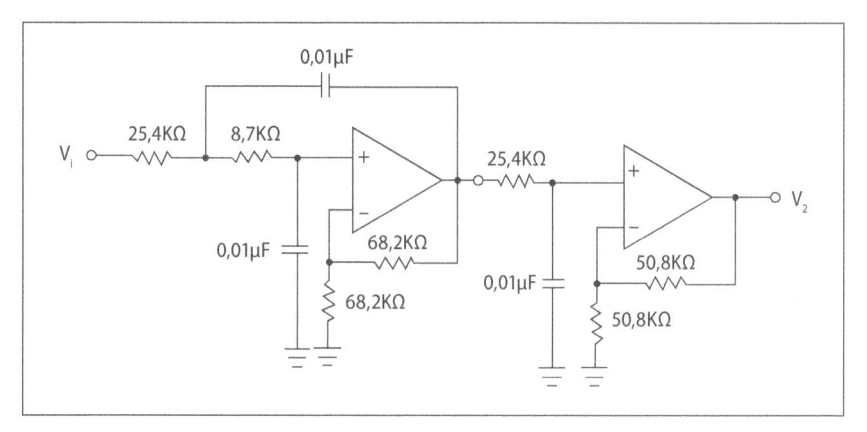

Figura 8.8

» Filtros passa-faixa

Os filtros PF também podem ser implementados com qualquer uma das estruturas vistas anteriormente (MFB ou VCVS). Entretanto, para o filtro PF, iremos apresentar apenas a estrutura MFB, por ser a mais comum na prática. Além disso, nos limitaremos aos filtros PF de segunda e quarta ordens, pois a associação em cascata de filtros PF não é tão simples quanto a associação em cascata dos filtros PB ou PA. O leitor interessado poderá recorrer a textos específicos sobre filtros ativos, caso deseje projetar filtros PF de ordem superior à segunda.

A Figura 8.9 nos mostra a curva de resposta de frequência para um filtro PF.

Utilizando a Equação 7-2(a) e a Equação 7-2(b), podemos demonstrar a seguinte relação:

$$f_o = \sqrt{f_{c1} \cdot f_{c2}} \qquad (8\text{-}30)$$

Essa equação nos permite obter f_o em função dos valores de f_{c1} e f_{c2}, os quais podem ser estabelecidos nas condições de projeto.

Observando a Figura 8.9, podemos concluir que uma outra forma de implementar filtros PF seria a utilização de um filtro PA associado em cascata com um filtro PB. Ambos os filtros devem ter o mesmo ganho e a mesma resposta. A frequência de corte do filtro PA(f_{c1}) deve ser menor que a frequência de corte do filtro PB(f_{c2}). Por outro lado, ambos os filtros devem ter a mesma ordem, de modo que a ordem do filtro PF obtido seja o dobro da ordem de cada um dos filtros (PB ou PA) utilizados na associação. A Figura 8.10 (p. 174) ilustra o que dissemos anteriormente.[3]

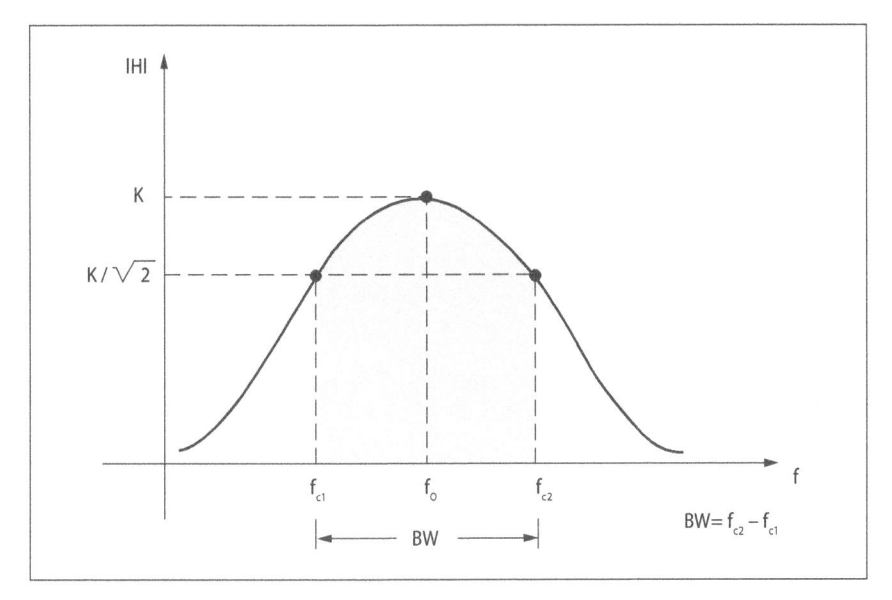

Figura 8.9

Essa forma de implementar filtros PF é uma solução alternativa (principalmente para filtros de ordem superior à segunda), mas, infelizmente, não apresenta boa precisão em termos da resposta do filtro PF obtido, pois surgem problemas com o fator Q_o, com a largura de faixa resultante da associação e com o ganho do circuito na faixa de passagem.

» Projeto do filtro PF com estrutura MFB

A Figura 8.11 (p. 174) nos mostra o circuito de um filtro PF implementado com estrutura MFB. O leitor observará que o fator Q_o (p. 147) está intimamente relacionado com os valores dos componentes passivos do circuito. Relembramos que o valor do fator Q_o não deve ser superior a 10. As equações apresentadas na seção

---

[3] Observe, porém, que deverá existir uma sobreposição das regiões de transição dos filtros PB e PA utilizados, a qual se constituirá na faixa de passagem do filtro PF resultante.

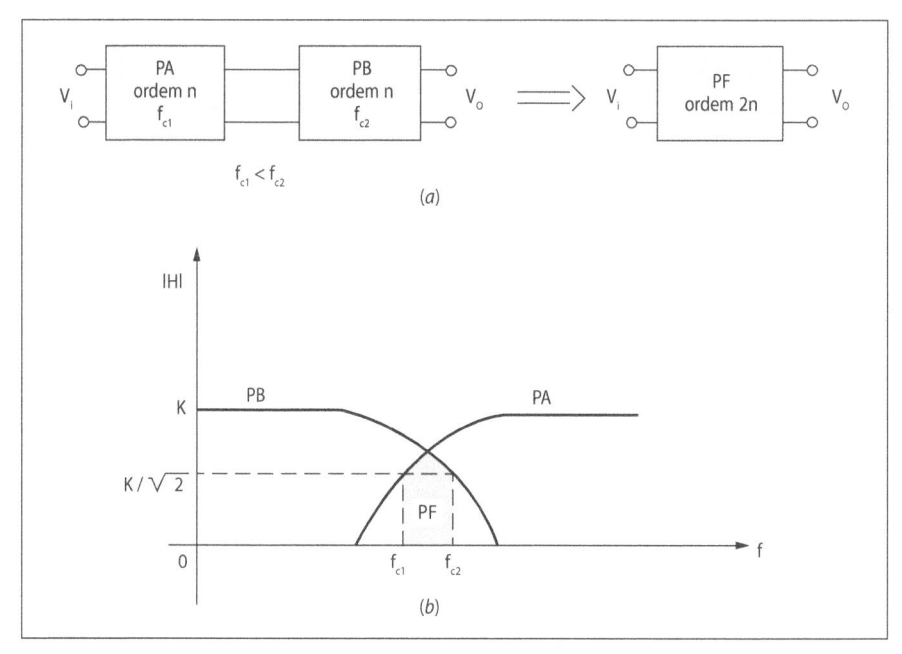

Figura 8.10

"Ressonância, fator Q_o e seletividade" (p. 147) podem ser utilizadas, quando necessário, no projeto de filtros PF.

Normalmente, o projetista estabelece as frequências de corte f_{c1} e f_{c2} (BW = f_{c2} − f_{c1}) e, a partir dessas condições, determina-se f_o, ω_o e Q_o. O ganho K do filtro também deve ser estabelecido pelo projetista, mas o seu valor deve obedecer à seguinte condição:

$$\boxed{K < 2\,Q_o^2} \tag{8-31}$$

O valor de C pode ser selecionado arbitrariamente, mas, como de costume, é conveniente estabelecer um valor comercial próximo a $10/f_o$.

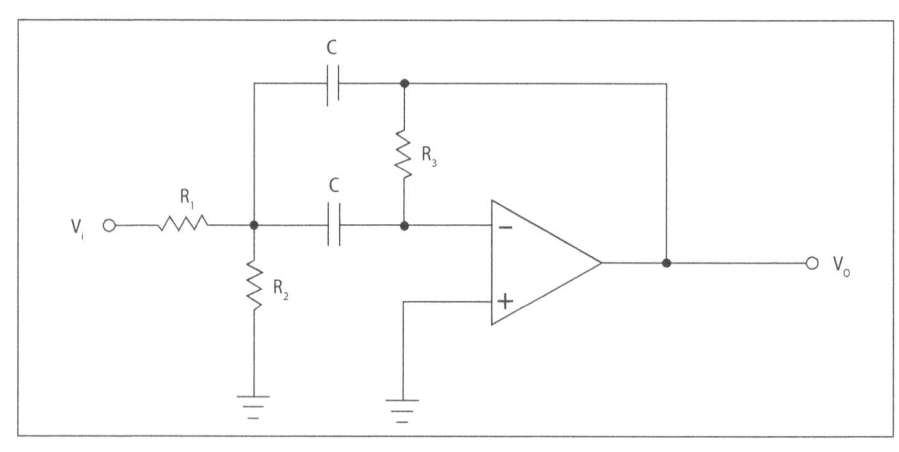

Figura 8.11

Finalmente, os resistores podem ser calculados através das seguintes equações:

$$R_1 = \frac{Q_o}{\omega_o C K} \qquad (8\text{-}32)$$

$$R_2 = \frac{Q_o}{\omega_o C \left(2Q_o^2 - K\right)} \qquad (8\text{-}33)$$

$$R_3 = \frac{2Q_o}{\omega_o C} \qquad (8\text{-}34)$$

Após todos os cálculos, o projetista poderá checar o ganho estabelecido pelo mesmo através da seguinte relação:

$$K = \frac{R_3}{2R_1} \qquad (8\text{-}35)$$

Os valores de f_o e K podem ser ajustados através de R_1 e R_2.

Apresentamos, a seguir, o quadro-projeto para o filtro PF com estrutura MFB.

Quadro-projeto 7

1. Estabelecer f_{c1} e f_{c2}
2. Determinar f_o e ω_o (Equação 8-30)
3. Determinar Q_o (Equação 7-4)
4. Estabelecer o valor de K (Equação 8-31)
5. Determinar $C \simeq 10/f_o$ (comercial)
6. Determinar R_1 (Equação 8-32)
7. Determinar R_2 (Equação 8-33)
8. Determinar R_3 (Equação 8-34)
9. Montar protótipo... Fazer testes...
10. Fazer ajustes de K e f_o
11. Montar o circuito definitivo

»» Filtros rejeita-faixa

Basicamente, todas as considerações feitas acerca do filtro PF, em termos da aplicabilidade das equações da seção "Ressonância, fator Q_o e seletividade", bem como em termos dos problemas decorrentes da associação em cascata para obtenção de filtros de ordem superior à segunda, se aplicam, também, aos filtros RF. Entretanto, a implementação mais usual do filtro RF de segunda ordem é feita com a estrutura VCVS, em vez da estrutura MFB.

≫ Projeto do filtro RF com estrutura VCVS

A Figura 8.12 nos mostra o circuito de um filtro RF implementado com estrutura VCVS. Novamente, o fator Q_o está intimamente relacionado com os valores dos componentes passivos do circuito. Um fato muito importante é que esse circuito só possibilita ganho unitário.[4] Outro aspecto já mencionado, mas que não pode ser esquecido, é que o fator Q_o não deve ser superior a 10.

Os procedimentos para determinação de f_o, Q_o e C são análogos aos utilizados para projetar o filtro PF. Os valores dos resistores são dados pelas seguintes equações:

$$R_1 = \frac{1}{2Q_o\omega_o C} \tag{8-36}$$

$$R_2 = \frac{2Q_o}{\omega_o C} \tag{8-37}$$

$$R_3 = \frac{R_1 R_2}{R_1 + R_2} \tag{8-38}$$

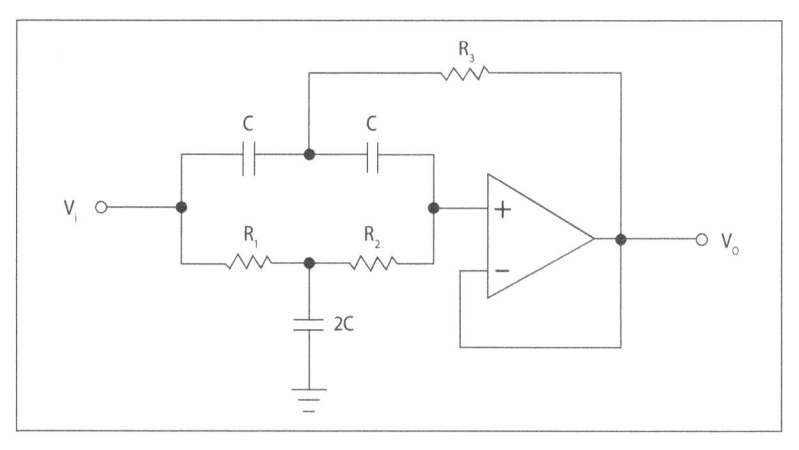

Figura 8.12

O ajuste de f_o pode ser feito através dos resistores R_1 e R_2.

Apresentamos, a seguir, o quadro-projeto para o filtro RF com estrutura VCVS. Convém ressaltar que esse circuito é também denominado "duplo-T".

---
[4] Podemos obter um ganho K > 1 colocando um amplificador não inversor, com o ganho desejado, após o filtro.

Quadro-projeto 8

1. Estabelecer f_{c1} e f_{c2}
2. Determinar f_o e ω_o (Equação 8-30)
3. Determinar Q_o (Equação 7-4)
4. Lembrar que neste circuito $K = 1$
5. Determinar $C \simeq 10/f_o$ (comercial)
6. Determinar R_1 (Equação 8-36)
7. Determinar R_2 (Equação 8-37)
8. Determinar R_3 (Equação 8-38)
9. Montar protótipo... Fazer testes...
10. Fazer ajuste de f_o
11. Montar o circuito definitivo

» Circuitos deslocadores de fase[5]

Na seção "Defasagens em filtros" (p. 155), fizemos um rápido comentário sobre os circuitos deslocadores de fase ou equalizadores de fase. Esses circuitos não afetam a amplitude dos sinais transmitidos em função da frequência dos mesmos (por isso são também denominados filtros "passa-todas") e possibilitam que numa determinada frequência exista um determinado deslocamento de fase entre o sinal de entrada e o sinal de saída.

A Figura 8.13 nos mostra a defasagem existente entre o sinal de entrada e o sinal de saída (numa determinada frequência) em um circuito deslocador de fase. Note que à defasagem $\varnothing_o$ corresponde um intervalo de tempo $\Delta t = t_2 - t_1$.

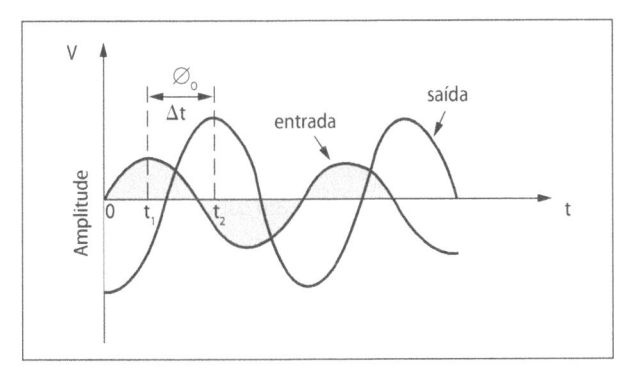

Figura 8.13

---

[5] Em língua inglesa, esses filtros são denominados ALL-PASS (que, traduzido literalmente, quer dizer passa-todas).

Suponhamos que numa determinada frequência um sinal v sofreu uma defasagem de $-\emptyset_o$ graus ao passar por um circuito A (veja a Figura 8.14). Evidentemente, para corrigir esse atraso, devemos colocar em série com o sinal um circuito equalizador de fase B que aplique no mesmo uma nova defasagem de $+\emptyset_o$ graus, de tal modo que seja compensada a defasagem inicial e o sinal na saída volte a ficar idêntico ao sinal de entrada.

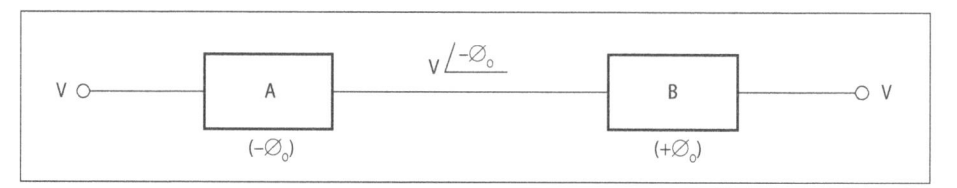

Figura 8.14

» Projeto do circuito deslocador de fase – MFB

Para implementar o circuito deslocador de fase, utilizaremos a estrutura MFB de segunda ordem, mostrada na Figura 8.15.

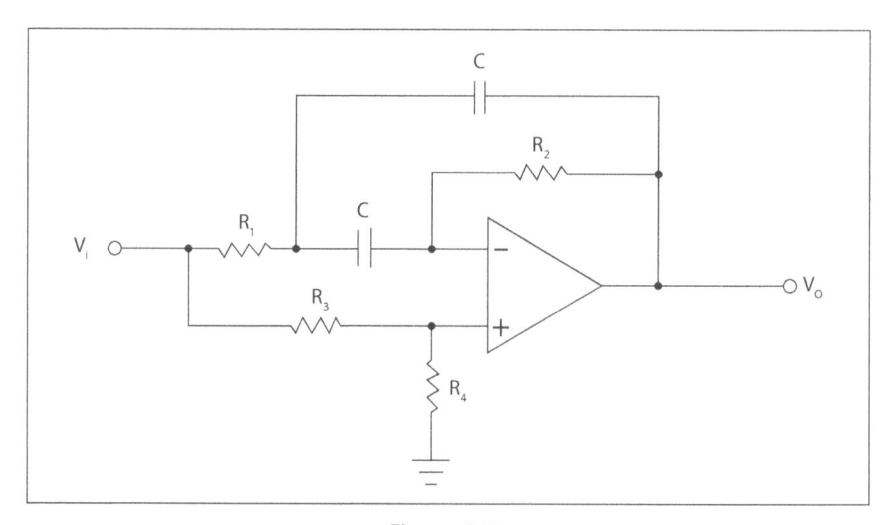

Figura 8.15

Por questão de conveniência, iremos definir um ganho K, tal que:

$$K = \frac{R_4}{R_3 + R_4} < 1 \qquad (8\text{-}39)$$

Os resistores podem ser calculados para qualquer $K < 1$. Adotaremos $K = 1/2$ e, portanto, teremos as seguintes equações:

$$R_1 = \frac{1}{2a\omega_o C} \qquad (8\text{-}40)$$

$$\boxed{R_2 = 4R_1} \quad (8\text{-}41)$$

$$\boxed{R_3 = R_4 = 8R_1} \quad (8\text{-}42)$$

O parâmetro *a*, na Equação 8-40, será considerado posteriormente. O valor de C é arbitrário, mas, como de costume, é aconselhável adotar um valor comercial próximo a $10/f_o$. A frequência f_o é a frequência na qual o projetista deseja que ocorra a defasagem $\varnothing_o$ necessária ao projeto. Temos dois casos relacionados com $\varnothing_o$:

(1º) $0 < \varnothing_o < 180°$
(2º) $-180° < \varnothing_o < 0$

Em cada um desses casos, o projetista deverá determinar o valor do parâmetro *a*, presente na Equação 8-40. No primeiro caso, temos:

$$\boxed{a = \frac{-1 + \sqrt{1 + 4\text{tg}^2(\varnothing_o/2)}}{2\text{tg}(\varnothing_o/2)}} \quad (8\text{-}43)$$

Para o segundo caso, temos:

$$\boxed{a = \frac{-1 - \sqrt{1 + 4\text{tg}^2(\varnothing_o/2)}}{2\text{tg}(\varnothing_o/2)}} \quad (8\text{-}44)$$

O leitor deverá observar que através do resistor R_1 podemos ajustar a frequência f_o, na qual desejamos a defasagem $\varnothing_o$.

Evidentemente, se o projetista desejar um ganho final K = 1, basta acrescentar um amplificador não inversor de ganho 2 em série com o sinal de saída do circuito deslocador de fase.

Apresentamos, a seguir, o quadro-projeto para o circuito deslocador de fase (ou equalizador de fase) com estrutura MFB.

Quadro-projeto 9

1. Estabelecer $\varnothing_o$ e f_o
2. Determinar a (Equação 8-43 ou Equação 8-44)
3. Determinar C $\simeq 10/f_o$ (comercial)
4. Lembrar que neste circuito K = 1/2...
5. Determinar R_1 (Equação 8-40)
6. Determinar R_2 (Equação 8-41)
7. Determinar R_3 e R_4 (Equação 8-42)
8. Montar protótipo... Fazer testes...
9. Fazer ajustes de f_o e $\varnothing_o$
10. Montar o circuito definitivo

» Filtros ativos integrados

Atualmente, existem diversos fabricantes de componentes eletrônicos produzindo filtros ativos sob a forma de circuitos integrados. Um dos melhores e mais versáteis é o MF10 da National Semiconductors. Esse integrado possibilita a montagem de todas as funções ou tipos de filtros estudados neste capítulo e, por isso, é também denominado filtro ativo universal. Detalhes sobre a tecnologia utilizada e sobre a operação desse integrado fogem aos nossos objetivos, mas o leitor interessado poderá encontrar um excelente artigo sobre o MF10 no documento AN 307, publicado pela própria National Semiconductors.

A utilização desse integrado apresenta uma série de vantagens:

> » grande versatilidade em termos das funções realizadas
> » não necessita de capacitores externos
> » possibilita ajustes precisos
> » o projeto é bastante simplificado
> » permite a execução de todas as aproximações estudadas

Por outro lado, existem algumas desvantagens:

> » custo relativamente alto
> » frequência máxima de operação 30KHz
> » só permite a implementação de filtros até quarta ordem (salvo quando se utilizam diversos integrados para montagens em cascata)
> » a ocorrência de sobretensão, sobrecorrente, inversão de polaridade, etc., pode danificar totalmente o componente
> » exige um sinal de CLOCK para controle

A Figura 8.16 nos mostra o integrado em encapsulamento DIP de 20 pinos. A alimentação do MF10 é feita com tensão simétrica de $\pm 5V$ nos pinos 7 e 14 e terra no pino 15.

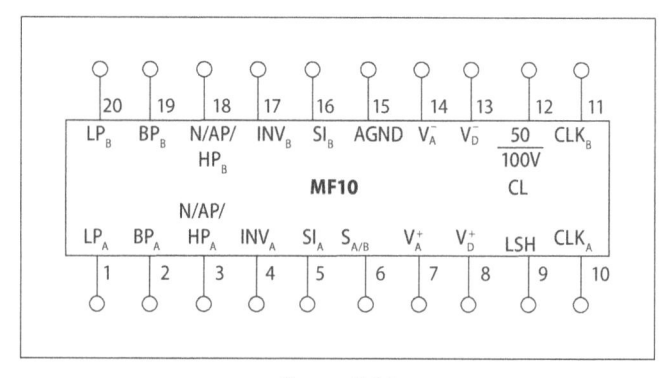

Figura 8.16

Maiores detalhes, relativos às características elétricas, utilização e orientação para projetos, podem ser obtidos no *linear databook*, publicado pela National Semiconductors, ou através do *site* do fabricante indicado nas Leituras recomendadas.

Considerações práticas

Quando se projeta filtros ativos para aplicações de média ou alta precisão, é aconselhável a utilização de componentes da melhor qualidade. Assim, aproveitaremos este item para comentar um pouco sobre os resistores e capacitores envolvidos em circuitos de filtros ativos.

Existem no mercado uma grande quantidade de tipos de resistores. Entretanto, para aplicações em filtros ativos, aconselhamos a utilização de resistores de filme metálico cuja faixa de valores se estende desde 1Ω até $1M\Omega$, com tolerâncias de $\pm 1\%$, $\pm 2\%$ ou $\pm 5\%$. Os resistores de filme metálico apresentam ótima estabilidade e baixos efeitos de dispersão [veja a seção "Algumas considerações sobre resistores *versus* frequência" (p. 55)].

Quanto aos capacitores, a situação é um pouco complicada. A grande diversidade de capacitores existente no mercado e as informações nem sempre precisas sobre eles colocam o projetista numa situação difícil. Entretanto, pelo fato de não se utilizar capacitores polarizados em filtros ativos, as dificuldades ficam um pouco menores. Para projetos de filtros ativos, aconselhamos a utilização de capacitores com as seguintes características: autorregenerativo, baixa indutância própria, baixo fator de perdas, tolerância máxima de $\pm 10\%$ e alta resistência de isolação. É conveniente salientar que, de modo geral, não são utilizados capacitores polarizados em projetos de filtros ativos.

Finalmente, cumpre salientar que o bom senso do projetista é o aspecto mais importante no sentido de otimizar a performance de um projeto. Assim, o projetista deve estar sempre ciente dos novos produtos lançados no mercado e das suas características. Para tanto, deve solicitar catálogos técnicos aos fabricantes nacionais e internacionais.

Uma opção bastante atual é consultar os *sites* dos diversos fabricantes. Através dos mesmos, é possível obter características de produtos, orientações para projetos, literatura técnica, etc. Veja o endereço de alguns *sites* nas Leituras recomendadas.

Tabelas para projetos

As tabelas que se seguem se destinam a auxiliar no projeto de filtros ativos PB e PA.

A Tabela 8.1 apresenta os valores dos parâmetros *a* e *b* para filtros Butterworth até oitava ordem. Tabelas mais completas podem ser encontradas em textos específicos sobre filtros ativos.

Tabela 8.1 *Parâmetros a e b para filtros Butterworth até oitava ordem*

n	a	b
2	1,414214	1
3	1,000000	1
	–	1
4	0,765367	1
	1,847759	1
5	0,618034	1
	1,618034	1
	–	1
6	0,517638	1
	1,414214	1
	1,931852	1
7	0,445042	1
	1,246980	1
	1,801938	1
	–	1
8	0,390181	1
	1,111140	1
	1,662939	1
	1,961571	1

A Tabela 8.2 apresenta os valores dos parâmetros *a* e *b* para filtros Chebyshev, até sexta ordem com *ripples* de amplitudes 0,1dB, 0,5dB, 1,0dB, 2,0dB e 3,0dB. Tabelas mais completas podem ser encontradas em textos específicos sobre filtros ativos.

Tabela 8.2 *Parâmetros a e b para filtros Chebyshev, até sexta ordem com RIPPLES de amplitudes 0,1dB, 0,5dB, 1,0dB, 2,0dB e 3,0dB*

n	PR	a	b	n	PR	a	b
2	0,1	2,372356	3,314037		0,5	0,223926	1,035784
	0,5	1,425625	1,516203			0,586245	0,476767
	1,0	1,097734	1,102510			–	0,362320
	2,0	0,803816	0,823060		1,0	0,178917	0,988315
	3,0	0,644900	0,707948			0,468410	0,429298
3	0,1	0,969406	1,689747			–	0,289493
		–	0,969406				
					2,0	0,134922	0,952167
	0,5	0,626456	1,142448			0,353230	0,393150
		–	0,626456			–	0,218308
	1,0	0,494171	0,994205		3,0	0,109720	0,936025
		–	0,494171			0,287250	0,377009
	2,0	0,368911	0,886095			–	0,177530
		–	0,368911				
	3,0	0,298620	0,839174	6	0,1	0,229387	1,129387
		–	0,298620			0,626696	0,696374
4	0,1	0,528313	1,330031			0,856083	0,263361
		1,275460	0,622925		0,5	0,155300	1,023023
	0,5	0,350706	1,063519			0,424288	0,590010
		0,846680	0,356412			0,579588	0,156997
	1,0	0,279072	0,986505				
					1,0	0,124362	0,990732
		0,673739	0,279398				
						0,339763	0,557720
	2,0	0,209775	0,928675				
						0,464125	0,124707
		0,506440	0,221568				
					2,0	0,093946	0,965952
	3,0	0,170341	0,903087				
						0,256666	0,532939
		0,411239	0,195980				
						0,350613	0,099926
5	0,1	0,333067	1,194937		3,0	0,076459	0,954830
		0,871982	0,635920			0,208890	0,521818
		–	0,538914			0,285349	0,088805

Exercícios resolvidos

1 Projete um filtro PB de segunda ordem utilizando estrutura VCVS, ganho 2, frequência de corte igual a 1KHz e resposta tipo Butterworth.

Solução
Da Tabela 8.1, temos: $a = 1,414214$ e $b = 1$.
Utilizando o Quadro-Projeto 3, temos:

$$C_2 \simeq 10/f_c \therefore \boxed{C_2 = 0,01\,\mu F}$$

$$C_1 \leq \frac{\left[(1,414214)^2 + 4(1)(2-1)\right](0,01)}{4(1)} = 0,015\,\mu F$$

Um valor conveniente para C_1 é o seguinte:

$$\boxed{C_1 = 0,01\,\mu F}$$

Os resistores podem ser calculados pelas Equações 8-12, 8-13, 8-14 e 8-15. Após alguns cálculos, temos:

$$\boxed{R_1 \simeq 11,25\,K\Omega}$$
$$\boxed{R_2 \simeq 22,5\,K\Omega}$$
$$\boxed{R_3 \simeq 67,5\,K\Omega}$$
$$\boxed{R_4 \simeq 2(11,25 + 22,5) = 67,5\,K\Omega}$$

2 Projete um filtro PA de segunda ordem com estrutura VCVS. Faça o ganho unitário e a frequência de corte iguais a 5KHz. Utilize resposta Butterworth.

Solução
O fato de se ter $K = 1$ não implica numa impossibilidade física de implementação do filtro. Conforme veremos, o circuito da Figura 8.6 se reduzirá a um seguidor de tensão associado aos capacitores C e aos resistores R_1 e R_2.
Sendo $K = 1$, pela Equação 8-27, temos:

$$\boxed{R_3 = \infty}\ \text{(circuito aberto)}$$

Em virtude disso, podemos fazer:

$$\boxed{R_4 = 0}\ \text{(curto)}$$

Logo, o AOP passa a trabalhar como um seguidor de tensão (*buffer*). Esse filtro tem a vantagem de ser econômico e simples (pois elimina dois resistores). Calculemos os demais elementos:

$$C_2 \simeq 10/f_c \therefore \boxed{C = 2nF}$$

Pela Tabela 8.1, temos $a = 1,414214$ e $b = 1$, portanto:

$$R_1 = \frac{4(1)}{(2,828428)(10.000\pi)(2\times10^{-9})}$$

$$\therefore \boxed{R_1 \simeq 22,5\,K\Omega}$$

$$R_2 = \frac{1}{(10.000\pi)^2(2\times10^{-9})^2(22,5\times10^3)}$$

$$\therefore \boxed{R_2 \simeq 11,26\,K\Omega}$$

3 Projete um filtro PA de segunda ordem com estrutura VCVS, ganho 2 e frequência de corte igual a 500Hz. Utilize resposta Chebyshev de 0,1dB.

Solução
Pela Tabela 8.2, temos: $a = 2,372356$ e $b = 3,314037$.
Utilizando o Quadro-Projeto 6, temos (após alguns cálculos):

$$C \simeq \frac{10}{500} \therefore \boxed{C = 0,02\,\mu F}$$

$$\boxed{R_1 \simeq 26,2\,K\Omega}$$
$$\boxed{R_2 \simeq 32\,K\Omega}$$
$$\boxed{R_3 = R_4 = 2R_1 \simeq 52,4\,K\Omega}$$

4 Projete um filtro PF com estrutura MFB, ganho 10 e frequências de corte, inferior e superior, respectivamente iguais a 760Hz e 890Hz.

Solução
Utilizando o Quadro-Projeto 7, temos:

$$f_o = \sqrt{f_{c1}\cdot f_{c2}} \therefore f_o \simeq 822,4\,Hz$$

$$Q_o = \frac{f_o}{f_{c2} - f_{c1}} \therefore Q_o \simeq 6,33$$

$$C \simeq \frac{10}{f_o} \therefore \boxed{C \simeq 0,012\,\mu F}$$

$$R_1 = \frac{6,33}{2\pi(822,4)(12)(10^{-9})(10)}$$

$$\therefore \boxed{R_1 \simeq 10,2\,K\Omega}$$

$$R_2 = \frac{6{,}33}{2\pi(822{,}4)(12)(10^{-9})(70{,}14)}$$

$$\therefore \boxed{R_2 \approx 1{,}46\text{K}\Omega}$$

$$R_3 = \frac{12{,}66}{2\pi(822{,}4)(12)(10^{-9})}$$

$$\therefore \boxed{R_3 \approx 204\text{K}\Omega}$$

Podemos checar o ganho através da Equação 8-35:

$$K = \frac{204}{20{,}4}$$

$$\therefore K = 10 \text{ (felizmente!)}$$

5 Podemos calcular a frequência central (f_o) de um filtro PF com estrutura MFB (veja a Figura 8.11) em função dos elementos passivos do mesmo. Para tanto, utilizamos a seguinte fórmula:

$$f_o = \frac{1}{2\pi C}\sqrt{\frac{R_1 + R_2}{R_1 R_2 R_3}}$$

Pede-se:
a) Demonstre a fórmula anterior.
b) Verifique sua validade, aplicando-a no exercício anterior.

Solução

a) Expressando K na Equação 8-33, temos:

$$K = 2Q_o^2 - \frac{Q_o}{\omega_o C R_2}$$

Da Equação 8-34, obtém-se $Q_o = \frac{\omega_o C R_3}{2}$ que, substituído na expressão de K, obtida acima, nos fornece:

$$K = \frac{(\omega_o C R_3)^2}{2} - \frac{R_3}{2R_2}$$

Igualando esse resultado com a Equação 8-35, fazendo $\omega_o = 2\pi f_o$ e expressando f_o, obtemos:

$$f_o = \frac{1}{2\pi C}\sqrt{\frac{R_1 + R_2}{R_1 R_2 R_3}}$$

b) No exercício anterior, temos os seguintes componentes passivos:

$R_1 \approx 10{,}2\text{K}\Omega$

$R_2 \approx 1{,}46\text{K}\Omega$

$R_3 \approx 204\text{K}\Omega$

$C \approx 0{,}012\mu\text{F}$

Substituindo esses valores na fórmula anterior, temos:

$$\boxed{F_o = 821{,}7\text{Hz}}$$

Esse resultado está bastante próximo do valor de f_o obtido no exercício anterior (822,4Hz).

6 Projete um circuito deslocador de fase que apresente uma defasagem de $-90°$ na frequência de 1KHz. Faça o ganho igual a 1/2. Utilize estrutura MFB.

Solução

Pelo Quadro-Projeto 9, temos:

$$a = \frac{-1 - \sqrt{1 + 4\text{tg}^2(-45°)}}{2\text{tg}(-45°)}$$

$$a \approx 1{,}618$$

Aplicando as Equações 8-40, 8-41 e 8-42, temos:

$$\boxed{\begin{array}{l} R_1 \approx 4{,}92\text{K}\Omega \\ R_2 \approx 4(4{,}9) = 19{,}68\text{K}\Omega \\ R_3 = R_4 = 8R_1 \approx 39{,}36\text{K}\Omega \end{array}}$$

Exercícios de fixação

1. Quais são as estruturas mais comuns para implementação de filtros ativos?

2. Se na Equação 8-4 tivermos $K = 1$, como ficará a configuração do circuito da Figura 8.1?

3. Demonstre a condição de projeto dada pela Equação 8-10.

4. Explique a regra de escalamento de impedância e justifique a sua importância.

5. Demonstre a condição de projeto dada pela Equação 8-16.

6. Se na Equação 8-19 tivermos $K = 1$, como ficará a configuração do circuito da Figura 8.4?

7. Explique como podemos obter filtros PB ou PA de ordem superior à segunda.

8. Demonstre a Equação 8-30.

9. Por que os circuitos deslocadores de fase são também denominados de filtros "passa-todas"?

10. Explique como se pode corrigir um atraso de tempo sofrido por um sinal numa determinada frequência.

11. O que são filtros ativos integrados? Cite algumas vantagens e desvantagens dos mesmos.

12. Quais são os tipos de resistores e capacitores mais indicados para projetos de filtros ativos? Justifique.

13. Seja v_i o sinal de entrada e v_o o sinal de saída (ambos senoidais) de um circuito deslocador de fase. Sabemos que na frequência de 1KHz o sinal de saída está 90° atrasado em relação ao sinal de entrada. Pergunta-se: qual é o valor, em segundos, da defasagem entre v_i e v_o?

    Resposta: $\Delta t = 0{,}25 \times 10^{-3}$ s $= 250 \mu$s

14. Qual deve ser a defasagem, em graus, entre dois sinais senoidais de 1KHz, para que se tenha um atraso de 100μs entre os mesmos?

    Resposta: $\varnothing_o = 36°$

15. O sinal senoidal de saída de um circuito deslocador de fase apresenta, em relação ao sinal de entrada, uma defasagem $\Delta t = 50\mu$s na frequência de 1KHz. Pergunta-se: qual é o valor, em radianos, da defasagem entre os sinais dados?

    Resposta: $\varnothing_o = \dfrac{\pi}{10}$ radianos

16. Explique como você projetaria um filtro RF utilizando filtros PB e PA. Quais critérios devem ser observados? Pesquise!

PARTE III

EXPERIÊNCIAS E PROJETOS

capítulo 9 Experiências com AOPs (laboratório)

capítulo 10 Projetos orientados

capítulo 9

Experiências com AOPs (laboratório)[1]

Neste capítulo, apresentaremos um conjunto de experiências fáceis de serem realizadas, pois requerem poucos componentes e alguns instrumentos de uso comum.

Objetivo de aprendizagem

>> Demonstrar resultados teóricos a partir de experiências em laboratório ou utilizando *software* de simulação

---

[1] Caso o professor desejar, essas experiências podem ser implementadas com o *software* Electronics Workbench® ou com o MULTISIM®, bastando, para isso, algumas pequenas modificações. Veja o endereço do *site* em Leituras recomendadas.

As experiências estão divididas em dois grandes grupos. No primeiro grupo (Experiências 1 a 17) são abordados os aspectos gerais sobre as características básicas do AOP LM 741, bem como diversos circuitos com o mesmo. No segundo grupo (Experiências 18 a 22) são abordados os filtros ativos. Neste segundo grupo, as experiências são conduzidas sob a forma de projetos, para permitir aos estudantes analisarem o comportamento e a performance dos filtros por eles mesmos projetados.

A realização dessas experiências é uma questão essencial, pois através delas os estudantes comprovarão na prática uma série de conceitos e características estudados na teoria.

Cada experiência do primeiro grupo está dividida em quatro partes:

>> objetivos
>> material
>> diagrama
>> procedimentos

No segundo grupo, o "material" deverá ser especificado pelo projetista em função das condições de projeto estabelecidas.

Para a execução das experiências, são necessários os seguintes equipamentos:

>> 1 osciloscópio duplo traço, com largura de faixa mínima de 20MHz e sensibilidade mínima de 5mV/div
>> 1 gerador de funções (senoidal, quadrada e triangular)
>> 1 fonte simétrica (até $\pm$ 20V_{cc}/2A)
>> 1 fonte simples (até 20 V_{cc}/2A)
>> 1 multímetro digital (3 1/2 dígitos)
>> 1 matriz de contatos (*proto-board*)

Notas:

a) O multímetro digital pode ser substituído por um multímetro analógico com alta impedância de entrada (FET) e escala para milivolts.
b) A fonte simétrica pode ser obtida através de fonte(s) simples (ver o Capítulo 1).

Com relação aos componentes, aconselhamos resistores de filme metálico com 5% (ou menos) de tolerância e capacitores de baixas perdas e boa estabilidade (cerâmicos, poliéster metalizado de uso profissional, etc.). O AOP predominante nas experiências é o LM 741. Esse componente apresentou ótimos resultados e, por isso, aconselhamos a sua utilização. Todavia, o estudante poderá utilizar outros dispositivos similares ao LM 741 (LF 351, TL 071, TBA 221, etc.).

Antes de iniciar as experiências, aconselhamos a leitura das observações apresentadas a seguir.

>> Observações importantes relativas às práticas de laboratório

1. Não inverter a polarização do AOP em uso.
2. Não esquecer de colocar todos os instrumentos e o circuito em um terra comum (utilizar o borne de terra da matriz de contatos).
3. Não esquecer de "calibrar" completamente o osciloscópio.
4. O gerador de funções, sempre que possível, será utilizado com atenuação de 0(dB).
5. Ao decapar fios, evitar "ferir" o condutor, pois, caso isso ocorra, o mesmo poderá se romper quando inserido na matriz de contatos.
6. Antes de energizar os circuitos, chamar o professor para verificar a montagem.
7. Para iniciar a experiência, ligar, primeiramente, a fonte, depois o gerador de funções e, finalmente, o osciloscópio.
8. Ao encerrar a experiência, desligar os instrumentos na ordem inversa à citada anteriormente.
9. No final do expediente, desligar todos os equipamentos e retirar todos os *plugs* das tomadas.
10. Elaborar um relatório sucinto para cada experiência executada. Dividir o relatório em três partes:
    >> Objetivos da experiência
    >> Análise dos resultados (entre outras coisas, o aluno deverá citar se os resultados obtidos estão de acordo com os resultados teóricos)
    >> Conclusões e sugestões

>> Primeiro grupo: Experiências de 1 a 17

>> Experiência nº 1

Objetivos

>> Comprovar os efeitos da realimentação negativa no controle do ganho de tensão de um amplificador inversor.
>> Comprovar a validade das equações que definem o ganho de tensão para essa configuração.

Material

>> 1 resistor de 150KΩ
>> 1 resistor de 15 KΩ
>> 1 AOP LM 741 ou similar

Diagrama

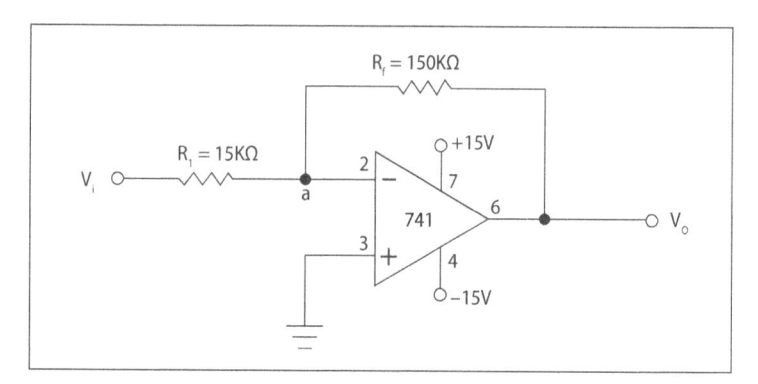

Figura 9.1

Procedimentos

1. Para a configuração dada na Figura 9.1, escrever as equações que definem as seguintes características:
   » A_{vf} (ganho de tensão em malha fechada)
   » Z_{if} (impedância de entrada)
   » Z_{of} (impedância de saída)
2. Utilizando-se dos dados fornecidos, calcular os valores de cada uma das características acima relacionadas.
3. Montar e energizar o circuito da Figura 9.1.
4. Ajustar o gerador de funções para fornecer uma onda senoidal de 100mV (pico) e frequência de 1KHz, e aplicar esse sinal na entrada do circuito.
5. Conectar o canal 1 do osciloscópio na entrada do circuito e o canal 2 na saída do mesmo.
6. Observar as formas de onda de entrada e saída do circuito.
7. Com o osciloscópio, medir a tensão no ponto *a* e anotar o resultado obtido. Comparar esse resultado com o valor teórico esperado.
8. Com o osciloscópio, medir as tensões de entrada e saída e, com base nesses valores, calcular o ganho de tensão (A_{vf}).
9. Comparar o valor do ganho de tensão medido (ou real) com o ganho ideal (ou teórico) do circuito.
10. Retirar o resistor de realimentação (R_f), verificar e explicar o que acontece com a saída do circuito.

>> Experiência nº 2

Objetivos

» Idênticos aos da Experiência nº 1, porém utilizando um amplificador não inversor.

Material

» Os mesmos da Experiência nº 1.

Diagrama

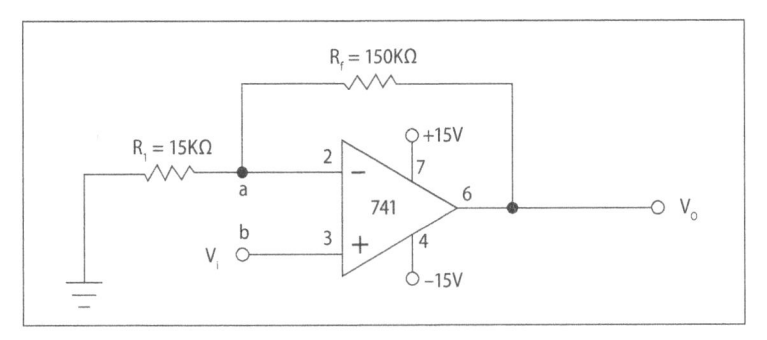

Figura 9.2

Procedimentos

» Idênticos aos da Experiência nº 1, exceto o passo 7, pois, nesse caso, deverá ser medida a diferença de potencial entre os pontos **a** e **b**.

>> Experiência nº 3

Objetivos

» Verificar o funcionamento do circuito seguidor de tensão (*buffer*).
» Verificar o efeito de *overshoot* e determinar o seu valor aproximado.

Material

» 1 AOP LM 741 ou similar.

Diagrama

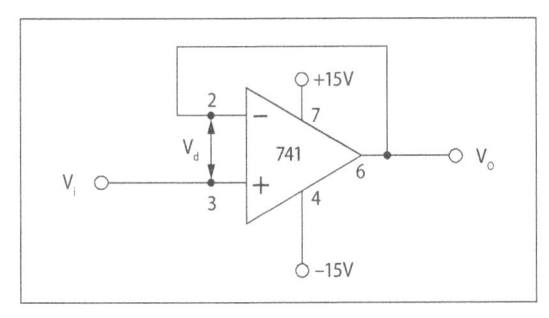

Figura 9.3

Procedimentos

1. Montar e energizar o circuito apresentado na Figura 9.3.
2. Conectar o canal 1 do osciloscópio à entrada do circuito e o canal 2 à saída do mesmo.
3. Ajustar o gerador de funções para fornecer um sinal senoidal de 200mV (pico) e frequência de 1KHz, e aplicar o sinal na entrada do circuito. Comparar o sinal de saída com o sinal de entrada. Determinar o ganho do circuito. Comparar com o ganho teórico.
4. Medir a tensão V_d utilizando o osciloscópio. Comparar o resultado obtido com o resultado teórico esperado.
5. Repetir os procedimentos anteriores (3 e 4) para um sinal quadrado, aplicado na entrada do circuito.
6. Ajustar as escalas de forma que um semiciclo da onda quadrada ocupe toda a tela do osciloscópio.
7. Diminuir a base de tempo do osciloscópio ao máximo e ajustar a escala de tensão para 5mV (pico), de forma que se possa observar o *overshoot*.
8. Medir a amplitude do *overshoot* em relação ao nível estabilizado e comparar com o valor fornecido pelo fabricante.

$$\%v_{ovs} = \frac{V_{ovs}}{V_o} \times 100 \quad \text{[Veja a seção "Overshoot" (p.33)]}$$

Nota: Caso você não consiga observar o *overshoot* nessa experiência, procure fazê-lo utilizando o circuito da experiência seguinte. Justifique os resultados.

>> Experiência nº 4

Objetivos

>> Observar e medir a taxa de subida ou *slew-rate* do AOP LM 741.

Material

>> 2 resistores de 10KΩ
>> 1 AOP LM 741 ou similar
>> 1 AOP LF 351

Diagrama

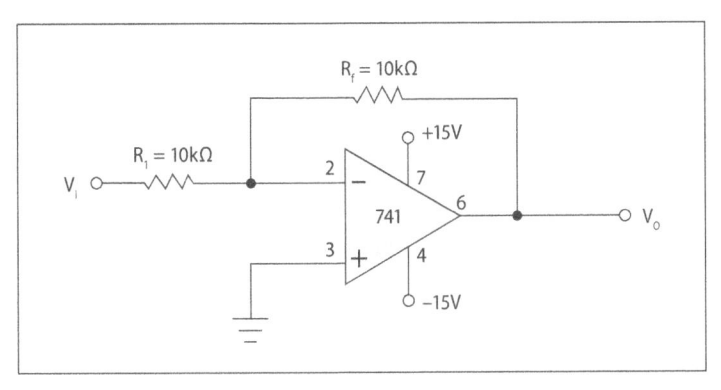

Figura 9.4

Procedimentos

1. Montar o circuito da Figura 9.4 e energizá-lo.
2. Ajustar o gerador de funções para fornecer uma onda quadrada de frequência de 100Hz e 2,5V de pico.
3. Conectar o canal 1 do osciloscópio na entrada do circuito e o canal 2 na saída do mesmo. Ajustar o osciloscópio de forma que um ciclo da onda de entrada ocupe toda a tela.
4. Observar as formas de onda de entrada e de saída.
5. Aumentar a frequência do sinal para 10KHz e observar as formas de onda de entrada e de saída.
6. Medir a tensão de pico a pico obtida na saída do circuito.
   $V = _____ V_{(pp)}$
7. Medir o tempo (Δt) necessário para que a tensão de saída varie de seu valor mínimo para seu valor máximo.
8. Calcular o *slew-rate* do AOP, que é definido como:

$$SR = \frac{\Delta V}{\Delta t} = _____ V/\mu s$$

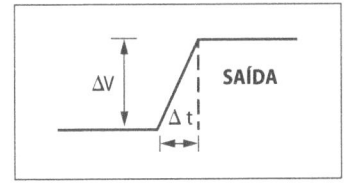

A taxa de subida típica do CA 741 é de 0,5V/μs. Portanto, o resultado encontrado deverá ser próximo desse valor.

9. Desenergizar o circuito e substituir o AOP LM 741 pelo AOP LF 351. Observar que a forma de onda da saída não apresenta mais o atraso que apresentou quando utilizamos o LM 741. Isso porque a taxa de subida do LF 351 é de 13V/μs, ou seja, 26 vezes maior que a taxa de subida do LM 741.

>> Experiência nº 5

Objetivos
- » Determinar o valor da tensão de *offset* de entrada do AOP LM 741.
- » Fazer o balanceamento do circuito.

Material
- » O mesmo da Experiência nº 1, acrescido de um potenciômetro de 10KΩ.

Diagrama

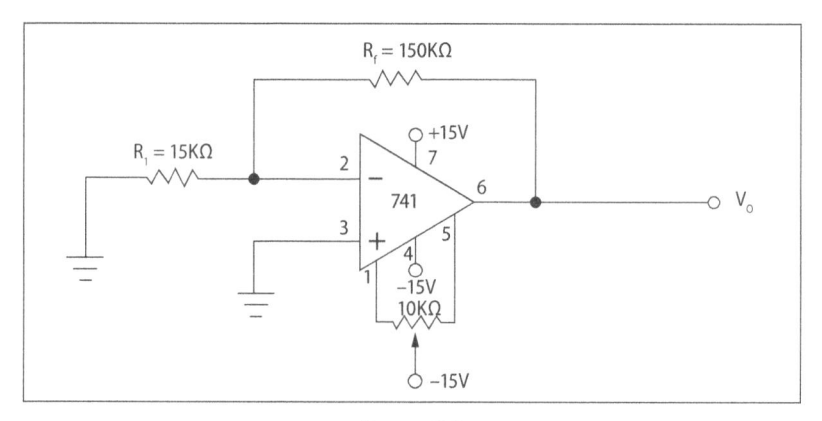

Figura 9.5

Procedimentos
1. Montar e energizar o circuito da Figura 9.5.
2. Medir V_o (*offset*), utilizando um multímetro digital, com o potenciômetro desconectado.
3. Determinar V_i (*offset*) e comparar com o valor fornecido pelo fabricante.
4. Conectar o potenciômetro e zerar V_o (*offset*).

>> Experiência nº 6

Objetivos
- » Comprovar o funcionamento do amplificador somador de duas entradas. Comparar os resultados reais com os resultados teóricos.

Material
- » 1 resistor de 270Ω
- » 1 resistor de 330Ω
- » 4 resistores de 15KΩ

- » 1 resistor de 33KΩ
- » 1 resistor de 47KΩ
- » 1 resistor de 150KΩ
- » 1 AOP LM 741

Nota: Para o correto funcionamento dessa experiência, devemos utilizar uma fonte simétrica específica ou uma fonte simétrica construída com duas fontes simples de acordo com o esquema da Figura 1.8(a), Capítulo 1.

Diagrama

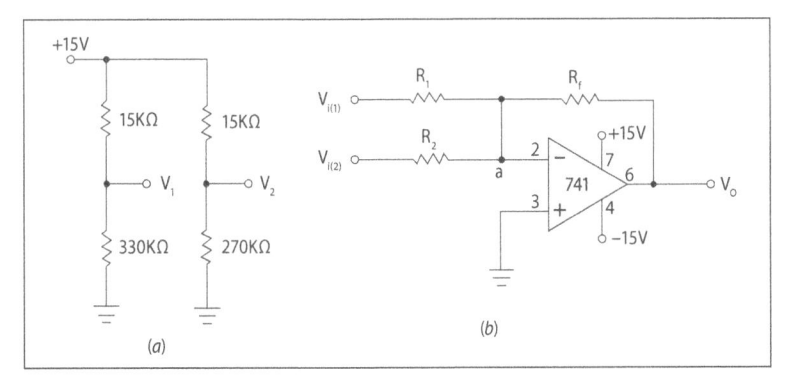

Figura 9.6

Procedimentos

1. Montar a rede divisora de tensão indicada na Figura 9.6(a).
2. Montar o circuito da Figura 9.6(b) de acordo com os valores fornecidos na tabela a seguir.
3. Energizar os circuitos.
4. Aplicar a tensão V_1 na entrada $V_{i(1)}$ e a tensão V_2 na entrada $V_{i(2)}$.
5. Medir com o multímetro digital as tensões $V_{i(1)}$, $V_{i(2)}$ e V_o, preenchendo a tabela a seguir.
6. Comparar os resultados reais (ou medidos) de V_o com os resultados teóricos (ou ideais) esperados em cada uma das situações indicadas na tabela.
7. Medir o potencial no ponto **a** e comparar o resultado obtido com o valor ideal esperado.

$R_f = 150$KΩ		ENTRADAS		SAÍDAS	
R_1	R_2	$V_{i(1)}$	$V_{i(2)}$	V_o REAL	V_o TEÓRICO
15KΩ	15KΩ				
33KΩ	47KΩ				
47KΩ	33KΩ				
33KΩ	15KΩ				
47KΩ	15KΩ				

Nota: O valor teórico de V_o deve ser calculado utilizando-se a fórmula do amplificador somador estudada no Capítulo 3.

» Experiência nº 7

Objetivos

> » Comprovar o funcionamento do amplificador diferencial ou subtrator.
> » Comparar os resultados medidos com os resultados ideais.

Material

> » 1 resistor de 10KΩ
> » 3 resistores de 47KΩ
> » 3 resistores de 100KΩ
> » 1 potenciômetro de 47KΩ
> » 2 AOPs LM 741 ou similar

Nota: Idêntica à da experiência anterior.

Diagrama

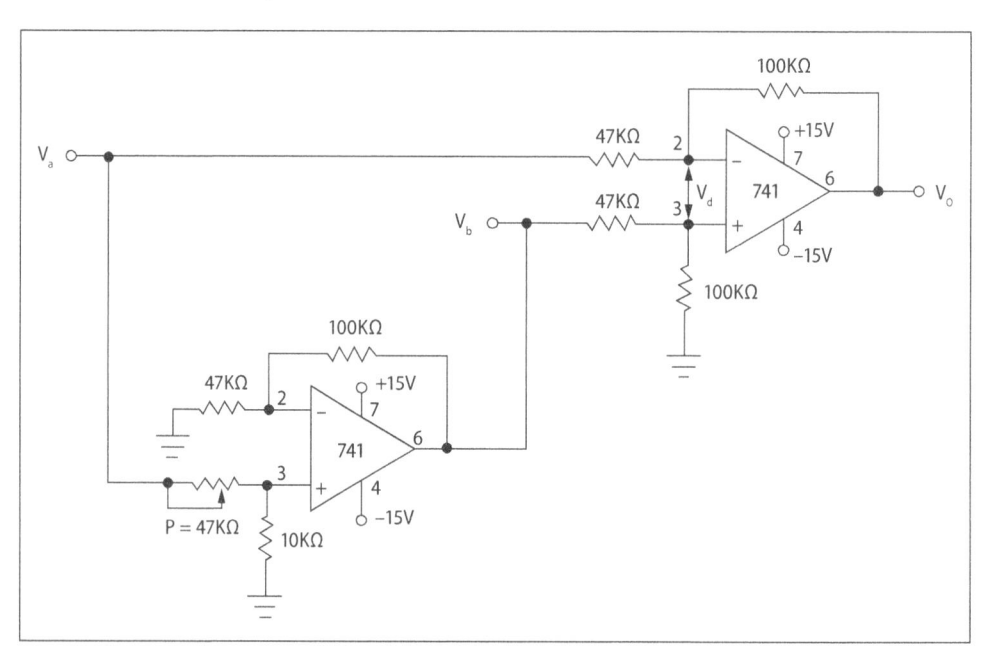

Figura 9.7

Procedimentos

1. Montar e energizar o circuito da Figura 9.7.
2. Ajustar o gerador de funções para fornecer uma tensão senoidal de frequência de 1KHz e 500mV (pico). Aplicar essa tensão na entrada v_a.
3. Atuar no potenciômetro P de modo a obter para v_b um sinal de 1V(pico).
4. Medir a tensão de saída (v_o) e comparar com o valor ideal esperado (calculado através da fórmula estudada no Capítulo 3). Utilizar o osciloscópio.

5. Conectar o canal 1 do osciloscópio no ponto v_b e o canal 2 na saída (v_o) do circuito.
   Atuar lentamente no potenciômetro P e verificar o que ocorre com as tensões v_b e v_o. Lembre-se de que v_a é constante [500mV (pico)].
6. Explicar como o sinal v_b é obtido e estabelecer a vantagem do método utilizado.
7. Medir V_d e comparar com o resultado ideal esperado.
8. Explicar a função do resistor de 10KΩ no circuito anterior.

» Experiência nº 8

Objetivos

» Analisar um circuito comutador de polaridade e observar o comportamento do mesmo nas duas situações apresentadas.

Material

» 3 resistores de 10KΩ
» 1 resistor de 1KΩ
» 1 AOP LM 741 ou similar

Nota: Idêntica à da Experiência 6.

Diagrama

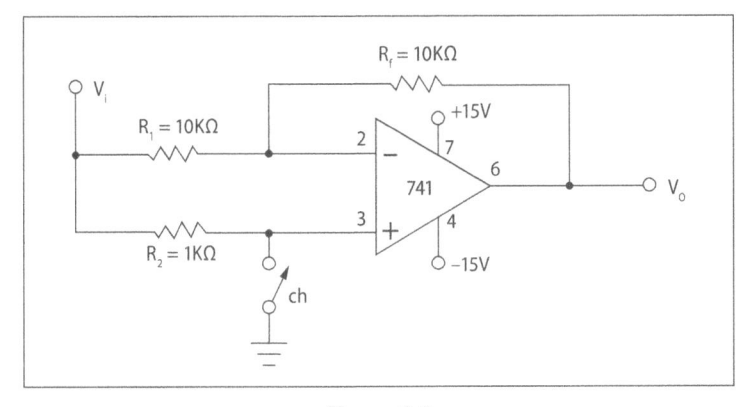

Figura 9.8

Procedimentos

1. Montar e energizar o circuito da Figura 9.8.
2. Ajustar a tensão V_i em $5V_{cc}$ e, com a chave ch fechada, medir a tensão de saída: $V_o =$ _____ V
3. Manter a tensão V_i em $5V_{cc}$, abrir a chave ch e medir, novamente, a tensão de saída: $V_o =$ _____ V

4. Ajustar V_i em $10V_{cc}$ e, com a chave fechada, medir a tensão de saída: $V_o = $ _____ V
5. Manter V_i em $10V_{cc}$, abrir a chave ch e medir, novamente, a tensão de saída: $V_o = $ _____ V
6. Comparar e explicar os resultados observados nos itens acima.
7. Modificar R_2 para $10K\Omega$ e repetir os itens anteriores. Qual é a função de R_2?
8. Houve alguma modificação nos resultados? Explicar analiticamente.
9. Retornar ao circuito original e medir, com a chave ch fechada, a ddp entre os pinos 2 e 3 do AOP: ch fechada $\Rightarrow$ ddp(2,3) = _____ V
10. Repetir o item anterior, agora com a chave ch aberta: ch aberta $\Rightarrow$ ddp(2,3) = _____ V
11. Comparar e explicar os resultados obtidos nos dois itens anteriores.

❯❯ Experiência nº 9

Objetivos

- ❯❯ Verificar o funcionamento do amplificador não inversor de CA.
- ❯❯ Verificar o efeito da realimentação na manutenção das correntes de polarização do AOP e analisar a necessidade do retorno CC para terra.

Material

- ❯❯ 2 resistores de $10K\Omega$
- ❯❯ 1 resistor de $100K\Omega$
- ❯❯ 2 capacitores de $0,1\mu F$ (não polarizados)
- ❯❯ 1 AOP LM 741 ou similar

Diagrama

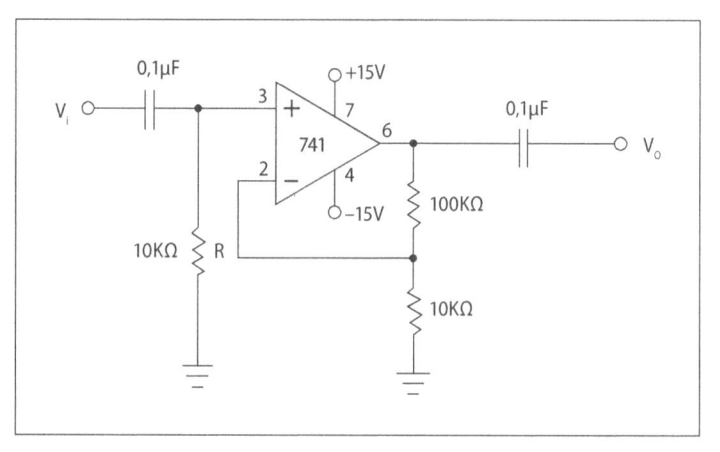

Figura 9.9

Procedimentos

1. Montar e energizar o circuito da Figura 9.9.
2. Ajustar o gerador de funções para fornecer um sinal senoidal de 500mV (pico) e frequência de 1KHz.
3. Conectar o canal 1 do osciloscópio à entrada do circuito e o canal 2 à saída do mesmo.
4. Conectar o sinal fornecido pelo gerador de funções à entrada do circuito e medir o valor da tensão de saída v_o.
5. Com base nos valores das tensões de entrada e saída, calcular o valor do ganho A_{vf} e compará-lo com o valor ideal esperado.
6. Retirar o resistor R e observar o que acontece com a tensão de saída. Explicar detalhadamente o fato observado.
7. Conectar novamente o resistor R e diminuir a frequência do sinal de entrada para 100Hz. Descrever e explicar o que você observou.

>> Experiência nº 10

Objetivos

- >> Comprovar o funcionamento do circuito integrador prático para uma variação de três décadas na frequência do sinal de entrada.
- >> Verificar a resposta do integrador para diferentes formas de onda de entrada.

Material

- >> 1 capacitor de 2,2nF (não polarizado)
- >> 1 resistor de 1MΩ
- >> 1 resistor de 100KΩ
- >> 2 potenciômetros de 10KΩ
- >> 1 AOP LM 741 ou similar

Diagrama

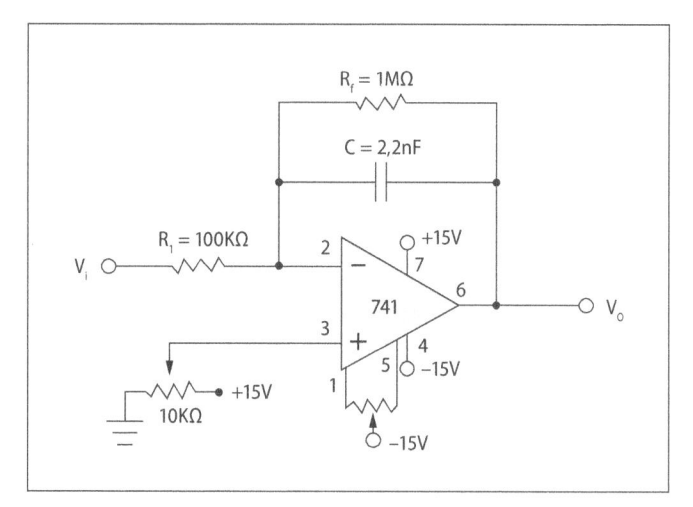

Figura 9.10

Procedimentos

1. Montar e energizar o circuito da Figura 9.10.
2. Ajustar o gerador de funções para fornecer uma onda quadrada com amplitude de 500mV (pico) e frequência de 100Hz.
3. Conectar o canal 1 do osciloscópio à entrada do circuito e o canal 2 à saída do mesmo.
4. Aplicar o sinal fornecido pelo gerador de funções na entrada do circuito.
5. Atuar nos potenciômetros para ajustar o *offset* do circuito (se necessário).
6. Observar o que acontece e esboçar as formas de onda de entrada e de saída do circuito.
7. Ajustar a frequência do gerador de funções em 1KHz. Observar o que acontece e esboçar as formas de onda de entrada e de saída do circuito.
8. Aumentar a frequência do gerador de funções para 10KHz. Observar o que acontece. Esboçar as formas de onda de entrada e de saída do circuito.
9. Aumentar a frequência do gerador de funções para 100KHz. Observar o que acontece e esboçar as formas de onda de entrada e de saída do circuito.
10. Ajustar o gerador de funções na frequência de 1KHz e aplicar na entrada do circuito os seguintes tipos de sinais: senoidal e triangular. Observar as formas de onda de saída e verificar se as mesmas são condizentes com as formas de onda esperadas. Fazer o ajuste de *offset* do circuito em cada situação, pois a mudança da forma de onda desloca o referencial do sinal de saída (por quê?).

>> Experiência nº 11

Objetivos

- >> Comprovar o funcionamento do circuito diferenciador prático.
- >> Analisar a resposta do diferenciador para uma variação de duas décadas na frequência do sinal de entrada.
- >> Verificar a resposta do diferenciador para diferentes formas de onda de entrada.

Material

- >> 1 capacitor de 0,01 µF (não polarizado)
- >> 1 resistor de 100KΩ
- >> 1 resistor de 10KΩ
- >> 1 resistor de 9,1KΩ
- >> 1 AOP LM 741 ou similar

Diagrama

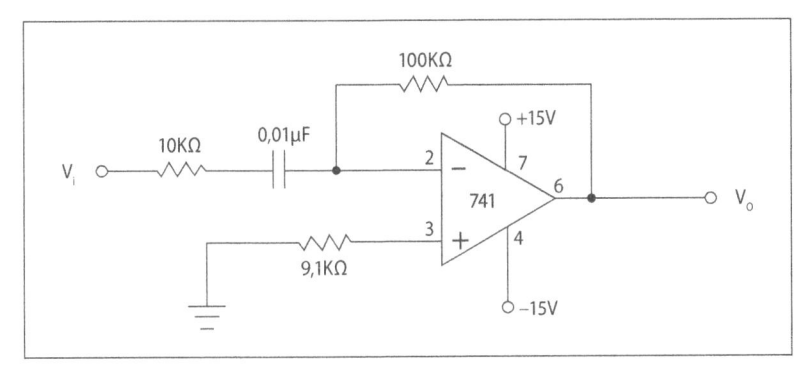

Figura 9.11

Procedimentos

1. Montar e energizar o circuito da Figura 9.11.
2. Ajustar o gerador de funções para fornecer uma onda triangular com amplitude de 200mV (pico) e frequência de 100Hz.
3. Conectar o canal 1 do osciloscópio à entrada do circuito e o canal 2 à saída do mesmo.
4. Aplicar na entrada do circuito o sinal fornecido pelo gerador de funções.
5. Observar o que acontece e esboçar as formas de onda de entrada e de saída do circuito.
6. Ajustar o gerador de funções para 1KHz, mantendo a amplitude do sinal em 200mV (pico). Observar e esboçar as formas de onda dos sinais de entrada e de saída.

7. Aumentar a frequência do gerador de funções para 10KHz (manter a amplitude em 200mV (pico). Observar e esboçar as formas de onda dos sinais de entrada e de saída.
8. Aumentar gradativamente a frequência, mantendo a amplitude em 200mV (pico). Observar as formas de onda dos sinais de entrada e de saída.
9. Com base nas formas de onda observadas, tirar conclusões sobre o funcionamento do circuito diferenciador prático. Lembrar das condições de projeto estudadas no Capítulo 4.
10. Ajustar o gerador de funções em 200mV (pico) e frequência de 1KHz. Aplicar na entrada do circuito as seguintes formas de onda: senoidal e quadrada. Observar e esboçar, em cada caso, as formas de onda de entrada e de saída. Os resultados observados correspondem às respostas esperadas? Justificar.

» Experiência nº 12

Objetivos

» Comprovar o funcionamento do circuito comparador simples como detector de passagem por zero.
» Verificar a limitação de tensão de saída através de diodos Zener.

Material

» 1 resistor de 330Ω
» 1 resistor de 10KΩ
» 2 diodos Zener de 5,1V
» 1 AOP LM 741 ou similar

Diagrama

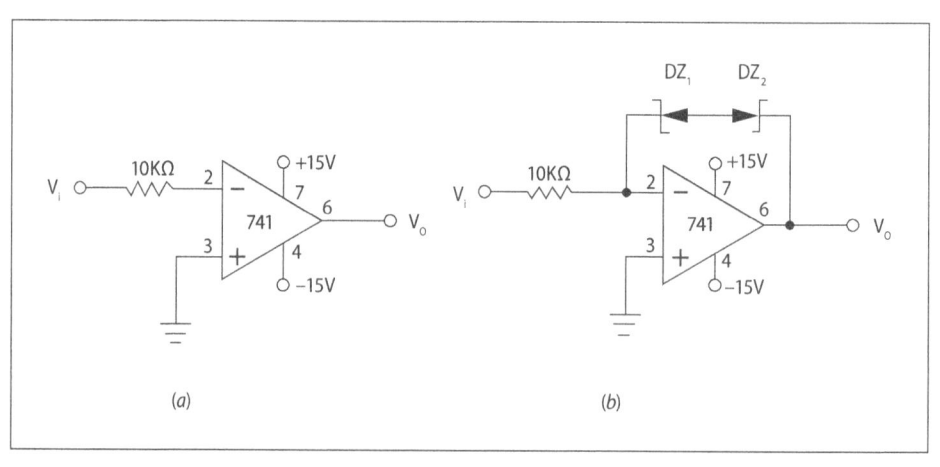

Figura 9.12

Procedimentos

1. Montar e energizar o circuito da Figura 9.12(a).
2. Ajustar o gerador de funções para fornecer um sinal senoidal de 2V (pico) e frequência de 500Hz.
3. Conectar o canal 1 do osciloscópio à entrada do circuito e o canal 2 à saída do mesmo.
4. Aplicar o sinal senoidal na entrada do circuito. Observar e esboçar as formas de onda de entrada e de saída na mesma base de tempo.
5. Anotar os valores das tensões de pico negativo e positivo na saída do circuito.
6. Com base nas formas de onda observadas, explicar por que esse circuito é também conhecido como detector de passagem por zero.
7. Aumentar, gradativamente, a frequência do sinal, até atingir 10KHz. Observar e esboçar as formas de onda de entrada e de saída nessa frequência (10KHz).
8. Explicar a causa da distorção observada e dizer como podemos eliminá-la.
9. Montar e energizar o circuito da Figura 9.12(b).
10. Repetir, para esse circuito, os Procedimentos 2, 3, 4 e 5.
11. Com base nas formas de onda observadas, explicar o que ocorreu com o nível de tensão de saída do circuito.
12. Aumentar, gradativamente, a frequência do sinal, até atingir 10KHz. Observar e esboçar as formas de onda de entrada e de saída nessa frequência (10KHz).
13. Explicar por que a distorção apresentada por esse circuito foi pior que a do circuito anterior.
14. O que ocorre se um dos diodos da Figura 9.12(b) entrar em curto? Justificar sua resposta.
15. Quais alterações poderão ocorrer no comportamento do circuito caso os diodos Zener sejam ligados catodo contra catodo? Justificar sua resposta.
16. Repetir os Procedimentos 2, 3, 4, 5 e 6 com os diodos Zener na saída conforme Figura 5.7 na página 86. Comparar e justificar os resultados.

>> Experiência nº 13

Objetivos

>> Comprovar o funcionamento do comparador regenerativo (ou disparador de Schmitt) do tipo inversor.
>> Comprovar o efeito de histerese no comparador regenerativo.

Material

>> 1 resistor de 330Ω
>> 1 resistor de 10KΩ
>> 1 resistor de 180KΩ
>> 1 resistor de 470KΩ

» 2 diodos Zener de 5,1V (p. ex.: BZV49C5V1-Philips)
» 1 AOP LM 741 ou similar

Diagrama

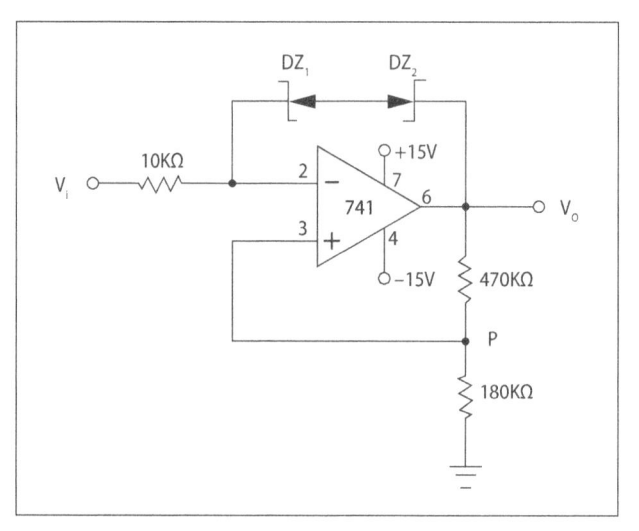

Figura 9.13

Procedimentos

1. Montar o circuito da Figura 9.13 com a malha de realimentação negativa aberta (sem os diodos DZ_1 e DZ_2). Energizar o circuito.
2. Ajustar o gerador de funções para fornecer um sinal senoidal de 300Hz e 5V (pico). Aplicar esse sinal na entrada do circuito.
3. Conectar o canal 1 do osciloscópio à entrada do circuito e o canal 2 à saída do mesmo.
4. Medir os valores das tensões de pico (positiva e negativa) de saída e esboçar as formas de onda de entrada e de saída. Justificar os valores encontrados (*sugestão:* calcular a tensão no ponto P).
5. Medir o tempo necessário para que o sinal de entrada varie de VD_S até VD_I. Medir VD_S e VD_I, bem como as tensões de pico (positiva e negativa) do sinal de saída. Esboçar o gráfico de histerese do circuito.
6. Aumentar, gradativamente, a frequência do sinal de entrada para 5KHz e observar o que acontece com a tensão de saída (manter a amplitude do sinal em 5V [pico]).
7. Colocar os diodos DZ_1 e DZ_2 na malha de realimentação negativa, conforme indicado na Figura 9.13.
8. Repetir os Procedimentos 2, 3, 4, 5 e 6.
9. Repetir os Procedimentos 2, 3, 4, 5 e 6 com os diodos Zener na saída, conforme Figura 5.17 na página 94. Comparar e justificar os resultados.
10. Se o circuito anterior fosse montado com o LM 311, os resultados obtidos poderiam ter sido melhores? Justificar sua resposta.

≫ Experiência nº 14

Objetivos

≫ Verificar a predominância da realimentação negativa sobre a realimentação positiva quando, num circuito, as duas apresentam-se simultaneamente.

≫ Comprovar, experimentalmente, o resultado analítico obtido para o Problema 25 (Apêndice B).

Material

≫ 1 resistor de 10KΩ
≫ 1 resistor de 4,7KΩ
≫ 1 resistor de 1,8KΩ
≫ 1 resistor de 1KΩ
≫ 1 AOP LM 741 ou similar

Diagrama

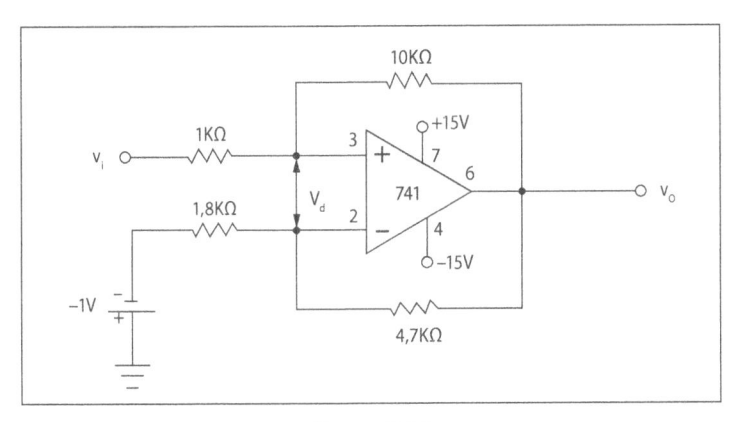

Figura 9.14

Procedimentos

1. Montar e energizar o circuito da Figura 9.14.
2. Aplicar na entrada do circuito um sinal contínuo $v_i = 1V$ e, com o multímetro digital, medir a tensão de saída v_o.
3. Verificar se esse valor corresponde ao valor obtido para o Problema 25 (Apêndice B).
4. Ajustar o gerador de funções para fornecer uma onda senoidal de frequência de 1KHz e 1V (pico). Aplicar esse sinal na entrada v_i do circuito.
5. Conectar o canal 1 do osciloscópio à entrada do circuito e o canal 2 à saída do mesmo.
6. Ajustar o osciloscópio de forma que um ciclo da onda de entrada ocupe toda a tela.

7. Observar as formas de onda de entrada e de saída e fazer um esboço das mesmas.
8. Medir a tensão de pico do sinal de saída e verificar se esse valor corresponde ao valor obtido para o Problema 25 (Apêndice B).
9. Medir V_d e comparar com o resultado ideal esperado.
10. A realimentação positiva anulou os efeitos da realimentação negativa? Justificar.

» Experiência nº 15

Objetivos

» Verificar e analisar o funcionamento de um retificador de onda completa de precisão.

Material

» 4 resistores de 20KΩ (série E24)
» 1 resistor de 10KΩ
» 2 diodos 1N914 ou equivalentes
» 2 AOPs LM 741 ou similares

Diagrama

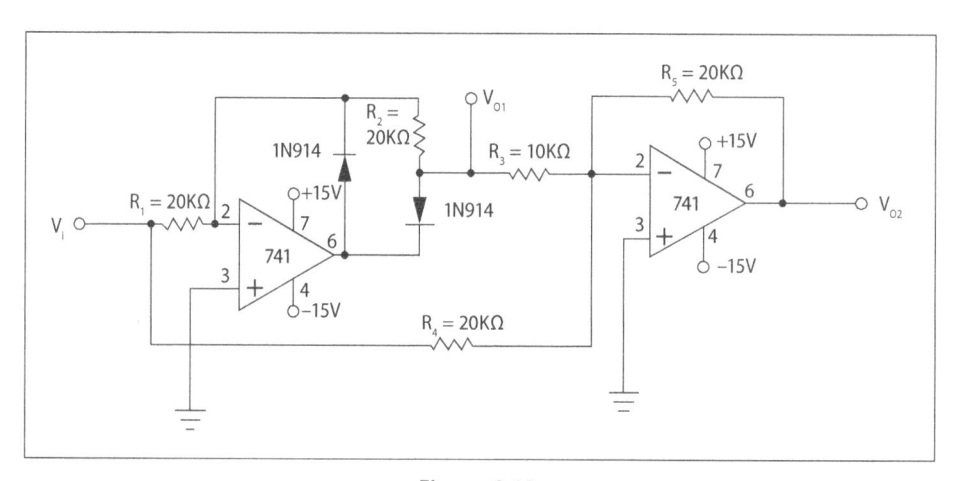

Figura 9.15

Procedimentos

1. Montar e energizar o circuito da Figura 9.15.
2. Aplicar na entrada do circuito uma forma de onda senoidal de frequência de 1KHz e tensão de 50mV (pico).
3. Conectar o canal 1 do osciloscópio à entrada do circuito e o canal 2 à saída v_{o2} do mesmo. Observar as formas de onda de entrada e de saída.

4. Esboçar as formas de onda obtidas no item anterior.
5. Transferir o canal 2 para a saída v_{o1}. Observar e esboçar a forma de onda obtida.
6. Explicar como se processa a retificação de onda completa no circuito anterior.
7. Anotar o valor da tensão de pico dos sinais observados nas saídas v_{o1} e v_{o2}.
8. Aplicar na entrada do circuito uma onda quadrada de frequência de 1KHz e amplitude de 50mV (pico). Verificar e esboçar as formas de onda nas saídas v_{o1} e v_{o2}. Apresentar suas conclusões.

Nota: A saída desse circuito pode ser melhorada fazendo-se o ajuste de *offset* do primeiro estágio.

>> Experiência nº 16

Objetivos

>> Verificar o funcionamento do circuito multivibrador astável com AOP.
>> Comparar a performance do circuito quando se utiliza um AOP de alta qualidade.

Material

>> 1 potenciômetro de 470KΩ
>> 1 resistor de 100KΩ
>> 1 resistor de 150KΩ
>> 1 capacitor de 0,01μF (não polarizado)
>> 1 AOP LF 351
>> 1 AOP LM 741

Diagrama

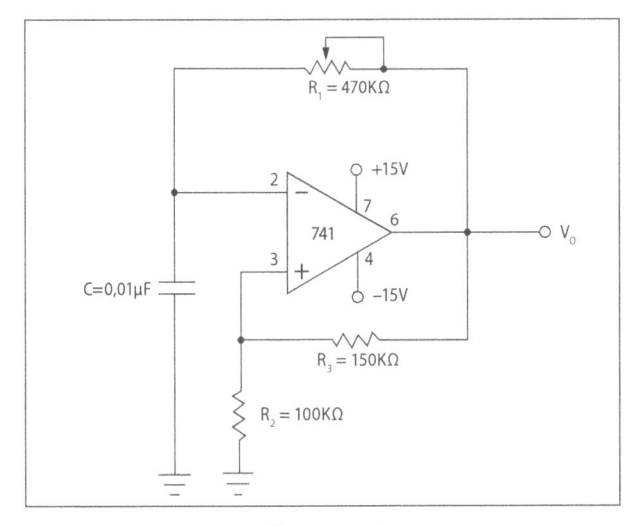

Figura 9.16

Procedimentos

1. Calcular a frequência de operação do circuito da Figura 9.16, a qual é obtida pela equação:

$$\frac{1}{f} = T = 2R_1C\ln\left(1 + \frac{2R_2}{R_3}\right)$$ Ajustar R_1 em seu valor máximo.

2. Montar e energizar o circuito da Figura 9.16.
3. Manter R_1 no valor máximo.
4. Conectar o canal 1 do osciloscópio à entrada inversora do AOP e o canal 2 à saída do mesmo. Esboçar a forma de onda obtida em cada um dos canais.
5. Ajustar o osciloscópio de forma que um ciclo de onda de saída ocupe toda a tela do mesmo. Medir os valores das tensões de pico positiva e negativa e o valor da frequência do sinal de saída.

$$\text{SAÍDA}\begin{cases} V_p(\text{positivo}) = \underline{\quad}\text{V} \\ V_p(\text{negativo}) = \underline{\quad}\text{V} \\ f = \frac{1}{T} = \underline{\quad}\text{Hz} \end{cases}$$

6. Variar, lentamente, o potenciômetro e verificar o que acontece com a forma de onda de saída. Justificar sua observação.
7. Ajustar o potenciômetro em um valor que possibilite um sinal de saída estável à sua escolha.
8. Variar a tensão de alimentação simétrica para $V_{cc} = \pm 5V$. Observar o que acontece com o sinal de saída. Justificar sua observação.
9. Retornar a fonte simétrica para $V_{cc} = \pm 15V$.
10. Substituir o AOP LM 741 pelo LF 351.
11. Variar, lentamente, o potenciômetro e observar a forma de onda de saída.
12. Comparar com os resultados obtidos nos Procedimentos 5 e 6. Justificar sua conclusão.

>> Experiência nº 17

Objetivos

>> Verificar o funcionamento de um oscilador senoidal.
>> Montar e analisar um gerador elementar de funções.

Material

>> 2 diodos 1N914 ou equivalentes
>> 1 resistor de 1KΩ
>> 4 resistores de 10KΩ
>> 1 resistor de 47KΩ
>> 1 resistor de 100KΩ

- » 1 resistor de 470KΩ
- » 1 resistor de 1MΩ
- » 1 potenciômetro de 1KΩ
- » 1 potenciômetro de 4,7KΩ
- » 1 potenciômetro de 10KΩ
- » 1 capacitor de 2,2nF (não polarizado)
- » 2 capacitores de 0,01µF (não polarizados)
- » 3 AOPs LM 741
- » 3 AOPs LF 351 (ou TL 071)

Diagrama

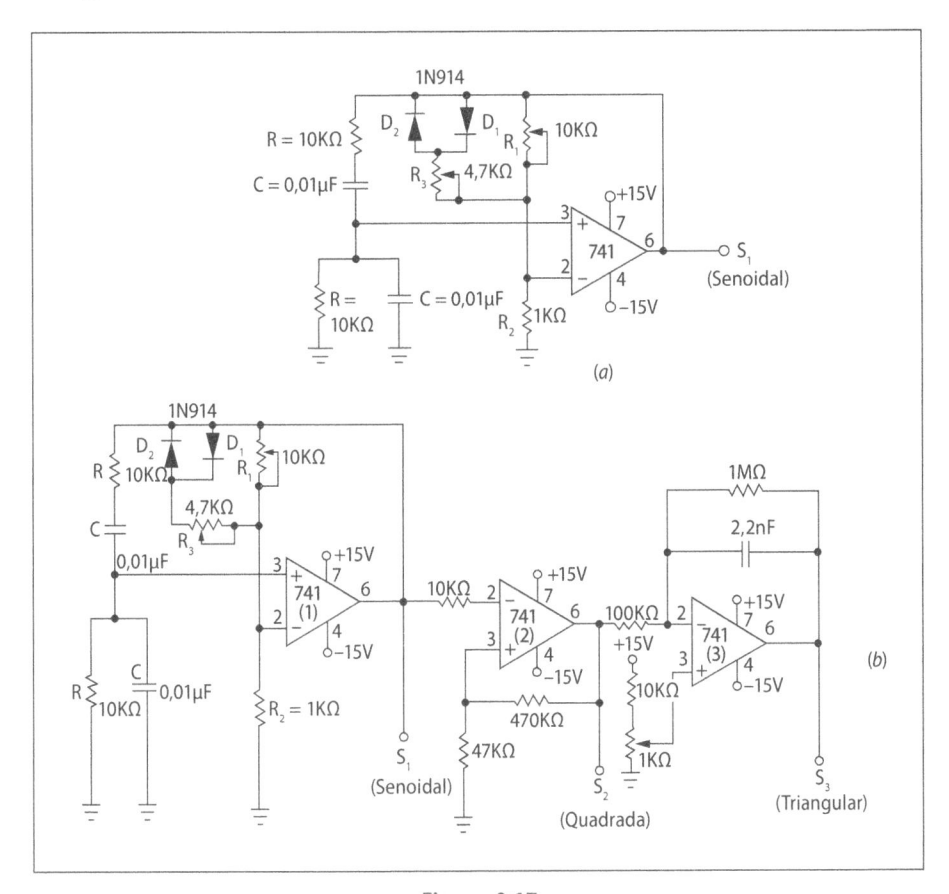

Figura 9.17

O circuito da Figura 9.17(a) nos fornece um sinal de saída senoidal (ver o Capítulo 5).

Se aplicarmos esse sinal num circuito disparador de Schmitt (já estudado na Experiência nº 13), teremos um gerador de funções básicas (senoidal e quadrada).

Aplicando a onda quadrada fornecida pelo disparador de Schmitt no integrador da Experiência nº 10, teremos, na saída do mesmo, uma onda triangular.

Dessa forma, podemos construir um gerador elementar de funções (senoidal, quadrada e triangular).

O circuito completo está indicado na Figura 9.17(b).

Procedimentos

1. Montar e energizar o circuito da Figura 9.17(b).
2. Ajustar R_1 em 10KΩ (valor máximo).
3. Ajustar R_3 de modo que se tenha o máximo sinal de saída em S_1 (sem distorção). Se ocorrer alguma interferência, utilize a proteção indicada na seção "Proteção contra ruídos e oscilações da fonte de alimentação" (p. 131).
4. Medir a frequência do sinal obtido em S_1 e comparar com o valor teórico calculado através da Equação 5-11. Qual é a frequência de S_2? Comprovar.
5. Ajustar a saída S_3, variando seu nível CC através do potenciômetro de 1KΩ colocado na entrada não inversora do AOP (3), de modo que o sinal de saída fique simétrico em relação ao eixo de referência adotado para as saídas S_1 e S_2.
6. Medir os valores das tensões de pico dos sinais de saída em S_1, S_2 e S_3. Anotar os resultados e fazer uma tabela comparativa.
7. Variar, lentamente, o potenciômetro R_1 e observar o que ocorre com o sinal de saída em S_1. Justificar sua observação.
8. Simular os defeitos indicados e preencher a tabela a seguir.

Componente	Defeito simulado	Efeito observado na saída S_1
R_1	Aberto	
R_2	Curto	
R_3	Curto	
R_3	Aberto	

9. Como se pode variar a frequência de operação do circuito? Justificar sua resposta.
10. Qual é a finalidade dos diodos D_1 e D_2?
11. O que ocorre se D_1 (ou D_2) entrar em curto? Verificar na prática.
12. O que ocorre se D_1 (ou D_2) abrir? Verificar na prática.
13. Explicar o funcionamento do circuito apresentado na Figura 9.17(a). Compará-lo com o circuito da Figura 5.21, estudado na seção "Oscilador com ponte de Wien" (p. 95).
14. (Opcional) Substituir os AOPs LM 741 por AOPs LF 351 (ou TL 071). Observar as formas de onda, comparar os resultados e citar algumas vantagens obtidas com a substituição efetuada.

Segundo grupo: Experiências de 18 a 22

Neste grupo apresentaremos cinco práticas (ou experiências) sobre filtros ativos. Em todas elas necessitaremos preencher uma tabela denominada TABELA PADRÃO, a qual mostramos a seguir. Através dessa tabela, podemos calcular o ganho do filtro em diversas frequências do sinal de entrada. Note que iremos trabalhar com tensões de pico dos sinais de entrada e de saída (essas tensões podem ser medidas com o osciloscópio).

Tabela padrão

	$v_{i(p)} =$	GANHO	
Frequência	$v_{o(p)}$	$v_{o(p)}/v_{i(p)}$	K(dB)

Lembrete:

$$K = 20\log\left(\frac{v_{o(p)}}{v_{i(p)}}\right) dB$$

Experiência nº 18

Objetivos
» Projetar e analisar o comportamento de um filtro PB.

Diagrama

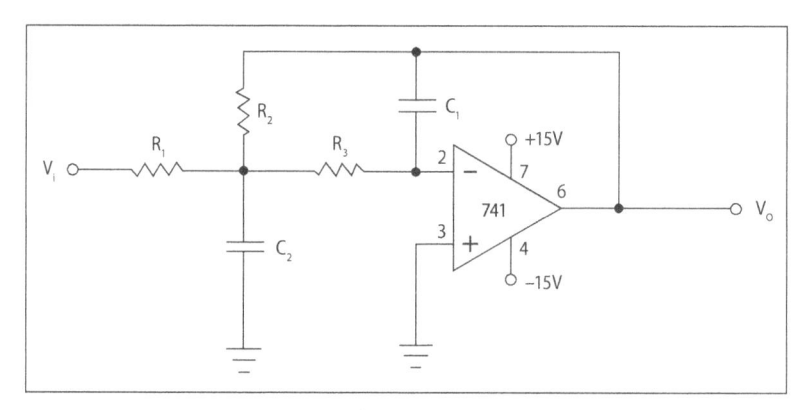

Figura 9.18

Condições de projeto

» $f_c = 1KHz$, $K=2$, $n=2$(MFB) e aproximação de Chebyshev com 0,1dB.

Procedimentos

Uma vez calculados os componentes do filtro, proceder da seguinte forma:

1. Montar e energizar o circuito da Figura 9.18.
2. Aplicar sinais senoidais com frequência variando desde 100Hz até 2.000Hz, em passos de 100Hz. Fixar v_i em 5V (pico).
3. Medir $v_{o(p)}$ e calcular, para cada passo, a razão $v_{o(p)}/v_{i(p)}$.
4. Calcular em dB o ganho (K) obtido em cada passo.
5. Preencher a tabela padrão.
6. Plotar os resultados e esboçar a curva de resposta num gráfico monolog ou semilog.
7. Utilizar o osciloscópio para comparar as variações de fase entre o sinal aplicado e o sinal de saída para as frequências da tabela padrão. Apresentar, por escrito, suas conclusões.
8. Calcular o ganho teórico máximo do filtro e compará-lo com o ganho real máximo obtido.
9. Comparar os ganhos teóricos esperados com os ganhos obtidos nos pontos 100Hz, 1.000Hz e 2.000Hz (*sugestão:* utilizar a Equação 7-8).
10. Explicar, analiticamente, como se pode melhorar a performance do filtro em termos de um ajuste mais preciso de f_c.
11. Explicar, analiticamente, como se pode alterar o ganho do filtro. Tal alteração afetará f_c?
12. O CA741 foi feito para trabalhar com alimentação simétrica. Observar o que ocorre quando o AOP utilizado nesse filtro trabalhar com monoalimentação nas seguintes situações:
    » retirar a alimentação positiva e aterrá-la
    » retirar a alimentação positiva e deixá-la "flutuando"

» retirar a alimentação negativa e aterrá-la
» retirar a alimentação negativa e deixá-la flutuando

Apresentar suas conclusões, por escrito, e fazer um esboço das formas de onda obtidas nas quatro situações anteriores.

13. Aplicar um sinal quadrado com $f_i = 100Hz$ e $v_i = 5V$ (pico). Fazer um esboço da forma de onda obtida.
14. Repetir o item anterior, fazendo $f_i = 300Hz$. Manter $v_i = 5V$ (pico).
15. Repetir para $f_i = 1.000Hz$ e $v_i = 5V$ (pico).
16. Repetir para $f_i = 2.000Hz$ e $v_i = 5V$ (pico).
17. Apresentar, por escrito, suas conclusões sobre os quatro itens anteriores.

Informação

Para responder a este último item é aconselhável ressaltar que qualquer forma de onda periódica pode ser representada por uma série trigonométrica, denominada série de FOURIER, a qual é o somatório de uma frequência fundamental juntamente com seus harmônicos (múltiplos inteiros da frequência fundamental).

A série de FOURIER para a onda quadrada de valor de pico V_p e frequência fundamental ω é dada por:

$$v = \frac{4V_p}{\pi}\left(\text{sen}\omega t + \frac{1}{3}\text{sen}3\omega t + \frac{1}{5}\text{sen}5\omega t + \frac{1}{7}\text{sen}7\omega t + \ldots\right)$$

Quanto mais termos forem considerados, mais próximo da onda quadrada estará o gráfico representativo da série.

>> Experiência nº 19

Objetivos

» Projetar e analisar o comportamento de um filtro PA.

Diagrama

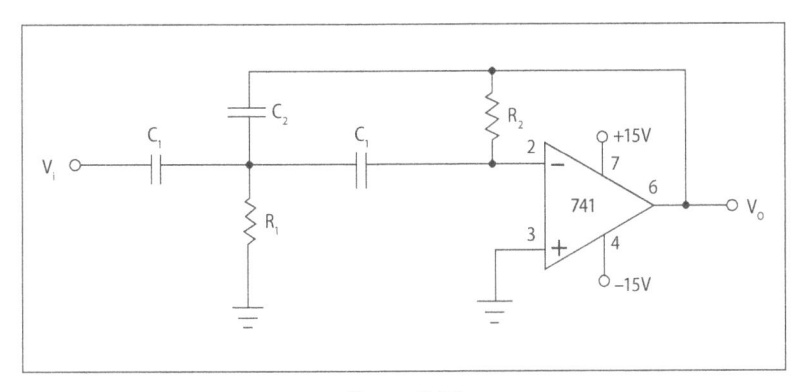

Figura 9.19

Condições de projeto

» $f_c = 1\text{KHz}$, $K = 2$, $n = 2(\text{MFB})$ e aproximação de Butterworth.

Procedimentos

Os mesmos da experiência anterior.

» Experiência nº 20

Objetivos

» Projetar e analisar o comportamento de um filtro PF.

Diagrama

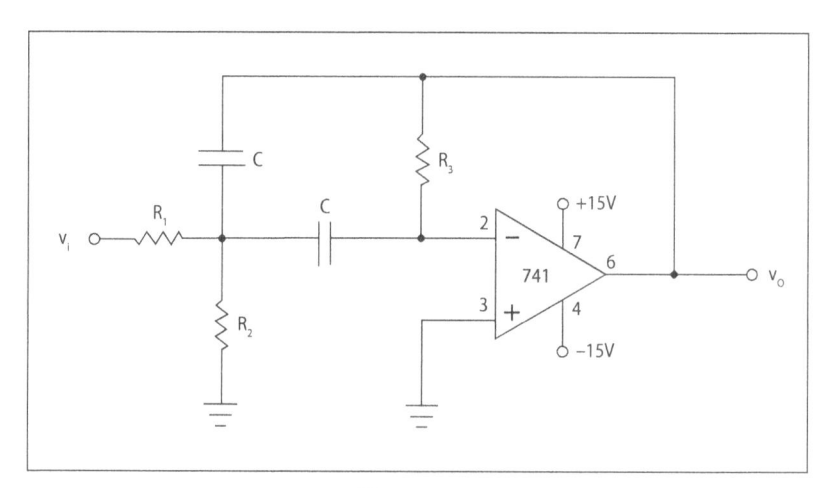

Figura 9.20

Condições de projeto

» $f_o = 1\text{KHz}$, $Q_o = 5$, $n = 2(\text{MFB})$ e $K = 2$.

Procedimentos

Uma vez calculados os componentes do filtro, proceder da seguinte forma:

1. Montar e energizar o circuito da Figura 9.20.
2. Aplicar sinais senoidais com frequências variando desde 100Hz até 3.000Hz, em passos de 100Hz. Fixar a amplitude de v_i em 2V (pico).
3. Medir $v_{o(p)}$ e calcular, para cada passo, a razão $v_{o(p)}/v_{i(p)}$.
4. Calcular o ganho em decibéis para cada passo.
5. Apresentar os resultados utilizando a tabela padrão.
6. Plotar os resultados e esboçar a curva de resposta num gráfico monolog ou semilog.

7. Determinar, analiticamente, os dois pontos nos quais se tem uma atenuação de 3dB em relação ao ponto de ganho máximo (f_o). Você deverá obter $f_{c1} \simeq 905Hz$ e $f_{c2} \simeq 1105Hz$.
8. Tentar obter esses pontos ajustando o oscilador e comparar com os resultados teóricos obtidos no item anterior.
9. Verificar a ocorrência de variações de fase à medida que f varia de 100Hz até 3.000Hz, Apresentar, por escrito, suas conclusões.
10. Explicar, analiticamente, como se pode ajustar f_o.
11. Explicar, analiticamente, como se pode alterar o ganho do filtro. Tal alteração afetará f_o?
12. Explicar, analiticamente, e verificar na prática o que ocorre se R_3 entrar em curto.
13. Repetir o item anterior, mas agora supor R_1 em curto.

>> Experiência nº 21

Objetivos
>> Projetar e analisar o comportamento de um filtro RF.

Diagrama

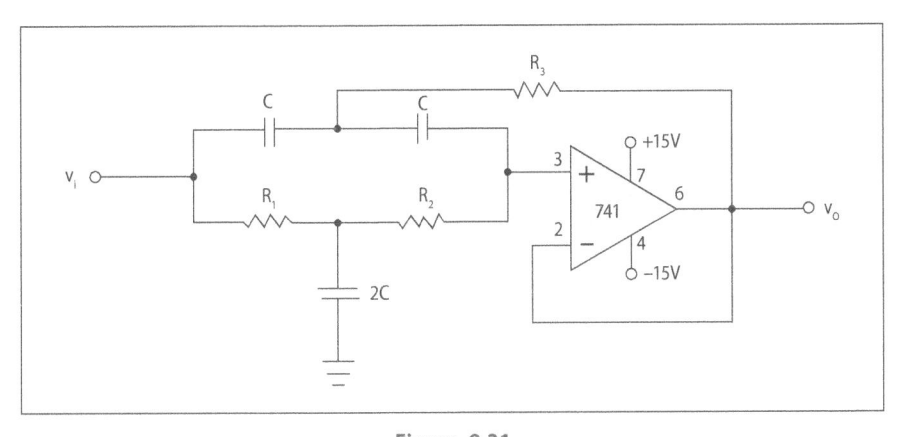

Figura 9.21

Condições de projeto
>> $f_o = 1KHz$, $Q_o = 5$, $n = 2(VCVS)$ e $K = 1$.

Procedimentos
Uma vez calculados os componentes do filtro, proceder da seguinte forma:
1. Montar e energizar o circuito da Figura 9.21.
2. Aplicar sinais senoidais de 100Hz até 3.000Hz, em passos de 100Hz. Fixar v_i em 2V (pico).

3. Medir $v_{o(p)}$ e calcular, para cada passo, a razão $v_{o(p)}/v_{i(p)}$.
4. Calcular o ganho em decibéis para cada passo.
5. Apresentar os resultados utilizando a tabela padrão.
6. Plotar os resultados e esboçar a curva de resposta num gráfico monolog ou semilog.
7. Determinar, analiticamente, as frequências de corte inferior e superior (f_{c1} e f_{c2}).
8. Tentar obter esses valores ajustando o oscilador e comparar com os resultados teóricos obtidos no item anterior.
9. Verificar a ocorrência de variações de fase à medida que f varia de 100Hz até 3.000Hz. Apresentar, por escrito, suas conclusões.
10. Explicar, analiticamente, como se pode ajustar f_o.
11. Explicar, analiticamente, como se pode alterar o ganho do filtro. Tal alteração afetará f_o?
12. Explicar, analiticamente, e verificar na prática o que ocorre se R_1 (ou R_2) entrar em curto.

>> Experiência nº 22

Objetivos

>> Projetar e analisar o comportamento de um circuito deslocador de fase (ou filtro passa-todas).

Diagrama

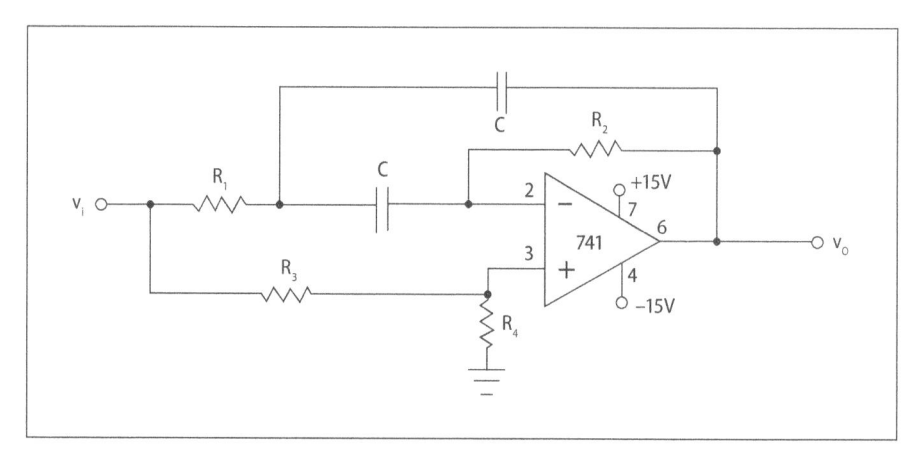

Figura 9.22

Condições de projeto

>> $\emptyset_o = -90°$ em $f_o = 1000Hz$ e $K = \dfrac{1}{2}$.

Procedimentos

Uma vez calculados os componentes do filtro, proceder da seguinte forma:

1. Montar e energizar o circuito da Figura 9.22.
2. Aplicar sinais senoidais com frequências variando desde 100Hz até 2.000Hz, em passos de 100Hz. Fixar v_i em 5V (pico).
3. Medir $v_{o(p)}$ e calcular, para cada passo, a razão $v_{o(p)}/v_{i(p)}$.
4. Calcular em dB o ganho obtido em cada passo.
5. Preencher a tabela padrão.
6. Plotar os resultados e esboçar a curva de resposta num gráfico monolog ou semilog.
7. Medir com o osciloscópio a defasagem entre o sinal de entrada e o sinal de saída, quando $f_o = 1.000$Hz. Comparar com o resultado teórico desejado.
8. Variar, lentamente, a frequência do sinal de entrada desde 0Hz até 2.000Hz. Observar as variações de fase entre os sinais de entrada e de saída. Qual é a máxima variação de fase verificada? Explicar analiticamente.
9. Como se pode variar o ganho do filtro? Tal variação irá alterar o valor de $\varnothing_o$ no ponto $f_o = 1.000$Hz? Explicar analiticamente. Verificar na prática.
10. O que ocorre se R_2 entrar em curto? Explicar analiticamente.
11. O que ocorre se R_3 entrar em curto? Explicar analiticamente.

capítulo 10

Projetos orientados

Neste capítulo final, apresentamos seis projetos com AOPs, os quais podem ser executados pelos estudantes e projetistas, bastando que os mesmos se disponham a fazer algumas análises ou pesquisas bibliográficas de modo a otimizá-los. Para tanto, daremos algumas orientações específicas em cada um dos projetos.

Objetivo de aprendizagem

» Desenvolver alguns projetos orientados para reforçar as habilidades técnicas do estudante

≫ Projeto 1

≫ Fonte simétrica

Este projeto permite a obtenção de uma fonte simétrica a partir de uma fonte simples e sem apresentar as perdas de potência que geralmente ocorrem quando se faz o mesmo circuito utilizando um divisor de tensão ou um resistor associado com um diodo Zener (veja a Figura 1.8).

Na Figura 10.1(a), apresentamos o circuito da fonte simétrica para baixas correntes (até 20mA). Se desejarmos correntes maiores, deveremos utilizar um transistor com a base conectada à saída do AOP, conforme está ilustrado na Figura 10.1(b).

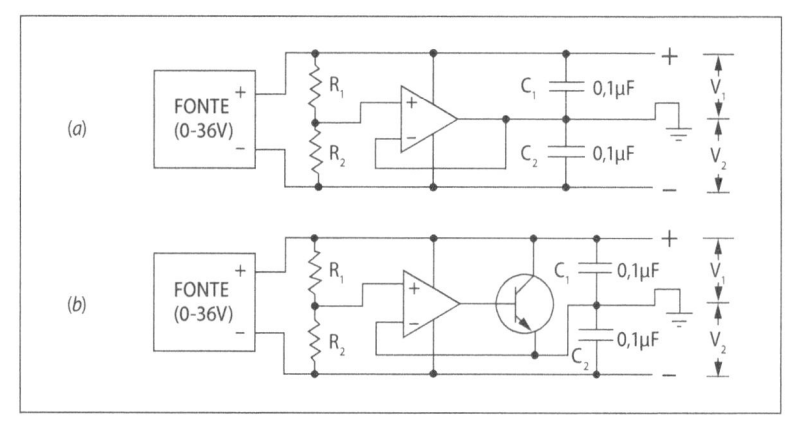

Figura 10.1

Orientações

- ≫ Mais detalhes sobre este projeto poderão ser obtidos na revista *Electronics* – maio/1973.
- ≫ Essa revista pode ser encontrada nas bibliotecas das escolas de engenharia que possuam cursos nas áreas de eletroeletrônica.
- ≫ O que determina a relação V_1/V_2? Explique.
- ≫ Sob qual condição podemos retirar os capacitores C_1 e C_2? Explique.

≫ Projeto 2

≫ Indicador de balanceamento de ponte

A indicação de balanceamento ou equilíbrio de uma ponte de Wheatstone, para medição de resistências de alta precisão, exige um galvanômetro de ótimas qualidades, o qual é geralmente muito caro. Neste projeto, apresentamos um circuito indicador de balanceamento que dispensa o galvanômetro. Na Figura 10.2 temos o diagrama do circuito.

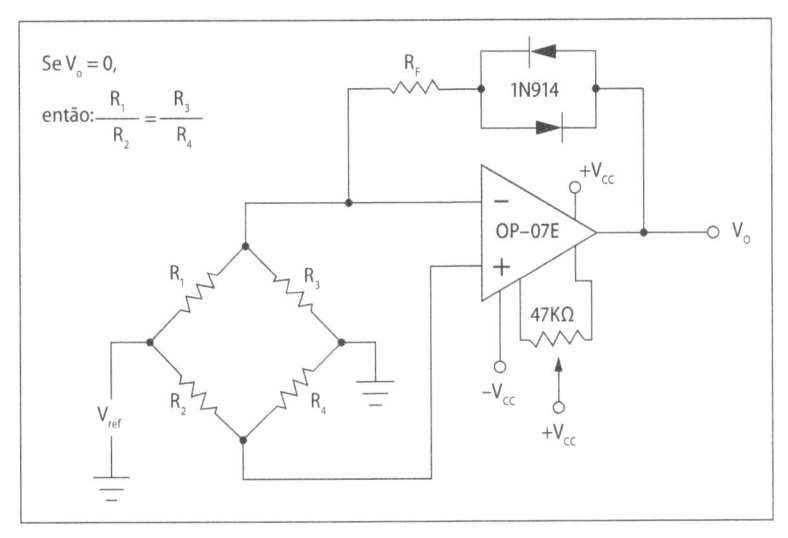

Figura 10.2

Orientações

- » Faça a análise do circuito anterior e explique seu funcionamento.
- » O circuito integrado OP-07E é um operacional com tensão de *offset* de entrada extremamente baixa (30μV) e foi originalmente projetado pela PMI, mas pode, também, ser encontrado através de outros fabricantes autorizados (p. ex.: Texas).

>> Projeto 3

>> Interface óptica para TTL

Este projeto permite a conversão de um sinal luminoso (proveniente de algum tipo de equipamento ou circuito eletrônico) em um trem de pulsos compatível com a família lógica TTL. Na Figura 10.3, apresentamos o circuito em questão.

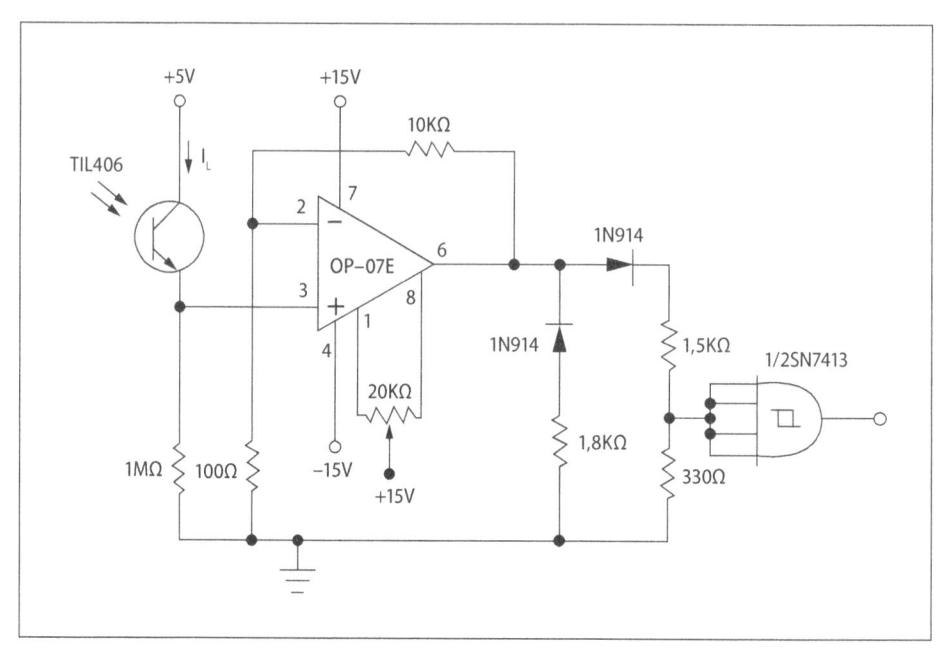

Figura 10.3

Orientações

» Este circuito utiliza o integrado OP-07E já mencionado no projeto anterior.
» O TIL 406 é um fototransistor fabricado pela Texas.
» Analise o circuito e explique o funcionamento do mesmo.
» Pense em algumas aplicações para o circuito em questão.

»» Projeto 4

»» Fotocontrole para relé

Apresentamos, a seguir, um circuito que permite o acionamento de um relé através de alterações nas condições de luminosidade do ambiente. Este circuito, apesar de sua simplicidade, apresenta alta sensibilidade às variações de luminosidade. Na Figura 10.4, temos o diagrama do circuito.

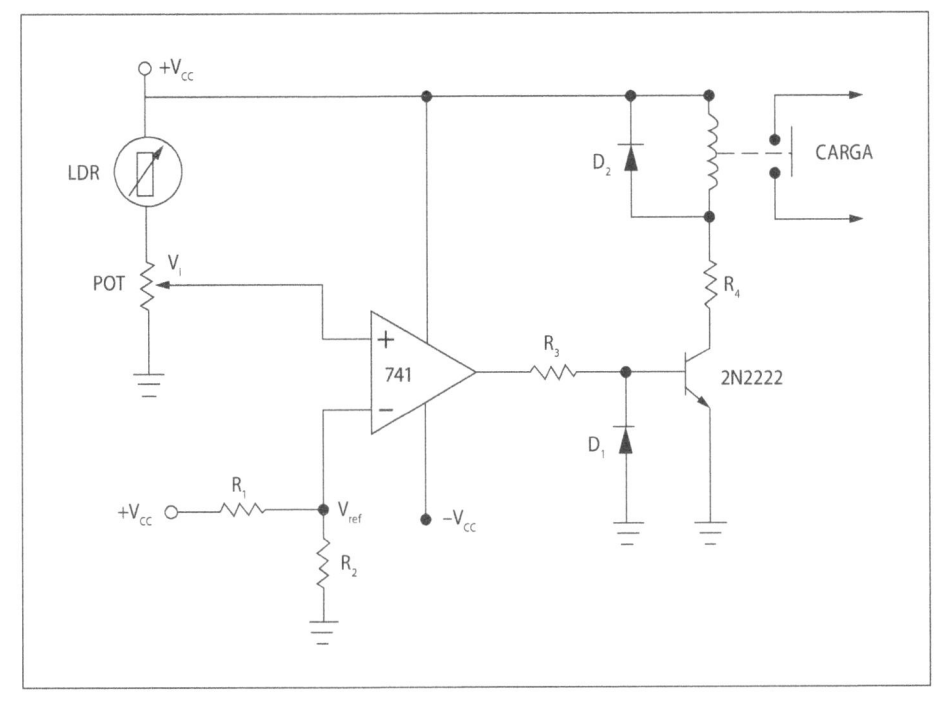

Figura 10.4

Orientações

» O sensor, no caso um LDR, provoca uma alteração na tensão V_i quando ocorre alguma variação nas condições de luminosidade do ambiente.
» Evidentemente, a condição desejada (*set-point* ou V_{ref}) é previamente determinada pelo projetista.
» A sensibilidade do circuito é ajustada através do potenciômetro POT em série com o LDR.
» O relé utilizado é do tipo para circuito impresso (p. ex., RU110012 da Schrack ou similar).
» Analise o circuito e determine os valores dos resistores, bem como do potenciômetro.
» Qual é a função dos diodos D_1 e D_2?
» Responda se é possível melhorar, ainda mais, a sensibilidade do circuito, substituindo o AOP LM 741 pelos comparadores LM 311 ou LM 339. Justifique sua resposta.

≫ Projeto 5

≫ Circuito prático de um amplificador logarítmico

Na Figura 10.5, apresentamos o circuito de um amplificador logarítmico, no qual se utiliza um par de transistores casados para reduzir a influência da temperatura.

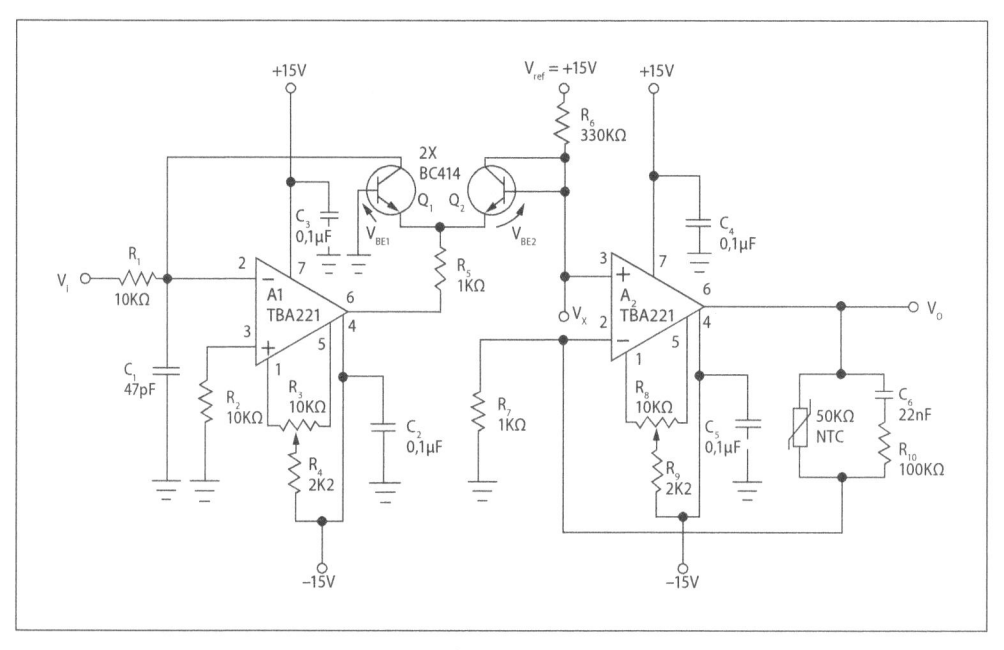

Figura 10.5

Orientações

- ≫ O AOP utilizado é o TBA 221, fabricado pela Siemens, o qual é equivalente ao AOP 741.
- ≫ Podemos perceber, pela figura anterior, que A_1 e Q_1 são os elementos-chave para a obtenção da característica logarítmica do sinal de saída.
- ≫ O transistor Q_2 tem a função de melhorar a estabilidade térmica do circuito, enquanto A_2 é simplesmente um amplificador linear com compensação de temperatura através de um termistor (NTC).
- ≫ Analise o circuito e procure determinar a equação de saída (V_o) do mesmo. Inicie a análise observando o sinal V_X na entrada não inversora de A_2. Você deverá obter uma equação independente do parâmetro I_{ES} [veja a seção "Circuitos logarítmicos", (p. 107)].

>> Projeto 6

>> Amplificador de ganho programável

Este circuito permite programar ou selecionar eletronicamente o ganho de um amplificador com AOP. É um circuito relativamente simples e que tem diversas aplicações práticas. Na Figura 10.6, temos o diagrama completo do circuito.

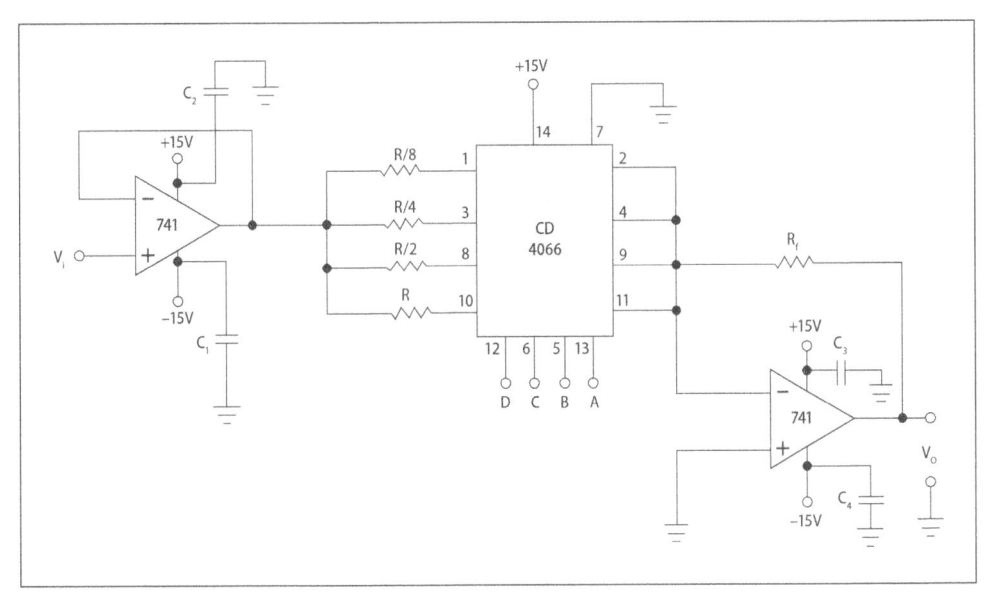

Figura 10.6

>> Orientações

- >> Este circuito utiliza o integrado CMOS CD4066, o qual é uma chave analógica controlada pelos terminais ABCD.
- >> Para maiores detalhes acerca da operação do CD4066, sugerimos uma consulta ao CMOS *databook* da Motorola ou de outro fabricante que produza a família CMOS.
- >> O *buffer* tem como função permitir a máxima transferência de sinal para o circuito.
- >> Determine os valores dos resistores e elabore uma tabela na qual se tenha todas as combinações possíveis dos terminais ABCD e os correspondentes ganhos de tensão.
- >> Compare os ganhos calculados (ou reais) com os respectivos ganhos teóricos (ou ideais).
- >> Qual é a finalidade dos capacitores C_1, C_2, C_3 e C_4?
- >> Os terminais de controle ABCD não utilizados deverão ser aterrados.

apêndice A

O amplificador diferencial

Para trabalhar com o AOP, não é necessário um estudo detalhado do seu circuito interno. Consultando as folhas de dados dos fabricantes, podemos constatar que a estrutura interna de um AOP é bastante complexa. Por outro lado, do ponto de vista técnico, essa análise é dispensável, já que não podemos modificar as características do AOP atuando diretamente em seu circuito interno. Todavia, julgamos conveniente que o leitor tenha uma visão em blocos da estrutura interna do AOP, bem como conheça um pouco acerca da parte principal dessa estrutura: o estágio diferencial de entrada. Esse estágio é formado basicamente por um amplificador diferencial, do qual faremos um breve estudo neste apêndice.

›› Considerações básicas

O amplificador diferencial é um circuito que apresenta uma tensão CC diferencial de saída (V_{od}) igual à tensão CC diferencial de entrada (V_{id}), multiplicada por um fator de ganho (A). Podemos encontrar o amplificador diferencial sob a forma de circuitos integrados, por exemplo, CA 3000 e MC 1733. O amplificador diferencial apresenta diversas aplicações práticas e, normalmente, os manuais dos fabricantes sugerem algumas dessas aplicações. O símbolo usual para um amplificador diferencial encontra-se na Figura A.1. O amplificador diferencial também deve ser alimentado simetricamente, apesar de seu símbolo não mostrar os terminais de alimentação.

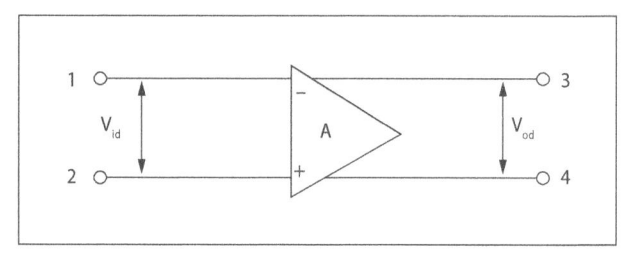

Figura A.1

Notemos que a tensão diferencial de saída, por definição, é dada pela diferença de potencial entre os terminais 3 e 4 de saída. A tensão diferencial de entrada é dada pela diferença de potencial entre os terminais 2 e 1 de entrada. Assim, temos:

$$\begin{array}{l}\text{(a) } V_{od} = V_3 - V_4 \\ \text{(b) } V_{id} = V_2 - V_1 \\ \text{(c) } V_{od} = AV_{id}\end{array}$$

Nota: Por razões didáticas, utilizamos neste apêndice a notação V_{id}, em vez de V_d, para indicar a tensão diferencial de entrada. (A-1)

Veremos, adiante, que A é exatamente o ganho diferencial de tensão (A_d), já utilizado na seção "Razão de rejeição de modo comum (CMRR)" (p. 49) para uma situação especial. Além disso, se $V_1 = V_2 = 0$, deveremos ter, idealmente, $V_{od} = 0$.

O amplificador diferencial é o responsável direto por diversas características intrínsecas do AOP, como:
- ›› resistência de entrada
- ›› corrente de polarização de entrada
- ›› CMRR (razão de rejeição de modo comum)

Quanto ao ganho do AOP, o mesmo é determinado pelo produto dos ganhos dos diversos estágios que o compõem, mas o amplificador diferencial contribui com o fator dominante desse produto.

Diagrama em blocos do AOP

Na Figura A.2, temos o diagrama em blocos de um AOP básico. Evidentemente, o primeiro bloco ou estágio é o amplificador diferencial. Sua função básica, já mencionada, é fornecer uma tensão CC diferencial amplificada. Essa tensão é aplicada no estágio seguinte, chamado estágio deslocador e amplificador intermediário, cuja função é proporcionar maior ganho de sinal, bem como ajustar em um referencial zero (terra) o nível de tensão CC proveniente do estágio anterior. Esse ajuste é importante para não alterar o referencial de saída do AOP, principalmente quando em operação com sinais CA. Convém ressaltar que os estágios que compõem o AOP apresentam acoplamento direto, ou seja, o sinal CC de saída de um estágio é aplicado diretamente na entrada do estágio seguinte. O leitor pode verificar esse fato observando o circuito interno de um determinado AOP fornecido no manual do fabricante do mesmo (no caso do AOP 741, veja o Apêndice D).[1]

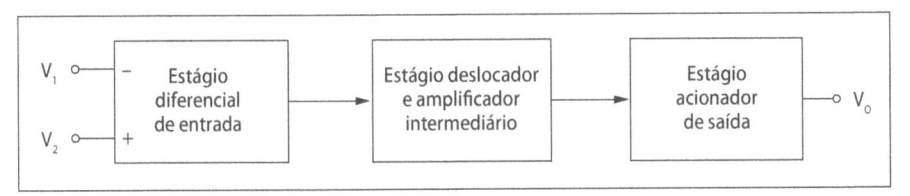

Figura A.2

Finalmente, temos o estágio acionador de saída. Esse estágio deve proporcionar uma baixa impedância de saída e suficiente corrente para alimentar a carga típica especificada para o AOP. Evidentemente, a impedância de entrada desse estágio precisa ser alta para não carregar o estágio anterior. Normalmente utiliza-se uma configuração do tipo seguidor de tensão para realizar esse estágio.

No item seguinte, analisaremos o importantíssimo e condicionante estágio diferencial de entrada.

Análise do amplificador diferencial básico

Na Figura A.3, temos o circuito de um amplificador diferencial elementar. Supondo o circuito simétrico, os transistores Q_1 e Q_2 idênticos e $V_1 = V_2 = 0$ (terra), podemos escrever:

---

[1] Por possuir acoplamento direto entre os estágios, o AOP é, essencialmente, um amplificador CC, ou seja, é capaz de amplificar sinais desde uma frequência zero (CC) até uma certa frequência máxima (denominada frequência de ganho unitário). Entretanto, o ganho de tensão em malha aberta do AOP sofre redução à medida que a frequência do sinal de entrada aumenta (veja o Capítulo 2).

(a) $V_{BE1} = V_{BE2}$
(b) $I_{C1} = I_{C2}$ (A-2)
(c) $I_{e1} = I_{E2}$

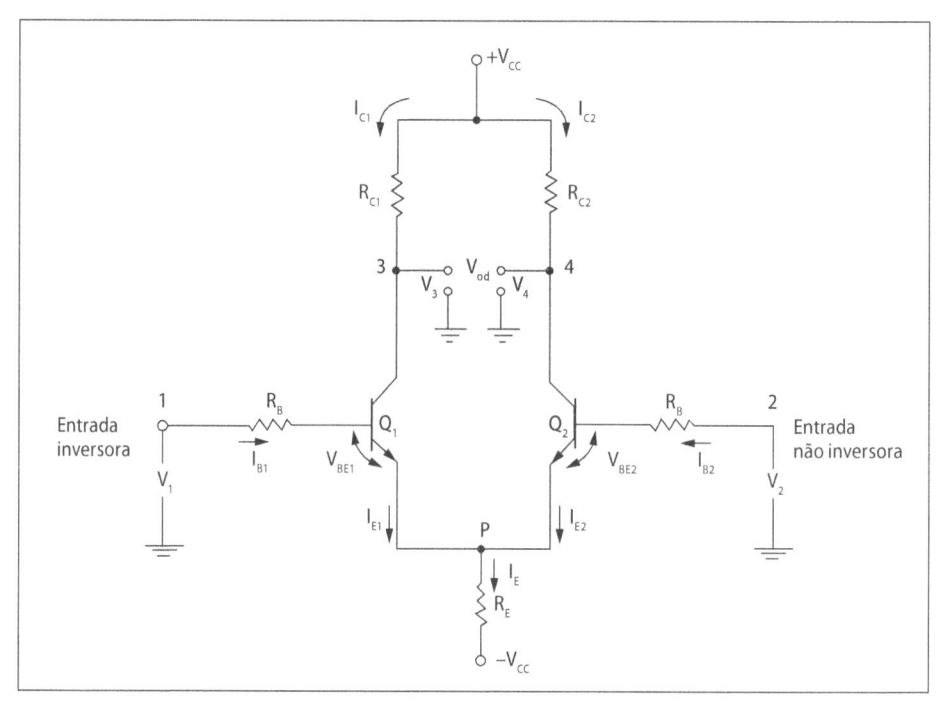

Figura A.3

Considerando $\beta \gg 1$, temos:

(a) $I_{C1} \simeq I_{E1}$
(b) $I_{C2} \simeq I_{E2}$ (A-3)

Porém:

$$I_E = I_{E1} + I_{E2} \quad (A\text{-}4)$$

A partir da equação anterior e impondo a condição de $|-V_{CC}| \gg |V_{BE}|$, temos:

$$I_E = \frac{2|V_{CC}|}{R_E} \quad (A\text{-}5)$$

Para demonstrar a equação acima, é necessário observar que o potencial no ponto P, para V_1 e V_2 conectados ao terra, é igual a $-V_{BE}$. A Equação A-5 nos permite concluir que I_E é função apenas de R_E e $|V_{CC}|$ e, considerando esses parâmetros constantes, o valor de I_E também será constante. Assim sendo, podemos dizer que a fonte $-V_{CC}$ e o resistor R_E formam uma fonte de corrente constante.

Como I_E é constante, teremos:

$I_{C1} + I_{C2} = $ CONSTANTE

Logo:

» Se I_{C1} aumenta $\Leftrightarrow I_{C2}$ diminui
» Se I_{C1} diminui $\Leftrightarrow I_{C2}$ aumenta

Em outras palavras, temos ($\uparrow$ = aumenta $\downarrow$ = diminui):

a) Para V_2 fixo,
$V_1 \uparrow, I_{B1} \uparrow, I_{C1} \uparrow \Rightarrow V_3 \downarrow$, mas, simultaneamente, $I_{C2} \downarrow \Rightarrow V_4 \uparrow$
b) Para V_1 fixo,
$V_2 \uparrow, I_{B2} \uparrow, I_{C2} \uparrow \Rightarrow V_4 \downarrow$, mas, simultaneamente, $I_{C1} \downarrow \Rightarrow V_3 \uparrow$

Considerando as Equações A-1(a) e A-1(b), podemos concluir:

Um acréscimo de V_1 em relação a V_2 implica num acréscimo em V_{id} e V_{od}, ambos no "sentido negativo" e, por outro lado, um acréscimo de V_2 em relação a V_1 implica num acréscimo em V_{id} e V_{od}, ambos no "sentido positivo".

Podemos dizer que o sinal obtido na saída 3 do amplificador diferencial está em fase com o sinal aplicado na entrada 2, quando a entrada 1 estiver no terra, e, por outro lado, a saída 4 está em antifase com a referida entrada. Entretanto, se aplicarmos um sinal na entrada 1 e colocarmos a entrada 2 no terra, teremos na saída 3 um sinal em antifase e na saída 4 um sinal em fase com o sinal aplicado. A Figura A.4 ilustra o que dissemos.

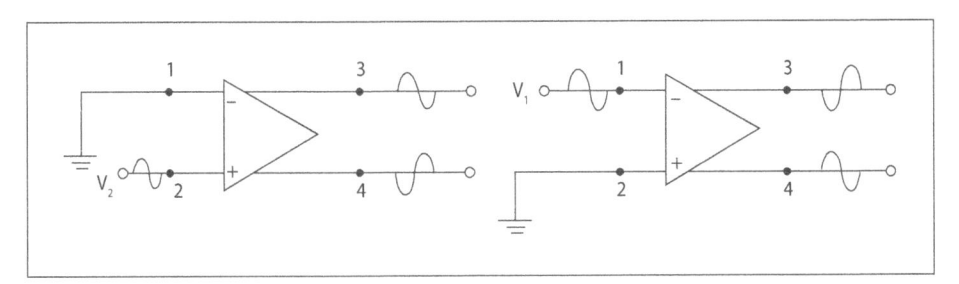

Figura A.4

Uma utilização muito frequente do amplificador diferencial é aquela na qual se tem um sinal $v_1 = V_m \text{sen}\omega t$ na entrada 1 e outro sinal $v_2 = -V_m \text{sen}\omega t$ na entrada 2. Dessa forma, teremos nas saídas os seguintes sinais:

$v_3 = -2V_m \text{sen}\omega t$

$v_4 = 2V_m \text{sen}\omega t$

Em função da conclusão anterior, podemos perceber que a razão entre V_{od} e o correspondente valor de V_{id} será sempre um número positivo, o qual representa um certo ganho A. Assim, temos:

$$A = \frac{V_{od}}{V_{id}}$$

Por motivos óbvios, podemos denominar esse ganho de ganho diferencial de tensão e passaremos a representá-lo por A_d, em concordância com o que fizemos na seção "Razão de rejeição de modo comum" (CMRR) (p. 49). Portanto:

$$A_d = \frac{V_{od}}{V_{id}} \qquad \text{(A-6)}$$

Esse resultado estabelece a validade da Equação A-1(c) e nos permite verificar o comportamento "quantitativo" do amplificador diferencial. A Equação A-6 pode ser colocada sob outra forma:

$$V_{od} = A_d(V_2 - V_1) \qquad \text{(A-7)}$$

A equação anterior nos dá a tensão diferencial de saída do estágio de entrada do AOP. Essa tensão, ao ser aplicada no estágio intermediário, é deslocada para um referencial "zero" (terra) e amplificada de modo que o ganho final seja o ganho em malha aberta (A_{vo}) fornecido pelo fabricante do AOP. Na saída do AOP em malha aberta, teremos uma tensão final V_o, dada por:

$$V_o = A_{vo}(V_2 - V_1) \qquad \text{(A-8)}$$

Esta equação costuma ser denominada de "equação fundamental do AOP". Notemos que uma pequena diferença de potencial entre V_2 e V_1 é multiplicada por um valor muito alto e poderá resultar até mesmo na saturação do sinal de saída. Na prática, uma diferença de 1mV é suficiente para levar um AOP em malha aberta à saturação.

>> Tensão de offset de entrada e tensão de offset de saída

Idealmente, a tensão de saída do amplificador diferencial da Figura A.3 deveria ser nula quando $V_2 = V_1 = 0$. Todavia, devido às diferenças existentes nas características de Q_1, e Q_2 (apesar dos mesmos serem fabricados com tecnologia de circuitos integrados), tem-se um desbalanceamento das correntes no circuito e, consequentemente:

$V_{BE1} \neq V_{BE2}$

A diferença (em módulo) entre esses valores de V_{BE} é denominada "tensão de *offset* de entrada" e será representada por $V_i(OFFSET)$:

$V_i(OFFSET) = |V_{BE2} - V_{BE1}|$

Essa tensão de *offset* de entrada age como um sinal diferencial (V_{id}) aplicado nas entradas do amplificador e produz uma tensão diferencial (V_{od}) na saída do mesmo. Essa tensão de saída é denominada "tensão de *offset* de saída" (ou "tensão de erro de saída") e será representada por V_o(OFFSET). Em circuitos de alta precisão, é necessário minimizar ou eliminar essa tensão de erro de saída.

No caso de um AOP, o cancelamento ou balanceamento dessa tensão de *offset* de saída é obtido através de um divisor de tensão conectado ao estágio diferencial de entrada. Esse divisor de tensão irá permitir o balanceamento das correntes de base e de coletor, de tal forma que a diferença entre os valores de V_{BE1} e V_{BE2} se anulem. Esse ajuste deve ser feito com as entradas inversora e não inversora conectadas ao terra. Após o balanceamento, pode-se proceder a montagem do circuito desejado, tomando-se cuidado para não alterar o ajuste efetuado. Alguns AOPs possuem os terminais próprios para o ajuste da tensão de *offset* de saída. Entretanto, existem outros AOPs que não possuem esses terminais, e o usuário deverá montar um circuito externo convenientemente conectado às entradas do AOP para executar o ajuste. Esse assunto já foi abordado na seção "Considerações práticas e tensão de *offset*" (p. 40).

Finalmente, é conveniente ressaltar que, devido às alterações das condições ambientes (principalmente a temperatura), surge um fenômeno denominado *drift*, o qual irá alterar as características elétricas do AOP e, conseqüentemente, as suas condições quiescentes, provocando um desbalanceamento do circuito e o ressurgimento da tensão de *offset* de saída. A solução, nesse caso, é refazer o ajuste.

» *Conclusão*

Acreditamos que este apêndice foi útil ao leitor no sentido de fornecer alguns detalhes do circuito interno do AOP, principalmente do seu estágio diferencial de entrada.

Vimos no Capítulo 3 (p. 48), o amplificador diferencial (ou subtrator) com AOP. Com esse amplificador, podemos executar (com vantagens adicionais) a função básica do amplificador diferencial, propriamente dito, estudado neste apêndice. Em outras palavras: com um AOP podemos realizar um amplificador diferencial, mas com apenas um amplificador diferencial não podemos realizar um AOP. Veja a seção "O amplificador diferencial ou subtrator" na página 48.

apêndice B

Problemas analíticos

Apresentaremos, a seguir, uma coletânea de problemas cujas soluções exigem técnicas analíticas. Esses problemas têm como objetivo aprimorar a capacidade do estudante de analisar circuitos com AOPs. Acreditamos que isso é muito importante, pois, na prática profissional, podem surgir circuitos cuja análise permitirá uma melhor compreensão do sistema. A capacidade analítica é importante, também, para aqueles que estiverem envolvidos com projetos de circuitos com AOPs. Julgamos conveniente apresentar as respostas para alguns dos problemas colocados neste apêndice.

B1 No circuito a seguir, supondo o AOP ideal, pede-se:
a) Determine a tensão V_o, em função de V_a e V_b.
b) Determine o valor de V_o, quando $V_a = 10mV$ e $V_b = 20mV$.

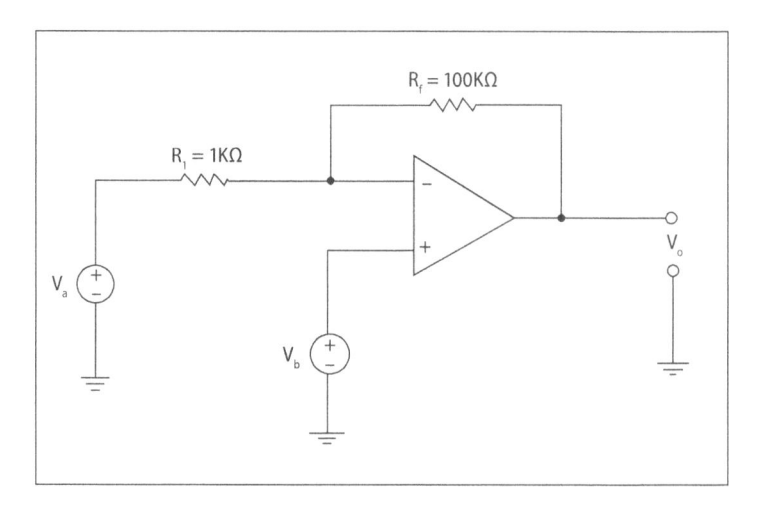

Resposta:
a) $V_o = 101V_b - 100V_a$
b) $V_o = 1{,}02V$

B2 Calcule E_o no circuito abaixo. Suponha os AOPs ideais.

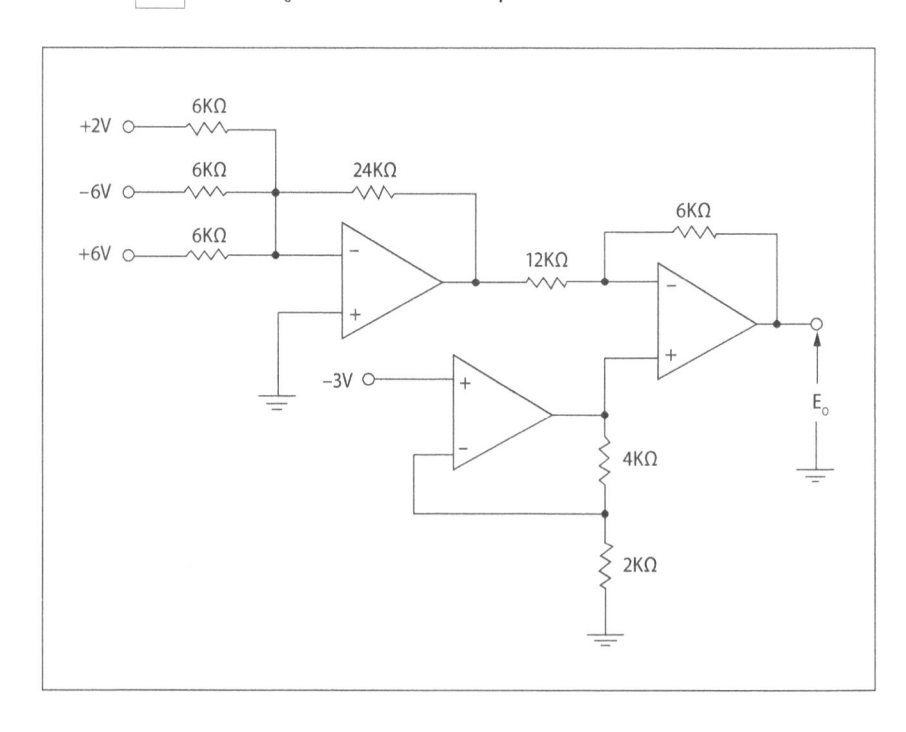

B3 Determine a corrente I no circuito abaixo. Suponha o AOP ideal.

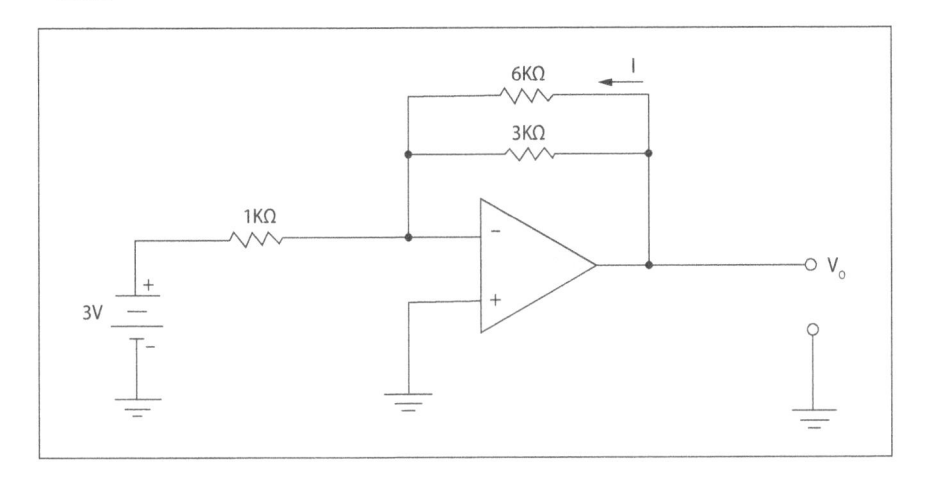

Resposta:
I = −1mA

B4 Determine V_o no circuito abaixo. Suponha o AOP ideal e alimentado com ±15V.

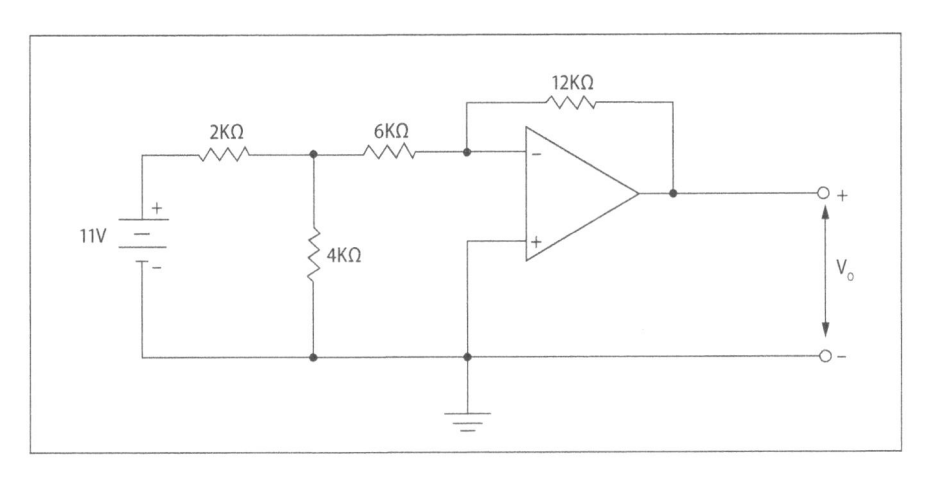

B5 No circuito abaixo, determine o valor mínimo e o valor máximo da carga (R_L), de modo que a corrente I esteja situada na faixa de 2mA a 8mA. Suponha o AOP ideal.

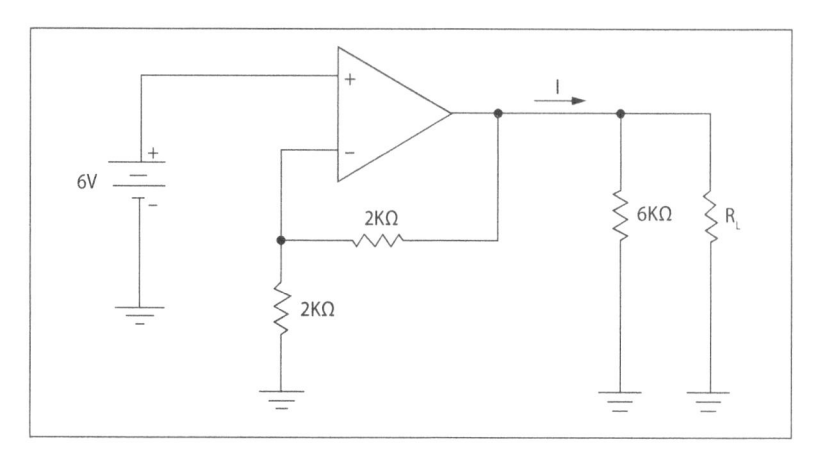

Resposta:
$R_L = \infty$ (máximo)
$R_L = 2K\Omega$ (mínimo)

B6 Determine V_o no circuito abaixo. Suponha o AOP ideal.

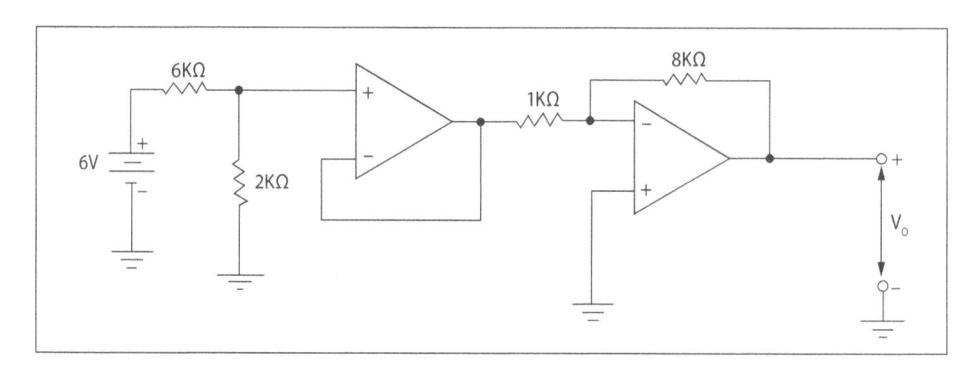

Resposta: $V_o = -12V$

B7 Determine o ganho (A_{vf}) do circuito abaixo, supondo o AOP ideal, sendo: R_f = 2MΩ, C = 0,01μF e ω = 1.000rad/s. Qual é a dimensão de A_{vf}? Por quê?

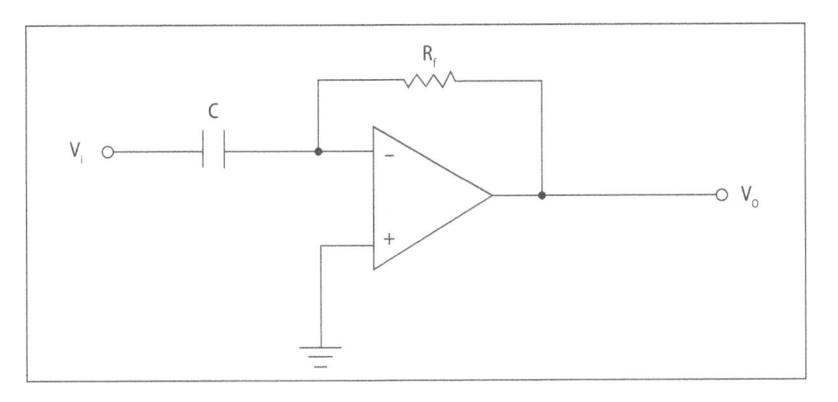

Resposta:
A_{vf} = 20 (módulo)
A_{vf} é adimensional

B8 Calcule o ganho, em decibéis, do circuito abaixo, sendo: R = 1KΩ, C = 0,01μF e ω = 10.000rad/s. Suponha o AOP ideal.

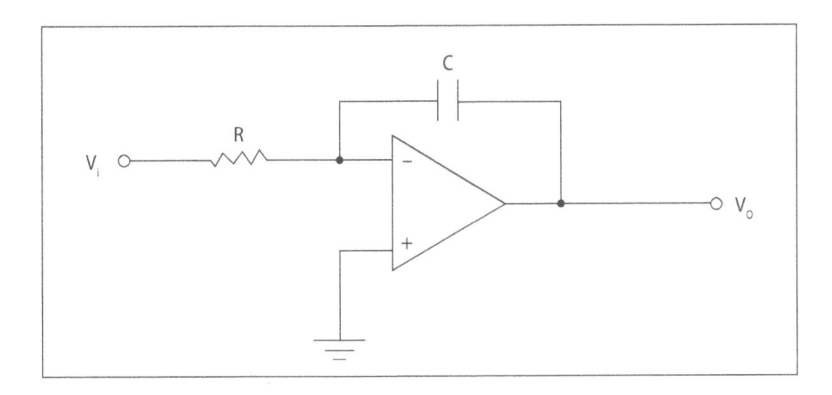

Resposta:
$A_{vf}(dB)$ = 20dB

B9 Calcule o ganho do circuito abaixo, considerando o AOP ideal.

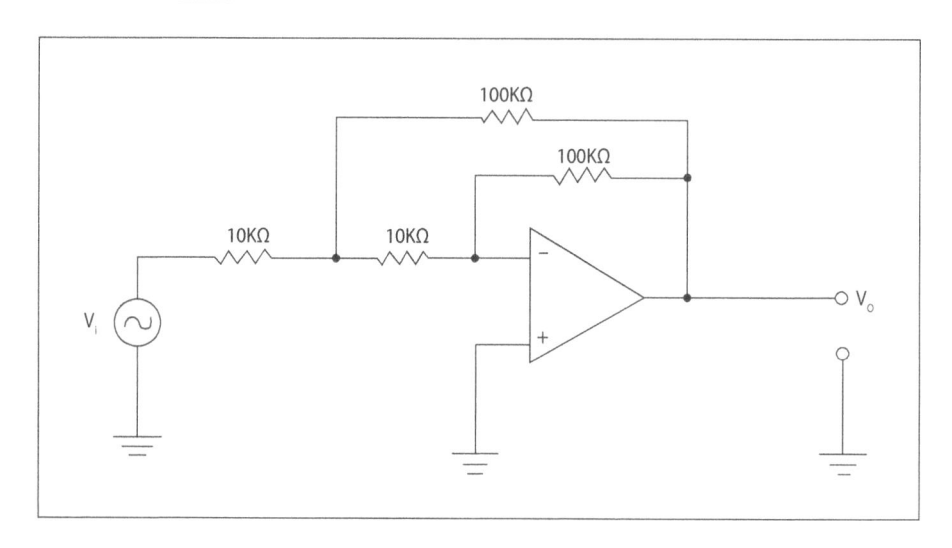

Nota: Experimente montar, em laboratório, este circuito para comprovar a resposta abaixo.

Resposta:
$A_{vf} \simeq -3,2$

Sugestão: Utilize o sentido convencional para as correntes.

B10 Dado o amplificador em "ponte", calcule R_1 em função de v_i, v_o e R. Suponha o AOP ideal.

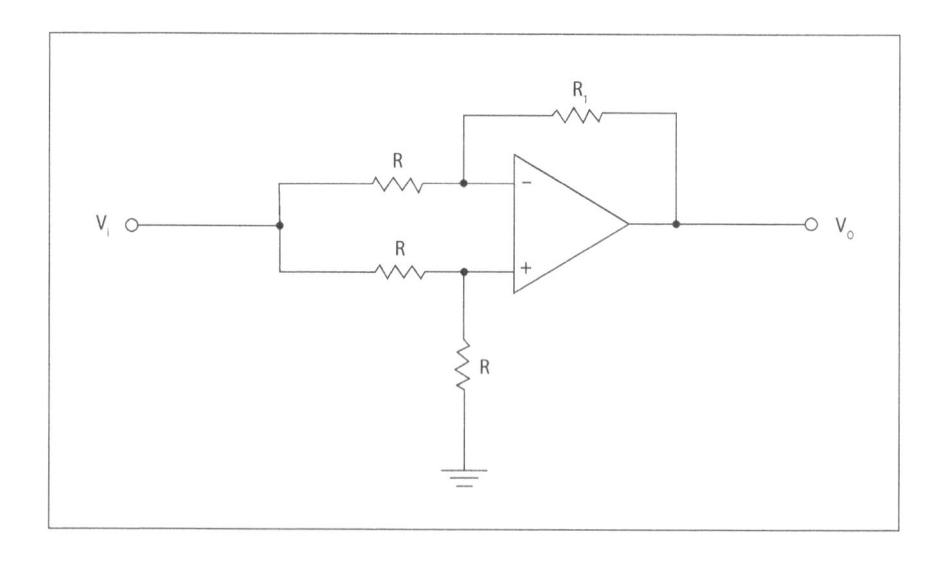

B11 No circuito abaixo, supondo o AOP ideal, pede-se:
a) Determine o ganho do circuito ($A_{vf} = v_2/v_1$).
b) Calcule o valor do ganho quando $R_1 = R_3 = 10K\Omega$ e $R_2 = 16K\Omega$.

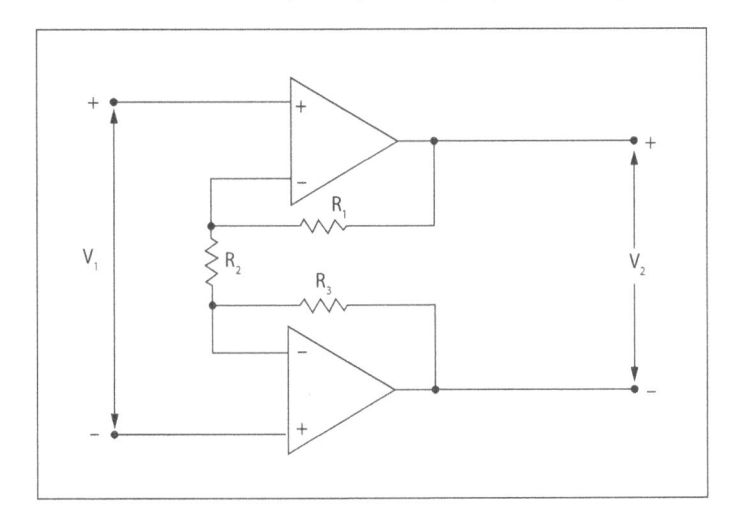

Nota: Este circuito é denominado amplificador de entrada diferencial e saída diferencial.

Resposta:

a) $A_{vf} = 1 + \left(\dfrac{R_1 + R_3}{R_2}\right)$

b) $A_{vf} = 2,25$

B12 Dado o circuito a seguir, calcule v_i (assuma o AOP ideal).

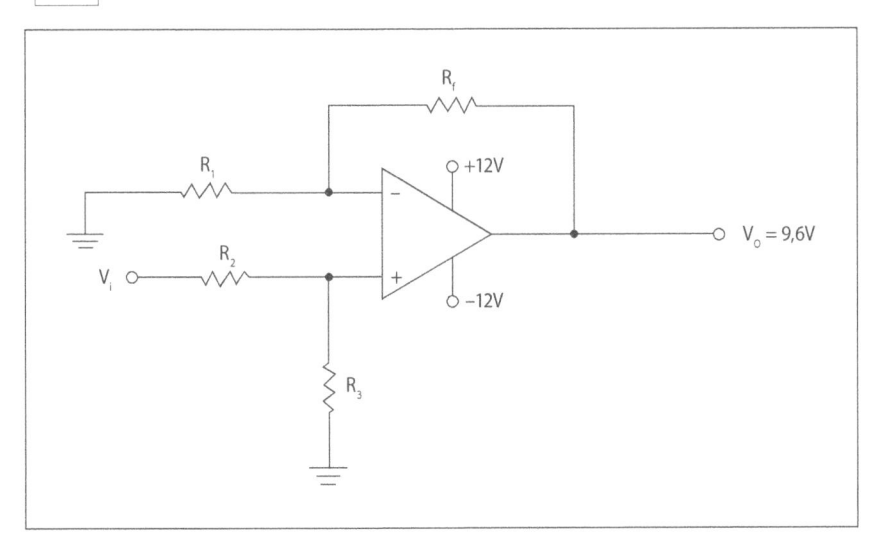

Dados:
$R_1 = 20K\Omega$ $R_2 = 10K\Omega$
$R_3 = 20K\Omega$ $R_f = 70K\Omega$

B13 Dado o circuito a seguir, determine o ganho A_{vf} do mesmo nas seguintes situações (supondo o AOP ideal):
a) A chave ch está fechada.
b) A chave ch está aberta.

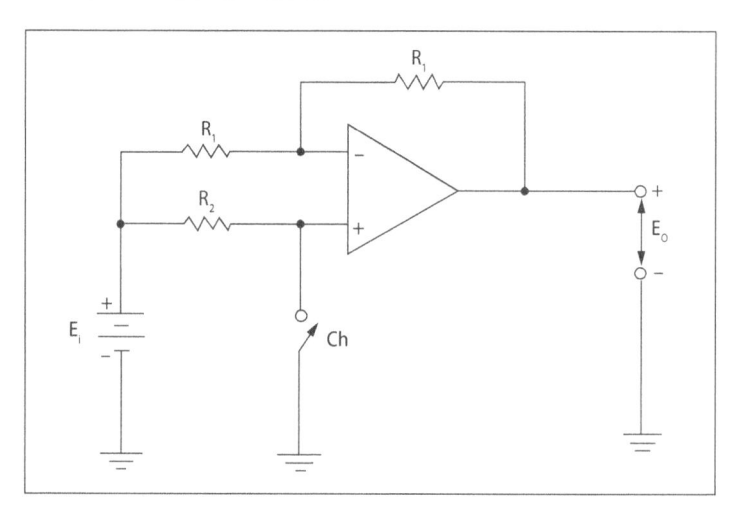

Resposta:
a) $A_{vf} = -1$
b) $A_{vf} = +1$

B14 No próximo circuito, deseja-se que a saída apresente a seguinte relação:

$$V_2 = \frac{V_3}{3} - 2V_1$$

Supondo o AOP ideal, pede-se:
a) Determine R_a de modo a satisfazer a relação acima.
b) Se R_a entrar em curto, qual será o valor de V_2, supondo $V_1 = 0V$ e $V_3 = 2V$?

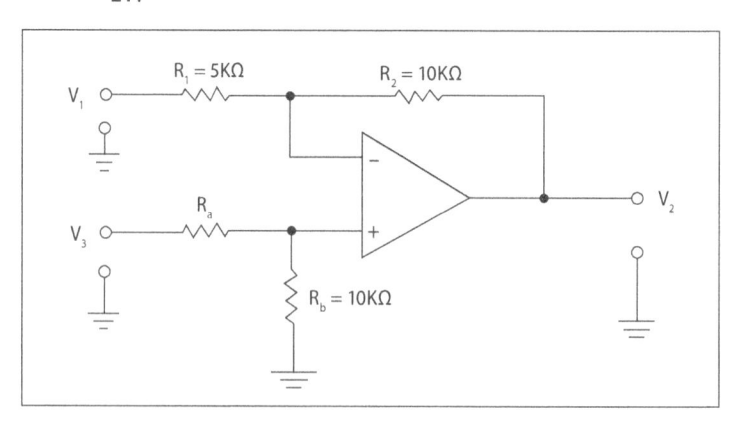

B15 Obtenha a equação de saída do circuito abaixo. Suponha os AOPs ideais.

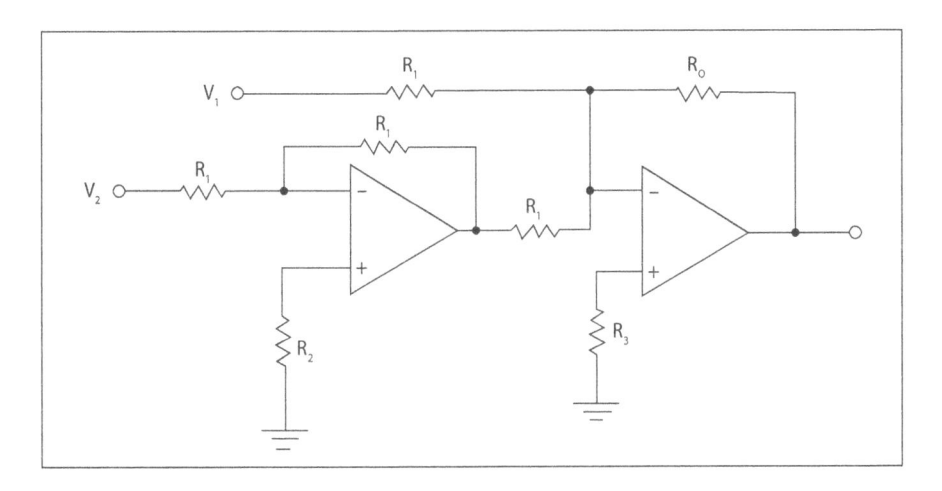

Resposta:

$$V_o = \frac{R_0}{R_1}(V_2 - V_1)$$

B16 Projete um amplificador inversor com ganho de 20dB e com alta impedância de entrada (dezenas de mega-ohms ou mais!).

B17 Uma forma de implementar um integrador não inversor é mostrada na figura a seguir. Determine a equação de saída do circuito. Suponha o AOP ideal e o capacitor inicialmente descarregado.

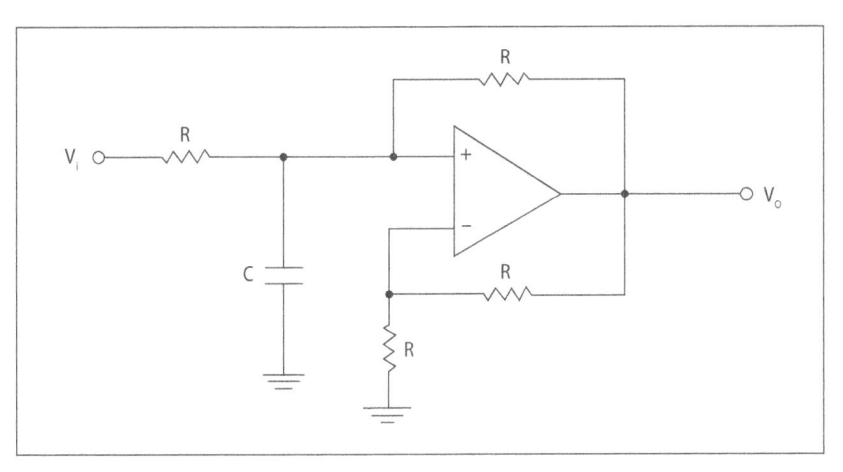

Resposta:

$$V_o = \frac{2}{RC}\int^t v_i\, dt$$

B18 Determine o ganho (A_{vf}) do circuito a seguir, quando se aplica um sinal contínuo na entrada do mesmo. Suponha o AOP ideal e os capacitores inicialmente descarregados. (Atenção!)

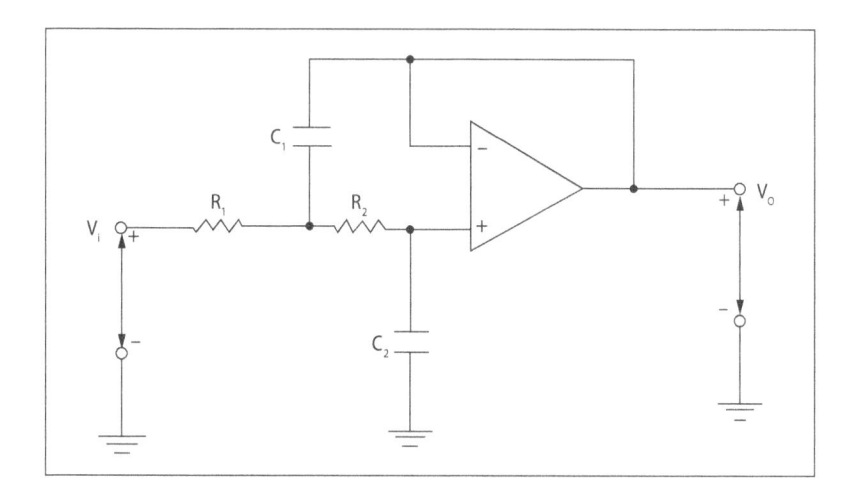

B19 Supondo que no circuito anterior se aplique um sinal senoidal v_i de frequência variável, calcule o ganho do mesmo em função de ω. Qual será o ganho em decibéis quando: $R_1 = R_2 = 1M\Omega$, $C_1 = C_2 = 1\mu F$ e $\omega = 10^3$ rad/s?

Resposta:
$A_{vf} \simeq -120$dB

B20 No circuito abaixo, aplica-se um sinal contínuo V_1 na entrada do AOP1. Determine, exclusivamente em função de V_1, a diferença de potencial V_{ab} sobre a carga RL = 200Ω. Suponha os AOPs ideais.

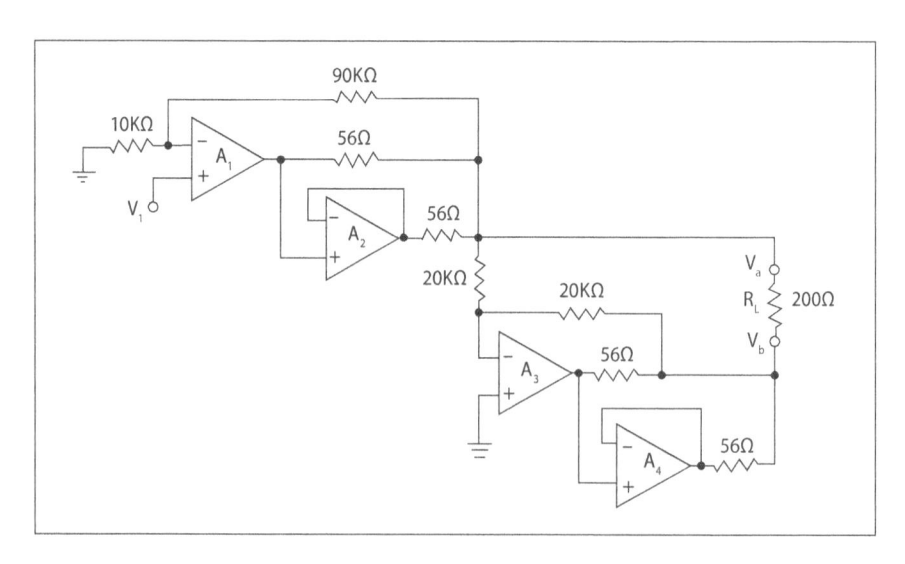

B21 Demonstre que o ganho $A_{vf} = \dfrac{V_2}{V_1}$ do circuito a seguir é dado por:

$$A_{vf} = \frac{V_2}{V_1} = \frac{ab}{1 + b[(1+a)/(1+c)]}$$

Suponha os AOPs ideais.

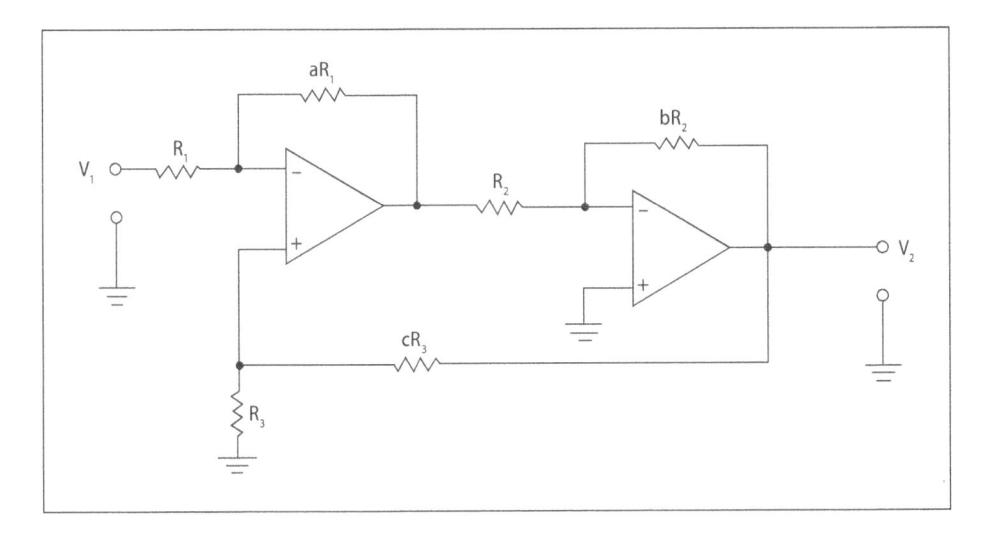

B22 Determine a impedância de entrada do circuito abaixo em função das demais resistências. Suponha o AOP ideal. Qual é a condição para que se tenha Z_i infinito?

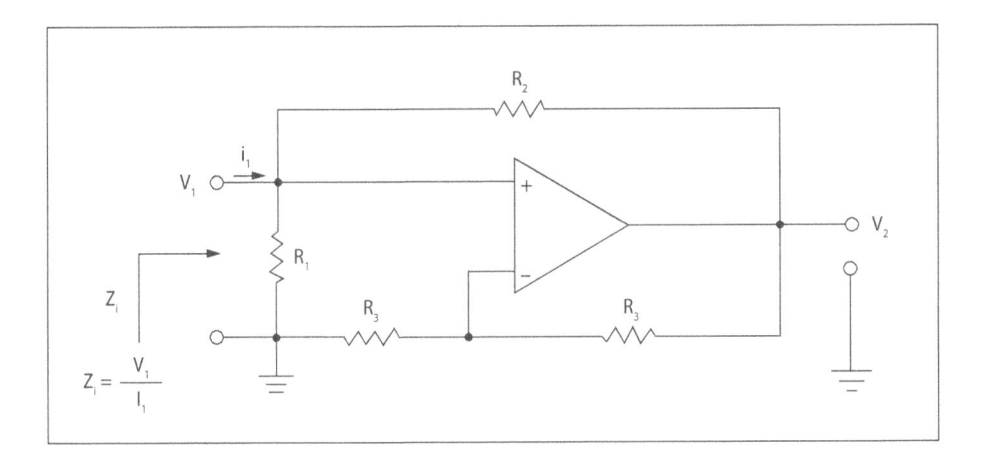

B23 Demonstre que no circuito abaixo o potencial no ponto P é dado por.

$$V_P = \frac{R_A R_C}{R_A R_B + R_A R_C + R_B R_C} \cdot V_o$$

Suponha o AOP ideal.

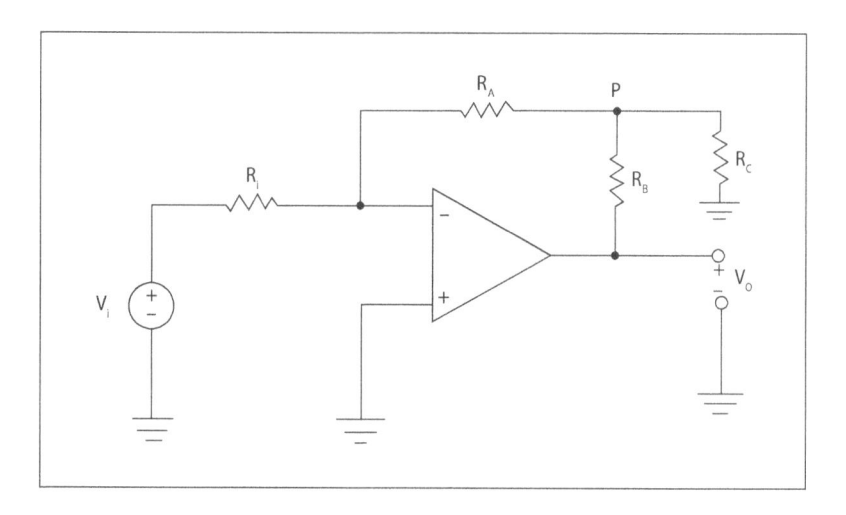

B24 No circuito anterior, supondo o AOP ideal, pede-se:
a) Determine o ganho $A_{vf} = \frac{v_o}{v_i}$ em função dos resistores R_1, R_A R_B e R_C.
b) Se num amplificador inversor tivermos $R_1 = 100K\Omega$, qual será o valor de R_f (resistor de realimentação), de modo que $A_{vf} = -100$?
c) Mantendo $R_1 = 100K\Omega$, determine os valores de R_A, R_B e R_C, de modo que nenhum desses seja superior a $100K\Omega$ e o mesmo ganho ($A_{vf} = -100$) seja obtido.
d) Compare os valores dos resistores de (b) com os valores de (c). Qual é a sua conclusão?

B25 O circuito dado a seguir apresenta uma realimentação negativa e outra positiva. Supondo o AOP ideal, determine v_o em função de v_i.

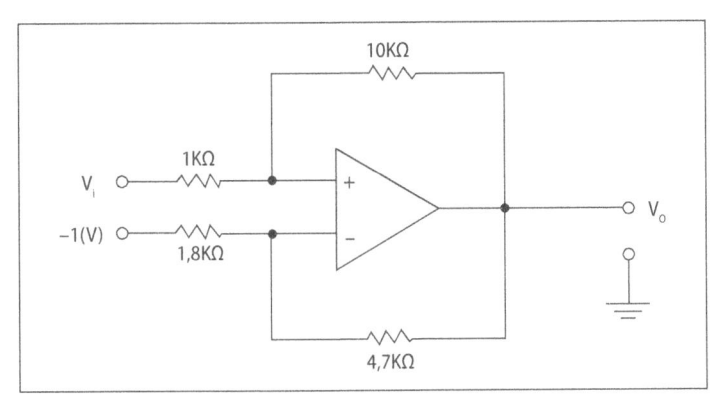

Nota: Monte este circuito para comprovar a resposta abaixo.

Resposta:

$v_o \simeq 4{,}89v_i + 3{,}89$

B26 Determine V_{o1} e V_{o2} no circuito a seguir. Suponha os AOPs ideais. O que significa uma corrente com valor negativo?

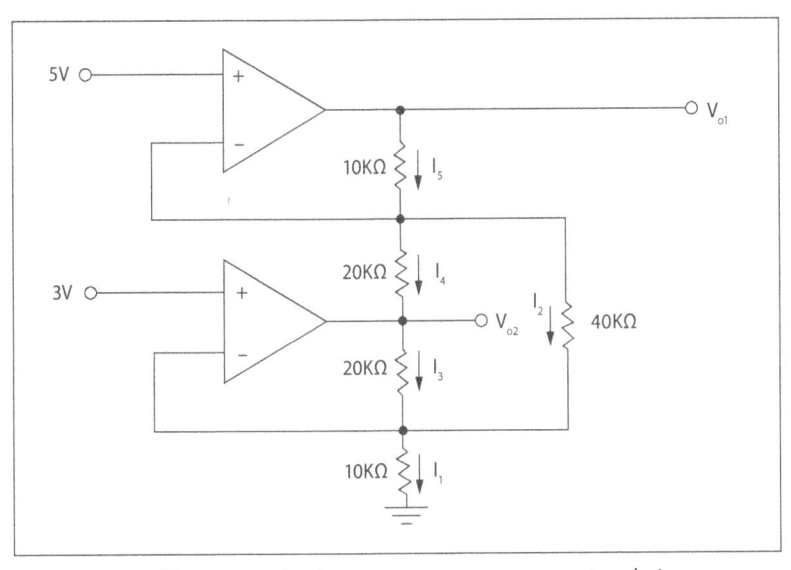

Nota: Monte este circuito para comprovar as respostas abaixo.

Resposta:

$V_{o1} = 4V$
$V_{o2} = 8V$

B27 Um gerador tacométrico (ou tacômetro) é um tipo de gerador elétrico que fornece uma tensão de saída proporcional à velocidade do seu eixo, o qual é mecanicamente acoplado ao eixo de um motor, possibilitando, assim, a medição e o controle da velocidade (em rpm) do motor. Uma das características fundamentais de um bom gerador tacométrico é possuir uma boa linearidade de resposta.

Na figura a seguir, temos o diagrama em blocos de um sistema de controle de velocidade de um motor CC. Explique o funcionamento desse sistema, bem como a função do *set-point* na entrada não inversora do comparador.

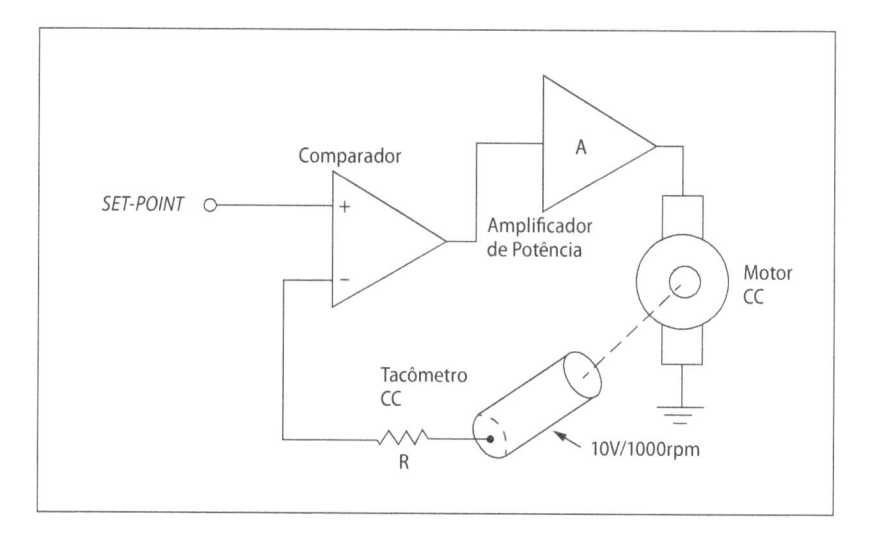

B28 Projete um comparador inversor regenerativo (disparador de Schmitt) cujas tensões de disparo sejam aproximadamente ±50mV. Suponha o circuito alimentado com ±12V. Faça $R_2 = 39K\Omega$.

Resposta:

$R_1 \simeq 178,1\Omega$

B29 Projete um oscilador com ponte de Wien, de modo que a frequência do sinal de saída possa variar numa faixa de 25Hz a 1KHz. Faça os capacitores do circuito ressonante iguais a 0,02μF (dois capacitores de 0,01μF em paralelo). Determine o valor do potenciômetro (comercial) que permita obter a variação desejada.

Respostas:
$R_{(mín)} \simeq 8K\Omega$
$R_{(máx)} \simeq 318K\Omega$

Utilize um potenciômetro duplo de 330KΩ (comercial).

B30 Projete um multivibrador astável (gerador de trem de pulsos), utilizando o circuito da Figura 5.24(c), de tal modo que a taxa de trabalho em estado alto do circuito seja de 75%. Faça $C = 0,047\mu F$ e $R_1 = 10K\Omega$. Determine a frequência do sinal de saída.

B31 Projete um multivibrador astável com AOP no qual a frequência do sinal de saída é de 10KHz. Faça $C = 0,01\mu F$, $R_1 = R_2 = 15K\Omega$.

Resposta:

$R_3 \simeq 75,8K\Omega$

(O valor comercial mais próximo é 75KΩ da série E-24. Outra opção é utilizar um potenciômetro multivoltas de 100KΩ para ajustar com precisão o valor de R_3.)

B32 Passe para a base 10 a expressão de saída (Equação 5-20) do circuito logarítmico da Figura 5.31. Determine V_o na temperatura ambiente.

Sugestão: Utilize a fórmula de mudança de base:

$$\log_a b = \frac{\log_c b}{\log_c a}$$

B33 Considere o circuito antilogarítmico da Figura 5.32 no qual $R_1 = 10K\Omega$ e $I_{ES} = 0,1pA$. Determine V_o na temperatura ambiente para cada um dos valores de V_i dados abaixo:

a) 420mV
b) 480mV
c) 540mV
d) 600mV

Resposta:
Aproximadamente os mesmos valores de V_i (negativos) fornecidos no Exercício Resolvido 6, do Capítulo 5.

B34 Projete um circuito em cuja saída tenhamos o quociente de duas variáveis ($V_o = V_1/V_2$). Despreze as constantes I_{ES} de cada estágio.

Sugestão: Lembre que $\ell n(a/b) = \ell n(a) - \ell n(b)$

B35 Na figura a seguir, temos um retificador de onda completa de precisão (ou circuito de valor absoluto). Explique o funcionamento do circuito, fazendo, inclusive, um esboço das formas de onda (supostas senoidais) nos pontos v_i, v_1, v_2 e v_o.

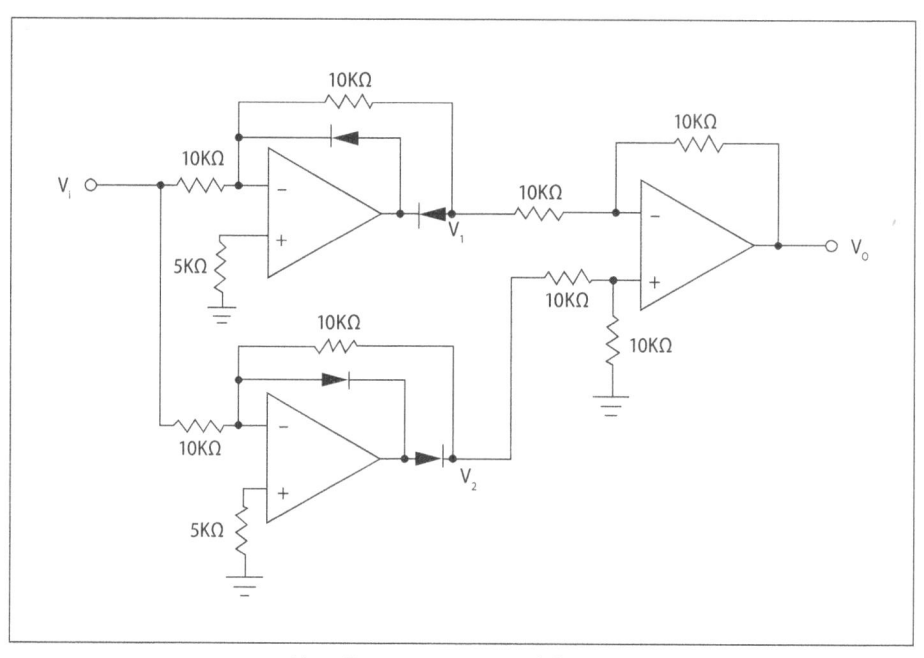

Nota: Procure montar, em labotarório, este circuito.

B36 Utilizando estrutura VCVS, projete um filtro PB de segunda ordem, resposta tipo Butterworth, ganho 2 e frequência de corte igual a 1KHz.

B37 Utilizando estrutura MFB, projete um filtro PA de segunda ordem, resposta Chebyshev com 0,1dB, ganho 2 e frequência de corte igual a 5KHz.

B38 Utilizando estruturas VCVS, projete um filtro PB de quarta ordem, resposta tipo Butterworth, ganho 16 e frequência de corte igual a 1KHz. Utilize em cada estágio capacitores de $0,01\mu F$ ($C_1 = C_2 = 0,01\mu F$).

Respostas:
1º ESTÁGIO
$R_1 \simeq 8,6K\Omega$
$R_2 \simeq 29,5K\Omega$
$R_3 \simeq 50,8K\Omega$
$R_4 \simeq 152,4K\Omega$
$C_1 = C_2 = 0,01\mu F$

2º ESTÁGIO
  $R_1 \simeq 6{,}1K\Omega$
  $R_2 \simeq 41{,}5K\Omega$
  $R_3 \simeq 63{,}5K\Omega$
  $R_4 \simeq 190{,}4K\Omega$
  $C_1 = C_2 = 0{,}01\mu F$

B39 Utilizando estrutura MFB, projete um filtro PF com ganho 10, frequência central igual a 1KHz e largura de faixa igual a 125Hz. Determine as frequências de corte superior e inferior do filtro.

Resposta:
$f_{c1} \simeq 939{,}45Hz$
$f_{c2} \simeq 1064{,}45Hz$

B40 Utilizando estrutura VCVS, projetar um filtro RF com ganho unitário, frequência central 500Hz e fator de qualidade igual a 5. Determine as frequências de corte superior e inferior ao filtro.

Resposta:
$C = 0{,}02\mu F$
$R_1 \simeq 1{,}59K\Omega$
$R_2 \simeq 159K\Omega$
$R_3 \simeq 1{,}58K\Omega$

B41 Utilizando estrutura MFB, projete um circuito deslocador de fase que apresente uma defasagem de 60° na frequência de 200Hz.

Resposta:
$a \simeq 0{,}457$
$C = 0{,}05\mu F$
$R_1 \simeq 17{,}4K\Omega$
$R_2 = 4R_1 \simeq 69{,}6K\Omega$
$R_3 = R_4 = 8R_1 \simeq 139{,}2K\Omega$

B42 Projete um circuito que forneça três sinais senoidais (V_1, V_2 e V_3) de 60Hz, defasados entre si de 120° e com amplitudes idênticas, conforme está indicado no diagrama fasorial a seguir.

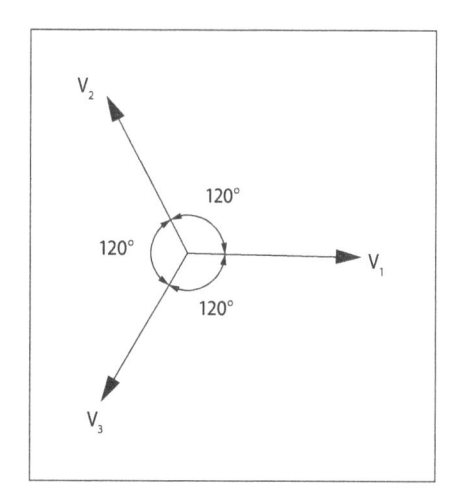

Note que este circuito pode ser considerado um simulador de um gerador trifásico.

B43 Demonstre que o circuito abaixo[1] possibilita a simulação de uma indutância L dada por:

$$L = \frac{R_1 R_3 R_5 C_2}{R_4}$$

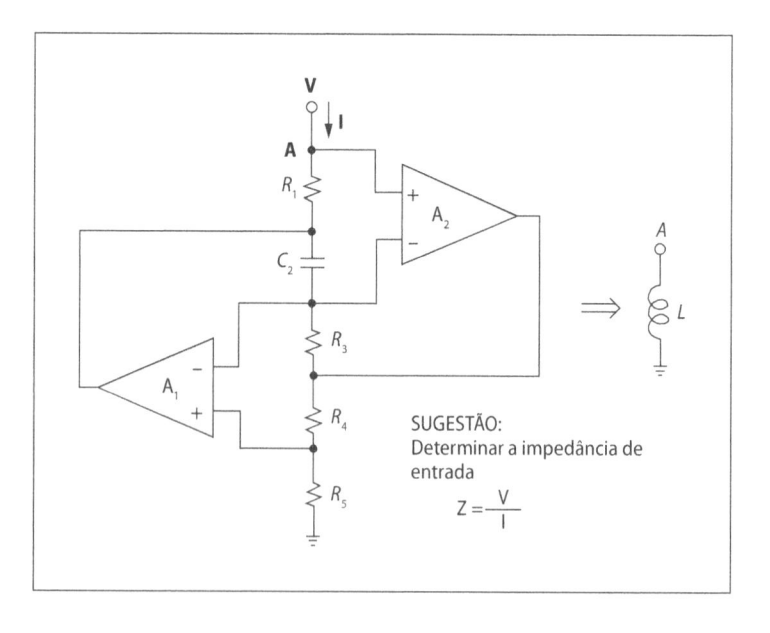

SUGESTÃO: Determinar a impedância de entrada

$$Z = \frac{V}{I}$$

---

[1] Este circuito é denominado GYRATOR e foi concebido pelo Professor Andreas Antoniou da University of Victoria (Canadá).

>> **apêndice C**

Tutorial de conversores A/D e D/A

Introdução

O conversor A/D (analógico-digital) gera representações numéricas aproximadas de sinais elétricos analógicos, a fim de serem mostrados em painéis (*displays*), ou para permitir o processamento desses sinais por meio de *software*, em filtros e analisadores digitais. Isso nos dá agilidade para melhorarmos a análise da solução obtida com um determinado sistema, sem termos que alterar o circuito necessário, bastando criarmos outro *software*. Além disso, o aquecimento e o envelhecimento dos componentes analógicos alteram seus valores, alterando assim os parâmetros de funcionamento do circuito, o que não ocorre na solução por processamento digital de sinais.

Um conversor D/A (digital-analógico) faz o caminho de volta: a partir de um valor numérico representado por vários *bits* com duas tensões apenas (representação em binário), ele produz uma tensão analógica que assume muitos valores possíveis de tensão. Podemos produzir, ponto a ponto, as ondas elétricas no formato que for conveniente, por meios digitais, baseados em sequências de cálculos (senoides, por exemplo) ou como uma sequência de valores tabelados, com os pontos que formam o sinal. Podemos criar, por exemplo, o som de um tambor eletrônico, com um som agressivo, mesmo sem gravar nenhum sinal de tambor previamente. Nesse procedimento de síntese de sinais, é necessário um conversor D/A para percebermos seu efeito no mundo real (por exemplo, para ouvir o som daquele tambor).

Um sistema completo bastante comum usa um conversor A/D, um bloco de circuitos digitais que modifica o sinal com um objetivo específico e um conversor D/A na saída. Dessa forma, ele pode ser visto como um substituto para um filtro analógico, quando houver vantagens (Fig. C.1).

Figura C.1 Sistema básico para processamento digital de sinais.

Estes sistemas quase sempre precisam de circuitos auxiliares para condicionamento de sinais, ajustando a faixa de valores de entrada aos parâmetros dos sensores disponíveis. Um gráfico de tensão $\times$ temperatura, por exemplo, pode ter variações de dezenas de milivolts para temperaturas variando 1000 graus. Esses ajustes são feitos no ganho (inclinação do gráfico), *offset* (posição relativa ao eixo de zero), linearização, entre outros.

Outros subsistemas são necessários quando o processo de digitalização provocar erros notáveis que devam ser compensados. Em alguns casos, é aumentada a taxa de amostras por segundo (Fig. C.2, de a para b), ou são usados conversores com maior número de *bits* na conversão (Fig. C.2, de c para d para b), para dispensar ou diminuir a complexidade de algum desses subsistemas. Esses subsistemas ultrapassam o escopo deste livro, mas serão relacionados aqui para pesquisa em literatura específica:

- » Filtro anti-alias: corta frequências acima da faixa desejada e evita espectros desdobrados.
- » Amostragem/retenção: mantém o valor analógico fixo durante o tempo de uma conversão.
- » Multiplexador analógico: para converter várias entradas alternadamente, com um A/D.
- » Filtro de reconstrução: retira harmônicas de alta frequência inseridas na amostragem.

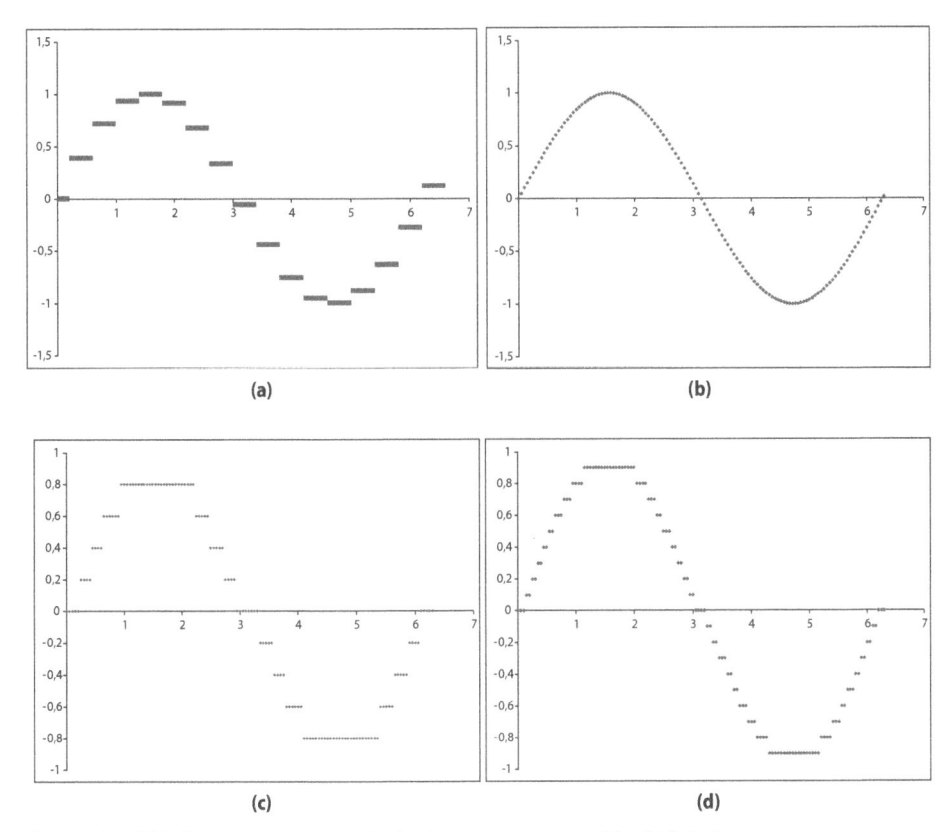

Figura C.2 (a) Infinitos pontos na vertical, 16 amostras em um ciclo. (b) Infinitos pontos na vertical, 128 amostras em um ciclo. (c) 10 amplitudes na vertical, 128 amostras em um ciclo. (d) 20 amplitudes na vertical, 128 amostras em um ciclo.

≫ Conversor D/A por chaveamento de resistores com pesos binários

Este tipo de conversor usa cada um dos n *bits* de entrada digital para comandar uma chave analógica, modificando tensões e correntes de uma rede de resistores (Fig. C.3). O resultado é a produção de um número finito de tensões analógicas na saída, número este igual à quantidade de combinações possíveis com os *bits* de entrada (por exemplo, com 8 *bits*, temos 2^8 combinações, contando em base 2, de 0000 0000$_B$ até 1111 1111$_B$). Este número é finito porque as chaves analógicas idealmente se abrem totalmente ou se fecham totalmente, obedecendo aos comandos digitais em "0" ou "1", respectivamente. Elas são chamadas de analógicas por transmitirem valores analógicos entre dois dos seus terminais, sem alterá-los, quando ligadas, apesar de terem um controle digital que liga ou desliga totalmente essa transmissão em um terceiro terminal, isolado. Vamos analisar um circuito de utilidade didática, primeiramente, e prosseguir para outro mais conveniente por motivos práticos.

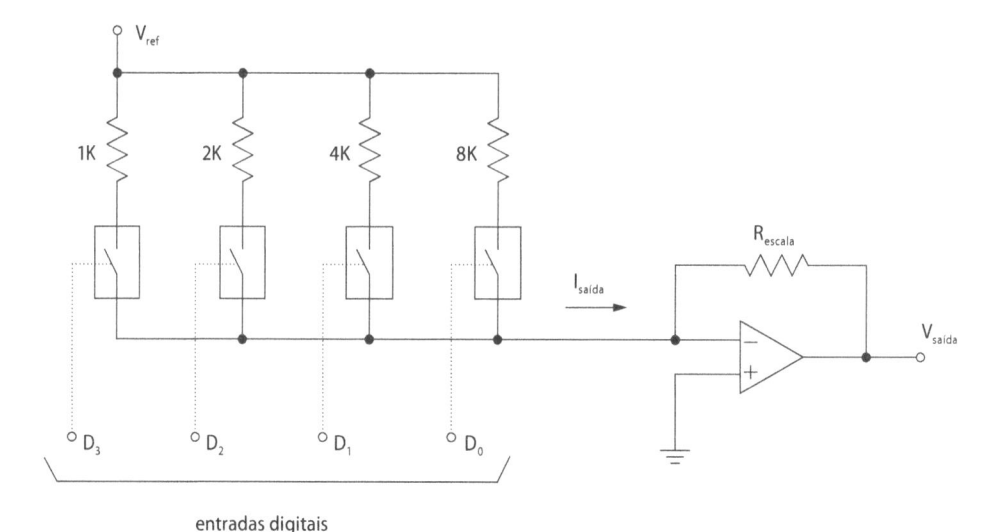

Figura C.3 Conversor com 4 *bits*.

Este circuito tem quatro entradas digitais (D_3 a D_0) e uma saída analógica, que deverá apresentar uma tensão proporcional ao valor numérico em binário (base 2) presente nas entradas digitais. O número de *bits* de entrada deverá ser escolhido de acordo com as necessidades de uma aplicação, podendo ultrapassar 24 *bits*. No entanto, aqui usaremos poucos *bits* para manter a clareza da ilustração. Para o exemplo da Fig. C.3, 4 *bits* permitem $2^4 = 16$ combinações de malhas de resistores, de forma que, para os códigos de entrada de 0000$_B$ até 1111$_B$, poderemos ter apenas 16 níveis de tensões diferentes na saída. Se dividirmos uma faixa de 0 a 8V, teremos 16 degraus de 0,5V cada. (Para pensar: se não tivéssemos a possibilidade de ter duas ou mais chaves conduzindo, teríamos apenas quatro tensões possíveis neste circuito.)

Podemos observar na Fig. C.3 que as correntes comandadas individualmente pelos sinais D_3 a D_0 serão somadas e levadas ao Amplificador Operacional, com nome de $I_{saída}$. Os resistores em série com cada chave têm seu valor igual ao dobro do resistor à sua esquerda. Se a resistência dobra da esquerda para a direita, a corrente que circulará em cada um dobrará da direita para a esquerda, de forma que o valor de corrente comandado pelo *bit* D_3 é a maior de todas (correspondente ao *bit* mais significativo), e o acréscimo de corrente que acontece em D_0 determina a menor variação entre dois valores de tensão de saída, sendo assim determinante da resolução de aproximação da tensão desejada na saída. Essa proporção inversa entre valores resistores e correntes será garantida apenas se a tensão aplicada for constante e igual para todos os resistores. Teremos, para isso, um curto virtual entre as entradas (−) e (+) do AOP, independentemente do valor de $I_{saída}$, garantindo sempre 0V na entrada (−) (terra virtual) e, consequentemente, 0V aplicado aos terminais inferiores das chaves analógicas.

Exemplo: Se $V_{ref} = 4V$, colocando nas entradas digitais o código 1000_B, ligamos apenas a chave controlada por D_3. Desta forma, a corrente que essa chave conduz será de $4V/1K\Omega = 4mA$. Essa corrente é totalmente desviada para o R_{escala} devido à impedância idealmente infinita da entrada do AOP. O valor de tensão na saída será proporcional a essa corrente, obedecendo à seguinte relação (seguindo o caminho da entrada (−) do AOP, que tem 0V para a saída, subtraindo a queda de tensão no resistor):

$$V_{saída} = 0 - R_{escala} \cdot I_{saída}$$

Note que há um sinal negativo, coerente com o fato de termos um circuito inversor. Isso pode ser resolvido colocando um circuito com ganho [−1] na saída, ou trocando o sinal de V_{ref}, mas isso é de menor importância, por enquanto.

Note também que há uma proporção entre tensão e corrente. A constante de proporcionalidade é [− R_{escala}], de forma que ele pode ser usado para determinar a faixa de valores de tensão presentes na saída. Um valor simples de se considerar é $1K\Omega$, pois "converte" os valores em miliamperes para volts diretamente.

Prosseguindo no exemplo, a corrente 4 mA (equivalente ao código 1000_B) produz:

$$V_{saída} = -1K\Omega \cdot 4mA = -4V$$

Isto equivale à metade de V_{ref}. Relacione isto, em tempo oportuno, com a explicação do funcionamento do conversor A/D que contém um conversor D/A destes. Se mudarmos o código das entradas digitais para 0100_B, estaremos ligando apenas a corrente que passa pelo resistor de $2K\Omega$. Então, teremos $I_{saída} = 4V/2K\Omega = 2mA$, produzindo:

$$V_{saída} = -1K\Omega \cdot 2mA = -2V$$

Mudando as entradas para 0010_B e 0001_B, teremos na saída, respectivamente, −1V e −0,5V (sempre a metade do anterior). Isso é chamado de escalonamento binário, atribuindo pesos duas vezes maior para cada *bit* mais significativo acrescentado (escala exponencialmente crescente). Mas podemos ligar duas ou mais das chaves analógicas, pois as correntes se somarão em $I_{saída}$ e, mesmo assim, a tensão da entrada (−) do AOP se mantém em 0V (devido à realimentação negativa).

Podemos assim fazer quaisquer associações de chaves ligadas, cobrindo todos os códigos de 0000_B a 1111_B. Para o valor máximo, serão somadas todas as correntes:

$$I_{saída} = 4mA + 2mA + 1mA + 0,5mA = 7,5mA$$

E, na saída,

$$V_{saída} = -1K\Omega \cdot 7,5mA = -7,5\,V$$

Observe que de 0 a 7,5V há 16 valores, se somarmos passos de 0,5V. Refaça os cálculos para $R_{escala} = 2K\Omega$, e confirme que $V_{saída}$ varia de 0 a 15V, que também são 16 valores. Porém, esta sequência é mais intuitiva para quem já se habituou a contar em binário, com 4 *bits*.

Exercício: Usando o conversor da Figura C.3 (considere $V_{ref} = -2,4V$):

a) Desenhe a forma de onda de saída, quando em sua entrada for colocada uma sequência de 0000_B a 1111_B, voltando em seguida, em sequência decrescente até 0000_B, e repetindo este processo mais uma vez.

b) Se ocorrer uma mudança de valor de entrada a cada 1µS, calcule a frequência obtida e inclua no gráfico os valores de tempo e de tensão (máxima, mínima, valor de um degrau).

O circuito visto aqui tem o apelo didático de facilitar a visualização direta dos pesos binários aplicados aos valores dor resistores, mas tem um dificultador potencial: se precisarmos aumentar em muito o número de *bits* da representação digital para maior detalhe na aproximação de cada valor convertido, os valores dos resistores irão crescer muito a cada *bit* acrescentado e, consequentemente, as correntes diminuirão muito e tornarão o circuito suscetível às interferências. Por exemplo, se no circuito da Fig. C.3 precisarmos acrescentar 12 *bits* à direita, a cada resistor acrescentado (1 por *bit*) seu valor será dobrado. Assim o último à direita seria de $2^{12} \cdot 8K\Omega = 4096 \cdot 8000 = 32,8M\Omega$, um valor difícil de se obter em lojas de varejo. Além disso, a corrente que circularia por ele quando sua chave associada for ligada é da ordem de décimos de µA.

›› Conversor D/A por chaveamento de resistores em rede R-2R

Este circuito evitará as grandes variações nos valores das resistências da rede, com um escalonamento de associações série/paralelo que garante o uso de apenas dois valores de resistência. Ele é muito mais econômico ao construir, além de favorecer o ajuste de precisão relativa entre os componentes (torna-se um processo mais padronizado).

Observaremos outra diferença, na Fig. C.4, pelo uso de chaves de três terminais devido à necessidade de se manter todos os resistores conectados a um ponto de circuito com zero volts, real ou virtual, o tempo todo. A chave virada para a direita (quando o *bit* correspondente tem nível lógico "1") encaminha uma parcela de corrente para a entrada do AOP, se somando às outras correntes, mas sabemos que este ponto é um terra virtual. Se estiver virada para a esquerda, estará ligada a um ponto de terra real (0V), de forma que o circuito exibirá aproximadamente o mesmo consumo total, não importa qual o valor apresentado às entradas digitais.

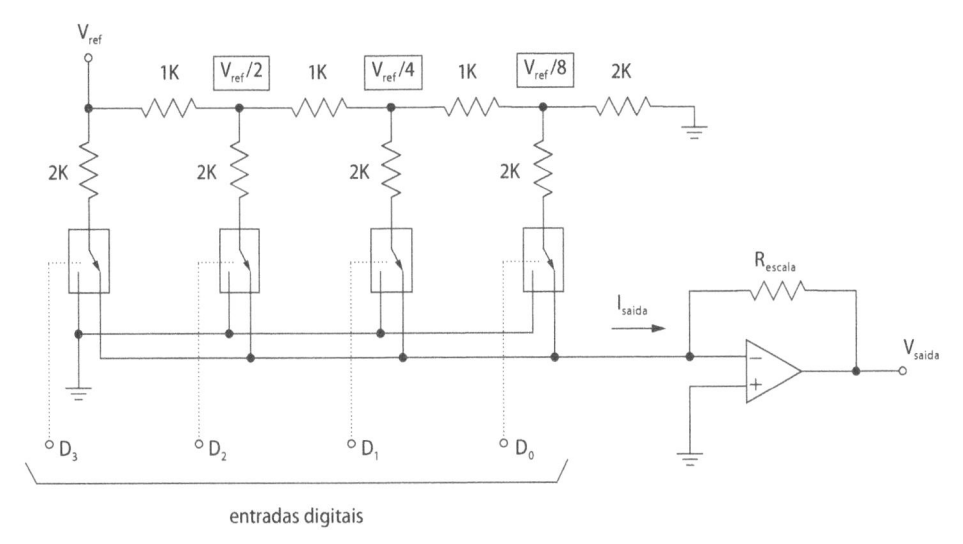

Figura C.4

Para entendermos o escalonamento de associações série/paralelo, vamos partir do ponto da figura marcado como $V_{ref}/8$. Os dois resistores de 2KΩ conectados a este ponto (à direita e abaixo) estão em paralelo (ambos ligados na outra extremidade a um ponto de terra, real ou virtual, o tempo todo). Essa associação resulta em um resistor equivalente de 1K deste ponto para o terra (Fig. C.5).

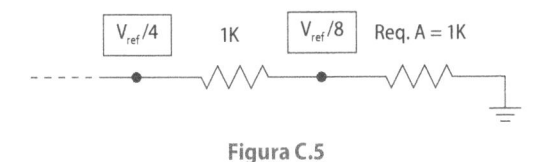

Figura C.5

Vendo esses dois resistores desta forma, é interessante já percebermos que a tensão no ponto entre eles será sempre a metade da tensão do ponto à esquerda (divisor de tensão). Seguindo adiante, podemos associar esses dois resistores em série e substituí-los por outro resistor equivalente, Req. B, de 2KΩ, ligado entre o ponto marcado como $V_{ref}/4$ e o terra (Fig. C.6). Aqui vemos uma situação idêntica à que vimos para o ponto $V_{ref}/8$. Dois resistores de 2KΩ em paralelo, seu equivalente Req. C, de 1KΩ, em associação série com o resistor de 1KΩ à esquerda (ligado ao $V_{ref}/2$), repetindo-se também a constatação de que a tensão no ponto entre os dois resistores é a metade da tensão à esquerda (Fig. C.7)

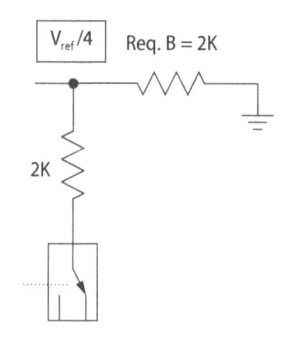

Figura C.6

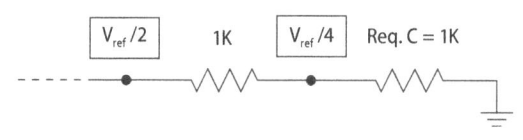

Figura C.7

Isto se repetirá por quantos resistores existirem na horizontal (lembre-se de que o número de *bits* depende da resolução exigida pela aplicação específica). A cada *bit* que acrescentarmos a este circuito, à direita, teremos metade da menor tensão disponível anteriormente ($V_{ref}/16$, $V_{ref}/32$, etc).

Voltando ao circuito completo, as correntes comandadas pelas chaves, da esquerda para a direita, serão (V_{ref})/2KΩ, ($V_{ref}/2$)/2KΩ, ($V_{ref}/4$)/2KΩ, ($V_{ref}/8$)/2KΩ, duas vezes menor a cada resistor à direita. Volte ao circuito com resistores com pesos binários e verá que o resultado é o mesmo, em termos de correntes que se somam e vão ao AOP, apesar de termos resistores iguais a cada *bit* acrescentado à rede. O restante do circuito de saída é idêntico, bastando lembrar que cada *bit* em "1" desvia a corrente de um desses ramos para ser somada, cada uma com seu valor correspondente, ao "peso" binário do seu *bit*.

≫ *Conversor A/D do tipo flash*

Apenas um comparador analógico (estudado no Cap. 5) pode ser visto como conversor de analógico para digital, com um *bit* indicando se a grandeza analógica de entrada é menor ou maior que uma tensão de referência. Um exemplo de aplicação desse circuito simples é a indicação do estado da bateria, em automóveis (um *led* acende quando a tensão for menor que 8 volts, por exemplo, dando a indicação de ser urgente a sua troca), conforme indicado na Figura C.8.

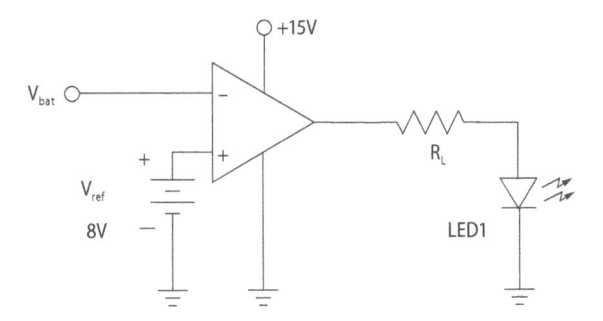

Figura C.8 Conversor A/D de 1 *bit*.

Podemos imaginar um indicador desses com quatro *leds*, correspondendo aos estados "ótima", "boa", "regular" e "troque urgentemente". Para indicar esses quatro estados, seria necessário comparar a tensão da bateria (entrada analógica, que varia de 0 a 14,4V) com três tensões fixas escolhidas como limites exatos entre os estados indicados.

Aqui já vemos uma indicação digital nas saídas de *leds*, com várias faixas de valores analógicos diferenciáveis, bem definidas:

Faixa 1: 0 a 8V, todos os *leds* apagados
Faixa 2: 8 a 10V, LED1 aceso
Faixa 3: 10 a 12V, LED1 a LED2 acesos
Faixa 4: 12 a 15V, LED1 a LED3 acesos (mais que 15V queimaria o comparador)

Na prática, não são usadas fontes de tensão de referência separadas para cada comparador e, sim, uma fonte de tensão maior que todas as necessárias, e, a partir desta, um divisor de tensão gera as outras tensões de referência menores. Em um exemplo de circuito maior, usado para fiscalizar as mudanças de estado com 16 níveis de indicação, seriam necessários 15 comparadores para 15 limites entre faixas. Generalizando, para "n" faixas, são necessários "n-1" comparadores, cada um com sua tensão de referência, e um divisor de tensão com "n-1" resistores. Uma aplicação bem conhecida em publicações periódicas com tantos níveis de indicação é conhecida como "VU Meter" digital, uma barra de *leds* que vai ascendendo progressivamente à medida que uma potência sonora cresce, indicando dinamicamente as "batidas" de uma música no painel de um aparelho de som (Fig. C.9). Um nome alternativo para esse tipo de indicação é "VU Bargraph". Pode ser implementado com circuitos integrados tradicionais como o LM3914 (10 *leds*), o LM3915 (10 *leds* para escala em decibéis), o UAA170 (16 *leds*) e o UAA180 (12 *leds*).

Figura C.9

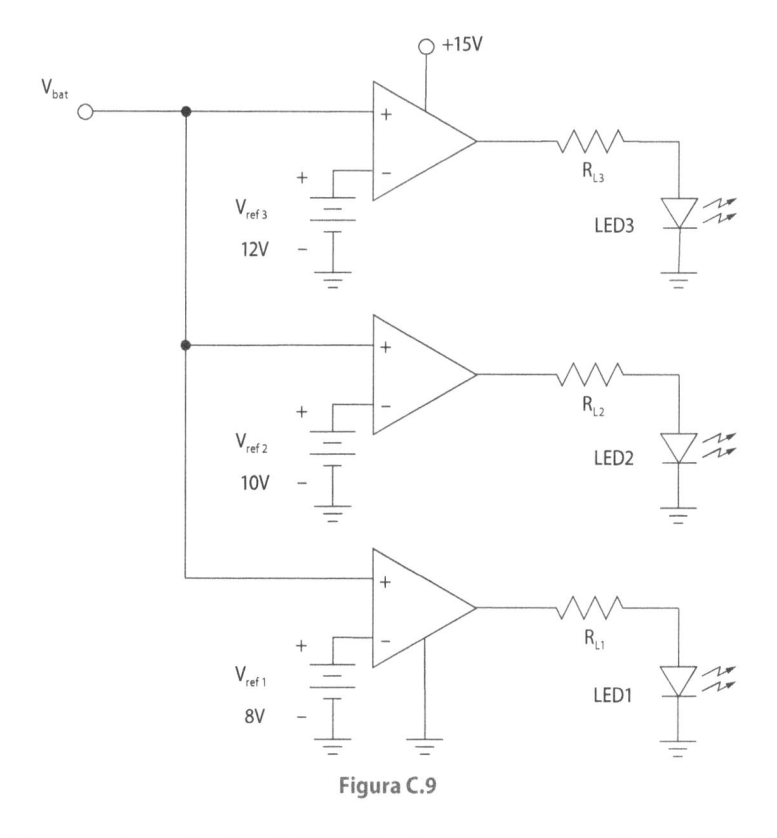

Internamente, os circuitos do LM3914 e do LM3915 vistos na Figura C.10 são quase idênticos. A diferença que os torna especializados em medida de tensão ou de potência (respectivamente) está na rede de resistores que formam o divisor de tensão múltiplo nas entradas dos comparadores. No caso do LM3914, os resistores usados para criar os vários níveis de comparação são idênticos, o que resulta em uma escala linear de progressão no acendimento sucessivo dos *leds*, na medida em que a tensão de entrada cresce (veja no *data sheet* da National Semiconductors, via Internet). Repare na figura que, no caso do LM3915, existe um crescimento exponencial nos valores de resistência do divisor de tensão para compensar a curva logarítmica de sensibilidade do ouvido humano e assim indicar os aumentos da potência na mesma escala sentida por nós (escala em dB).

Seguindo o mesmo raciocínio do conversor A/D com os três AOPs. da Fig. C.9, com 10 tensões de referência teremos 11 faixas de tensões diferenciáveis. Para essa aplicação simples de indicação de potência de som em uma barra de *leds*, isso é suficiente. Para um voltímetro digital de 0 a 1,999V (indicação em 3 e ½ dígitos), precisamos receber indicações digitais em 2000 valores diferentes, em formato de dígitos com sete segmentos. Um tipo bem comum de conversor A/D obtém um valor de 8 *bits* em formato binário a cada vez que converte um valor instantâneo de tensão (uma amostra). Isso significa que teremos $2^8 = 256$ valores digitais diferenciáveis, em códigos que vão de 0000 0000$_B$ até 1111 1111$_B$. Portanto, alguns conversores precisam contar com um circuito digital adicional para adequar o

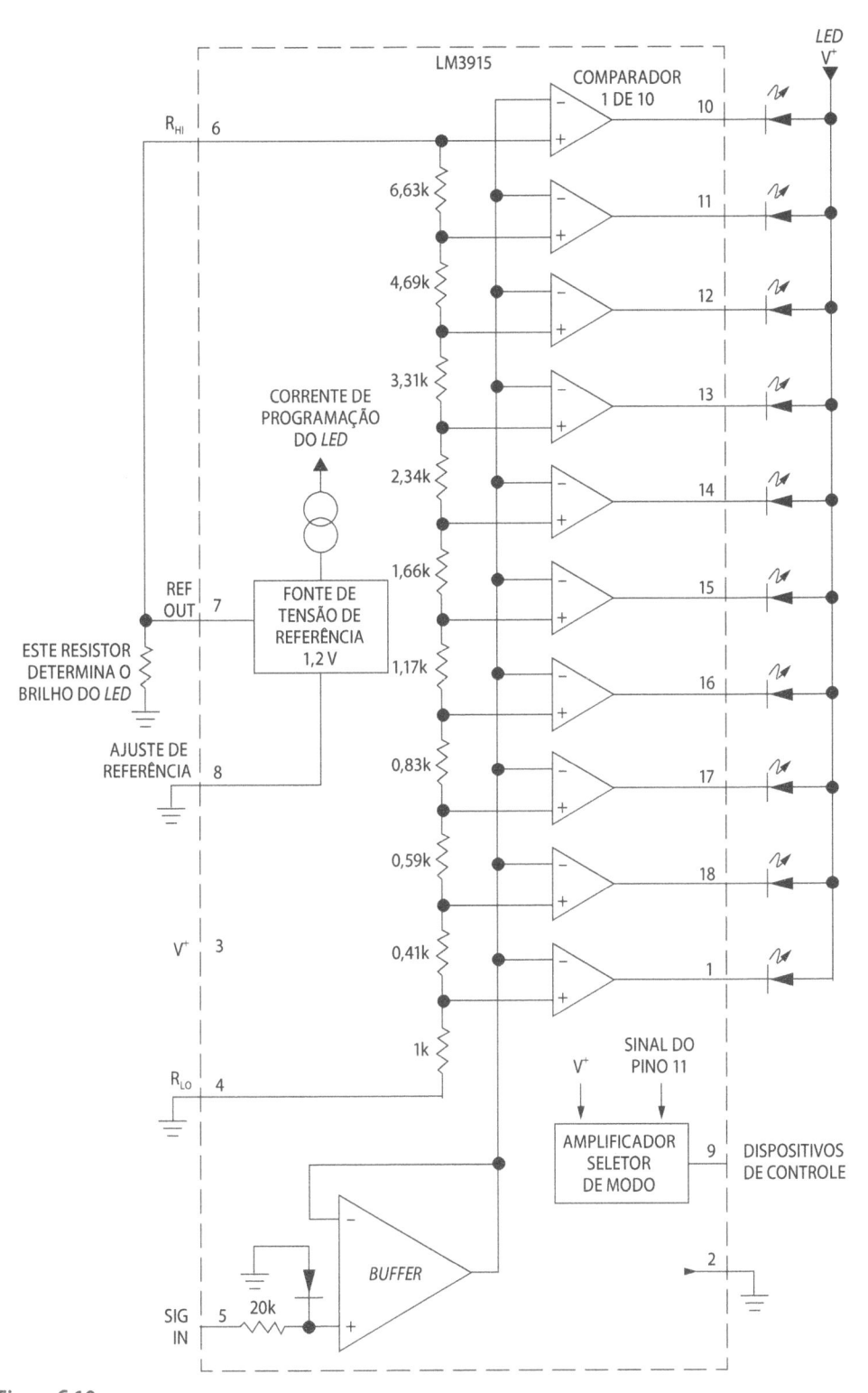

Figura C.10

formato numérico a ser enviado, em código binário, a um microprocessador para tomadas de decisão mais complexas.

Se houver a necessidade de converter a saída digital do conversor A/D *flash*, devemos ter em mente que a grande maioria dos códigos possíveis de ocorrer para um certo número de *bits* não aparecem nesta saída, devido ao tipo de medida feita pelos comparadores em paralelo, com referências em série. Siga estes exemplos:

1. Se a tensão instantânea de entrada for identificada como maior que 10V, obviamente é maior que 8V e 6V, também, e, com isso todos os *leds* abaixo de um *led* aceso estarão acesos também. Teremos muitos códigos perdidos em um LM3914, como 0001111110_B (perceba a incoerência do "0" mais à direita).
2. No multímetro de 3 e ½ dígitos, se precisássemos indicar 2000 valores diferentes em uma barra com 2000 *leds*, o circuito ficaria muito caro. Usando *displays* de sete segmentos, usaríamos $3 \times 7 = 21$ *leds* para os três dígitos de unidades, dezenas e centenas e mais dois *leds* para o dígito de milhar, em um total de 23 leds. Esta é uma indicação bem mais compacta de apresentar os resultados, adequada para apresentação em painéis.
3. Existe uma codificação mais compacta ainda, a representação em binário, com apenas 11 *bits* (pois $2^{11} = 2048$), que se faz necessária para transferir os valores convertidos entre componentes de sistemas microprocessados (conversor A/D → memória → vídeo) sem usar um número impraticável de trilhas em uma placa de circuito impresso.

O uso inicial de um conversor A/D do tipo *Flash* se concentrou em osciloscópios digitais e sistemas militares (por exemplos, em radares e sonares), dado o seu alto custo. Os modelos mais difundidos eram de 6 *bits* ($2^6 = 64$ valores => 63 AOPs em um só circuito integrado), por questões tecnológicas. Para cada *bit* adicional, é necessário dobrar o número de circuitos integrados deste tipo. Uma solução de mais baixo custo e que aproveita razoavelmente a vantagem da velocidade desses conversores é chamada de "*half flash*", ou "meio *flash*" (veja, na Internet, os *data sheets* dos tipos AD0820, da National Semiconductors, e AD7820 da Analog, Devices, entre outros).

≫ Conversor A/D com contador binário

Este conversor tem também como elemento decisório um comparador analógico, mas aqui a entrada analógica será comparada com valores analógicos gerados internamente de forma dinâmica em um único ponto do circuito (não estando todas as tensões dos limites de faixas a comparar disponíveis separadamente para uma comparação imediata, como no *flash*). Um circuito gera uma sequência de valores analógicos – sinal V_{int} (veja na Fig. C.11) – em pequenos passos, sempre crescente, a partir de zero volts. Cada valor analógico gerado é levado ao comparador, que recebe na outra entrada o valor analógico de entrada, V_{ean}. Se o novo valor analógico gerado internamente, V_{int}, não alcançar o valor de V_{ean}, mais um pequeno passo é acrescentado, até que um ultrapasse o outro, momento em que se obtém a melhor aproximação possível, neste circuito, para o valor de entrada.

O circuito que gera esta sequência de valores crescentes analógicos conta com um contador digital e um conversor de digital para analógico. O contador digital recebe pulsos retangulares em uma entrada chamada "*clock*". A cada pulso, o valor digital de suas saídas é acrescido de 1 unidade. Cada valor digital dessa sequência é convertido para um valor de tensão proporcional, em passos de tamanho fixo (como uma escada). O tamanho de cada passo é diretamente ligado à precisão que se deseja na conversão para digital, avaliada previamente. Por exemplo, se a faixa de valores analógicos de entrada for de 0 a 8V, o conversor D/A interno de 4 *bits* geraria $2^4 = 16$ passos de 0,5V entre esses limites, valor este que corresponde ao erro de aproximação do sistema. Haveria um erro muito menor de aproximação se tivéssemos 10 *bits*, pois 8V / 2^{10} resulta em menos que 0,008V em cada intervalo.

No momento em que V_{int} é maior que V_{ean}, a saída do comparador vai para zero volts (ou nível lógico zero, pois é um sinal digital), travando a passagem dos pulsos de *clock* para o contador (devido à porta AND travada em zero), parando a contagem. O mesmo sinal ("/Fim de Conversão", na Fig. C.11) é usado para anunciar ao restante do sistema (*display*, microprocessador) que já está disponível um novo valor digital, para mostrar ou processar. Este valor ficará estável (pois o *clock* fica travado) até que venha um pulso de RESET no contador, zerando o valor digital da saída do mesmo, zerando também a tensão na saída do conversor D/A e liberando o *clock* para o contador iniciar uma nova rampa em busca do próximo valor analógico. Com tudo isso que este sinal faz, o denominamos externamente como "Início de Conversão". A partir da ocorrência de um pulso neste, é medido o "tempo de conversão".

Este é um circuito simples que serve muito bem para entender o princípio de conversão, mas tem duas desvantagens práticas que estimularam a criação do próximo circuito a ser apresentado.

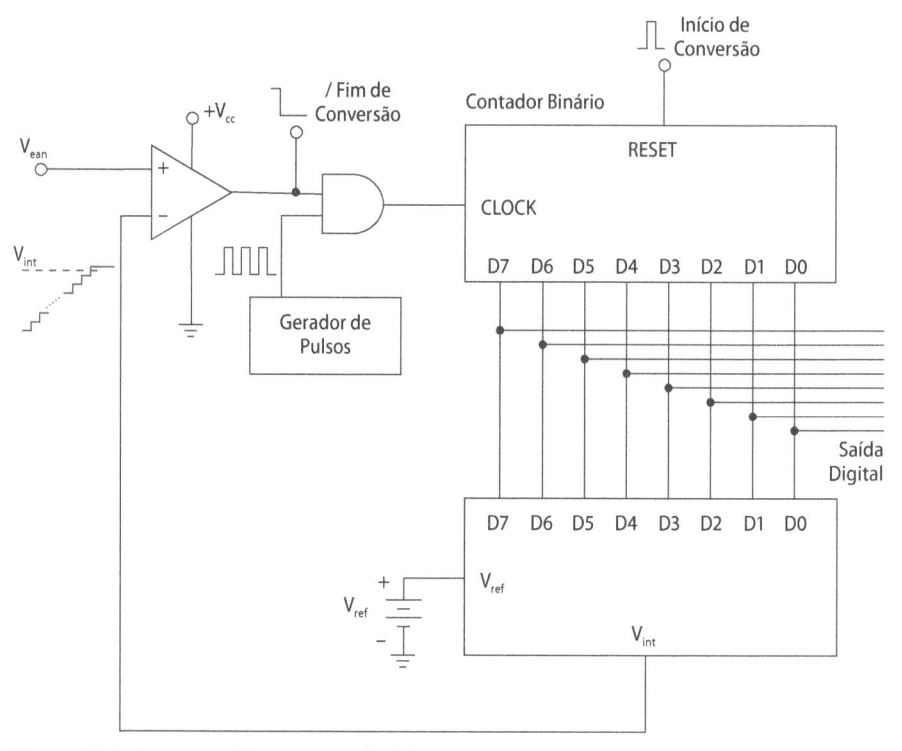

Figura C.11 Conversor A/D com contador binário.

A primeira desvantagem é que se torna necessário passar por todos os valores aproximados de tensão, de zero até o valor analógico da amostra presente na entrada. Isso pode se tornar muito demorado, dependendo do número de *bits* de saída. Para conversores de 16 *bits*, usados em placas de som de computadores, seriam necessárias $2^{16}-1 = 65535$ tentativas, para o valor máximo de entrada. A segunda é uma consequência da primeira, pois o tempo gasto em uma conversão é variável, dependendo diretamente do valor analógico presente na entrada. Por exemplo, se o contador binário alcançar o valor final em apenas dois pulsos (entrada analógica bem próxima de 0V), a conversão termina muito mais rápido do que se tiver na entrada uma tensão próxima do máximo aceitável e, assim, irá percorrer toda a faixa de valores digitais possíveis, partindo de zero. Em sistemas de alto desempenho, é altamente desejável que se possa prever o tempo de conversão de analógico para digital e que seja um tempo razoavelmente pequeno.

»> Conversor A/D por aproximação sucessiva

Este circuito apresenta grande semelhança com o anterior, à exceção do comportamento diferenciado do registrador de aproximação sucessiva, que entra no lugar do contador (compare a Fig. C.11 com a Fig. C.12). Esse registrador é mais complexo e mais esperto que o contador binário na forma de identificar o fim de conversão (repare que não há mais uma porta "AND" para travar o *clock*). A realimentação do valor digital convertido para analógico, levado ao comparador de entrada, é idêntica. O que muda é a sequência de valores gerados internamente, que vai obedecer ao que podemos chamar de "busca binária", não mais uma sequência crescente a partir do zero. Essa "busca binária" se inicia dividindo-se a faixa de valores possíveis em duas partes iguais. É feita uma consulta (uma decisão) se o valor que se busca está na metade superior ou na metade inferior. Divide-se em seguida o número de valores possíveis restantes na metade identificada por 2 e é consultado novamente se o valor que se busca está no "quarto" superior ou no "quarto" inferior. A cada vez que se prossegue com este processo, divide-se a faixa de valores possíveis por dois sucessivamente, de forma a alcançar o valor final rapidamente. Veja o exemplo.

Exemplo: Em uma situação em que se deseja converter uma tensão de 7,15V para seu equivalente digital, vejamos como se daria a aproximação sucessiva, ou por "busca binária". Considere que a faixa de valores permitidos na entrada analógica se estenda de 0 a 16 volts, e a conversão será feita para 8 *bits*. O valor imposto na inicialização (com um pulso em "RESET") é zero, ou seja, nível lógico "0" em todos os *bits* de saída, D0 a D7.

A primeira etapa do processo é testar se o valor a converter, 7,15V, é maior ou menor que a metade do valor máximo, 8V. Isto é feito colocando nível lógico "1" no *bit* D7, enquanto os outros permanecem em "0". Este valor, "1000 0000$_B$" é convertido em analógico (8V) e comparado com a tensão de entrada. Veja o primeiro pulso para cima, no gráfico de Vint da Figura C.13, para $V_{máx}/2$. Neste caso, 8V é maior que 7,15V, e assim a comparação resulta em nível lógico "0" na saída do comparador, significando que metade do máximo é excessivo (condição indicada como "/SOBRA") e que o valor de entrada deverá ser encontrado na metade inferior, desligando-se o *bit* D7 no registrador de aproximação sucessiva para tentar atingir o valor de entrada somando-se as contribuições dos *bits* inferiores.

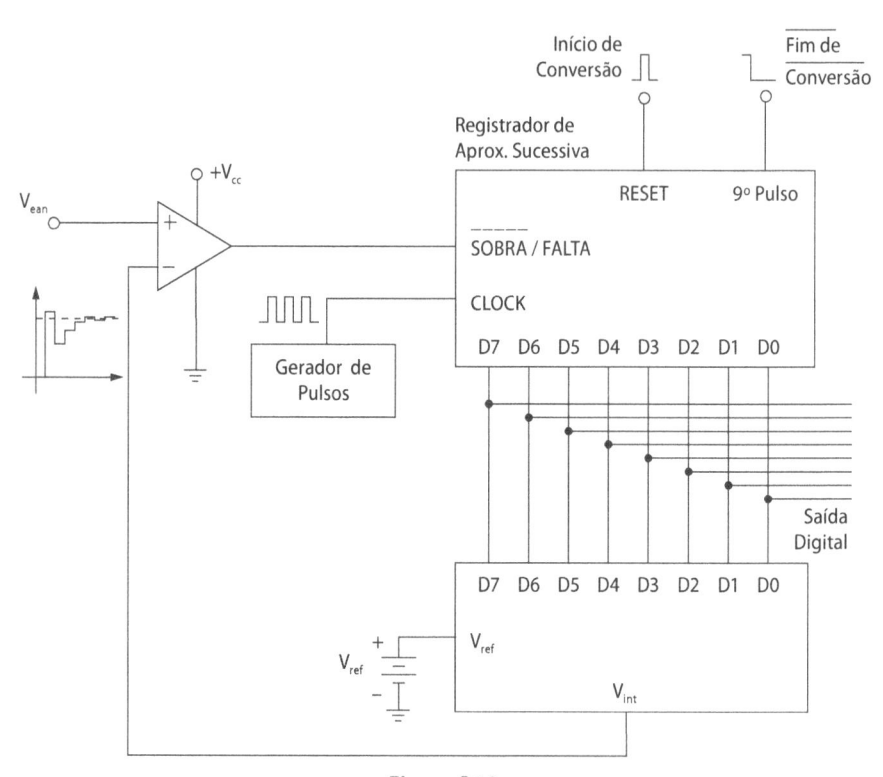

Figura C.12

Em seguida, é ligado o *bit* D6, que equivale a $V_{máx}/4$ depois de convertido de digital para analógico (veja no gráfico). Se essa contribuição de $V_{máx}/4$ não é maior que o valor de entrada, o comparador envia "1" para o registrador de aproximação sucessiva (condição indicada como "FALTA"), o que faz o *bit* em questão ser mantido em "1".

No próximo passo, o bit D5 é ligado, equivalendo a $V_{máx}/8$, Sua contribuição somada à do *bit* D6 é comparada com V_{ean} para decidir manter D5 ligado, e assim por diante, até confirmar a ativação do *bit* D0 ou não.

Desta forma, são testados os 8 *bits*, cada um valendo metade do anterior, nesta sequência:

1/2 ---- 1/4 ---- 1/8 ---- 1/16 ---- 1/32 ---- 1/64 ---- 1/128 ---- 1/256

0(8V) + 1(4V) + 1(2V) + 1(1V) + 0(0,5V) + 0(0,25V) + 1(0,125V) + 0(0,0625V) = 7,125V

Este é um valor inferior ao valor de entrada, mas é a melhor aproximação que se obtém com apenas 8 *bits*. O erro de aproximação é de 7,125 − 7,150 = −0,025V, ou −25mV. Se o *bit* D0 terminasse em "1", seriam somados 0,0625V, e o erro seria 7,1875 − 7,15 = 0,0375V, ou 37,5 mV. O erro máximo para este conversor tem que ser especificado em +/−62,5mV, equivalente a +/− 1 *bit* menos significativo (+/− 1 LSB, ou *least significant bit*).

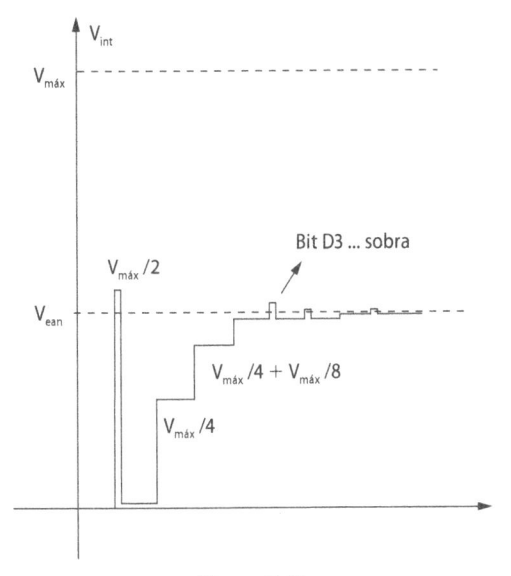

Figura C.13

Podemos reparar que a aproximação vai sendo refinada a cada *bit*, de forma que qualquer valor será alcançado com o mesmo número de tentativas, número este igual ao número de *bits* ao final da conversão. Mesmo que o valor de tensão na entrada analógica seja muito próximo do máximo permitido, veremos sempre o mesmo número de testes, um para cada *bit*, sendo confirmados um a um, até a decisão final do *bit* menos significativo, como na Figura C.14. Desta forma, teremos sempre o mesmo tempo de conversão (oito pulsos, no exemplo) e bem mais rápido que na grande maioria dos valores para o contador binário (de 1 a 255 pulsos).

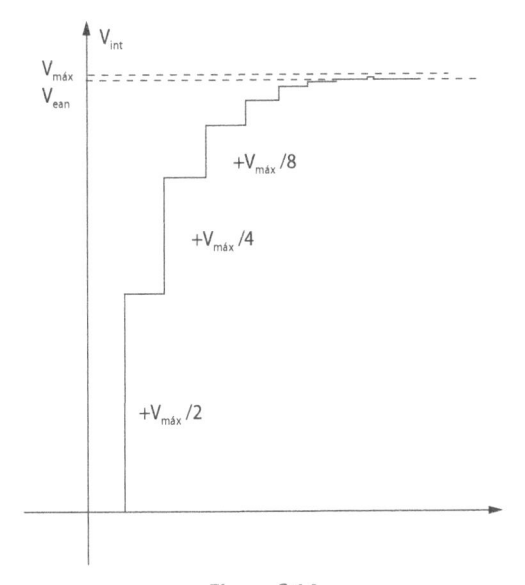

Figura C.14

» Conversor A/D tipo rampa dupla

Esta técnica de conversão é implementada com circuitos de baixíssimo custo e alcança bons níveis de exatidão, mas o tempo gasto para cada conversão o torna pouco conveniente para a grande maioria das aplicações de aquisição de dados de sensores na indústria. Suas características o tornam ideal para uso em instrumentos de painel e multímetros, nos quais uma medida deve ser mantida fixa por um tempo próximo de um segundo para ser visualizado por um operador. Algumas aplicações com sensores de temperatura também permitem usar este conversor simples, sempre que as variações da grandeza medida são intrinsecamente lentas. Este circuito é bem conhecido também pelo nome de conversor por integração.

Observando a Figura C.15, a chave CH1 nos ajuda a identificar claramente duas fases no processo de conversão. A primeira fase consiste na carga do capacitor de integração durante um tempo fixo (com inclinação desconhecida, proporcional à tensão de entrada, e, na segunda fase, um contador digital mede o tempo de descarga do capacitor (que ocorre com inclinação conhecida, fixada por uma tensão de referência interna).

Na primeira fase, a tensão analógica de entrada, V_{ean}, é levada a um circuito integrador (chave CH1 para cima, contr = D8 = "0"), considerando que inicialmente o capacitor foi completamente descarregado e o contador digital foi resetado. Como visto no Capítulo 4, o capacitor C do integrador será carregado com inclinação constante (Fig. C.15), pois a corrente de carga I_{c1} depende somente de V_{ean} e do resistor de entrada (pois na entrada inversora do AOP sempre haverá terra virtual na presença de realimentação negativa, feita aqui pelo capacitor). O contador digital, enquanto isso, vai recebendo pulsos de *clock* e determina o fim desta fase quando é ultrapassado o valor máximo de contagem nos *bits* D0 a D7. O *bit* adicional D8 vai então para nível "1", virando a chave CH1 neste instante (chave CH1 para baixo, contr = D8 = "1"). Assim, o tempo de carga é fixo, controlado pelo contador digital. A tensão carregada no capacitor, neste instante, é proporcional ao valor de V_{ean}, o que pode ser comprovado matematicamente:

$$I_{c1} = C \cdot (\Delta V_c / \Delta t_1) => \Delta V_c = (I_{c1} \cdot \Delta t_1) / C$$

mas $I_{c1} = V_{ean} / R$, substituindo: $\Delta V_c = (V_{ean} / R) \cdot (\Delta t_1 / C)$

então, $\Delta V_c = V_{ean} \cdot (\Delta t_1 / R \cdot C)$ (constante de proporcionalidade entre parênteses)

Observação: Se Δt_1, R e C são fixos, então:

$$\boxed{\Delta V_c \, \alpha \, V_{ean}}$$
$\alpha \longrightarrow$ proporcional

Na primeira dessas equações, notamos que $(\Delta V_c / \Delta t)$ é a inclinação da reta da 1ª fase, vista na Figura C.16. Se a inclinação não fosse constante, teria que ser estudada a derivada de V_c com relação ao tempo (dV_c / dt). Observe que a tensão na saída do integrador é o inverso da tensão de carga do capacitor mostrada no gráfico da Figura C.15.

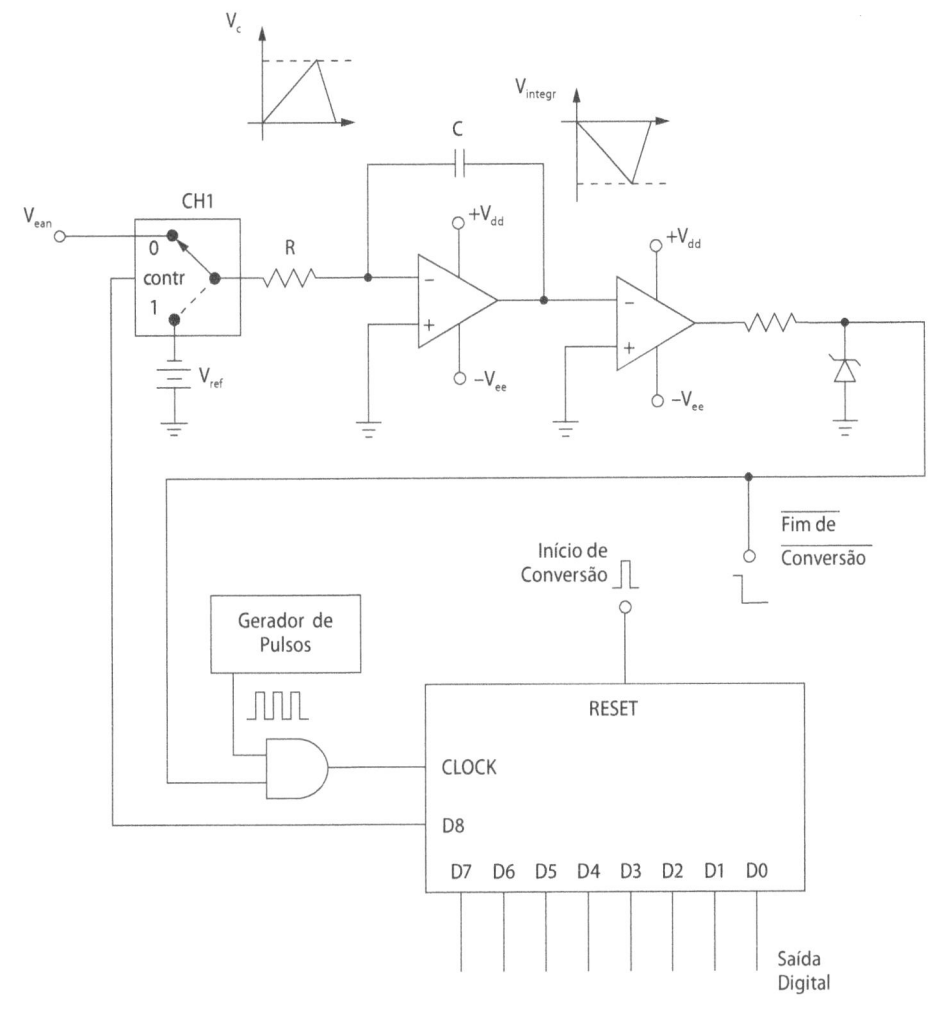

Figura C.15

Terminada a fase de carga, a chave CH1 é imediatamente comutada, colocando V_{ref} ligado à entrada do integrador. Se considerarmos que V_{ean} é sempre positiva, e V_{ref} sendo negativa, nesta fase haverá uma corrente no sentido contrário passando por R, descarregando o capacitor. Da mesma forma que na fase de carga, a corrente de descarga também será constante, mas não será dependente do valor de V_{ean}, apenas de V_{ref} e do resistor de entrada. Se o capacitor tiver sido carregado até uma tensão maior, a descarga será mais demorada; se tiver recebido pouca carga (V_{ean} menor), a descarga demora menos (veja a Fig. C.16), pois a inclinação, nesta fase, é fixa. Em outras palavras, o tempo de descarga é proporcional à tensão atingida ao fim da carga, que por sua vez é proporcional à tensão analógica de entrada. Então, basta medir o tempo gasto para descarregar o capacitor, ou seja, o tempo da 2ª fase.

$$I_{c2} = C \cdot (\Delta V_c / \Delta t_2) => \Delta t_2 = (C \cdot \Delta V_c) / I_{c2} = (C \cdot \Delta V_c) / (V_{ref} / R)$$

então, $\Delta t_2 = \Delta V_c \cdot (C \cdot V_{ref} / R)$ (constante de proporcionalidade entre parênteses)

Observação: Se V_{ref}, R e C são fixos, então $\Delta t_2 \propto \Delta V_c$; vimos que $\Delta V_c \propto V_{ean}$, então:

$$\boxed{\Delta t_2 \propto V_{ean}}$$

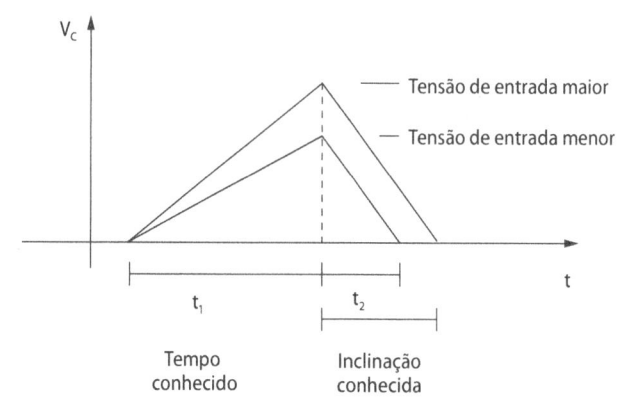

Figura C.16

Para medir o tempo Δt_2, o contador continua recebendo os pulsos de *clock* e contará uma quantidade de pulsos de tempo fixo, a partir do 256º pulso que determinou a mudança da 1ª para a 2ª fase. Quando a tensão na saída do comparador (ou a tensão do capacitor) passar por zero volts (basta uma diferença de potencial minúscula, em polaridade oposta à da rampa), a tensão de saída do comparador muda de "1" para "0", parando a contagem de tempo e inibindo a chegada de pulsos de *clock* ao contador. A quantia registrada pelo contador digital, neste momento, é proporcional à tensão analógica da entrada. A escolha certa da frequência de *clock* deste contador pode fazer com que a informação de tempo já esteja numericamente igual ao valor da tensão de entrada, mas, na maioria dos circuitos, o código de saída digital deve ser convertido em decimal ou em códigos que acionem um *display* de cristal líquido, com algum ponto decimal e indicação da escala em volts ou milivolts. Se for usado o mesmo circuito para gerar as bases de tempo nos dois períodos, são minimizados os desvios à variação de frequência de *clock*.

Quanto aos erros que ocorrerão na tensão armazenada no capacitor, o mesmo erro percentual ocorre nas inclinações de subida e na descida da rampa, e assim os desvios de precisão do circuito integrador são minimizados (os desvios mais consideráveis se devem às variações no valor do capacitor). Veja na Figura C.17 que um erro para maior na inclinação de carga fará a tensão do capacitor atingir um valor maior, mas haverá maior inclinação na descarga também. Ao final, o tempo de descarga (t_2) será o mesmo, e é este tempo que é contado para a indicação final de tensão em formato digital. Tente manipular as fórmulas apresentadas e provar que as variações nas inclinações são idênticas.

Figura C.17

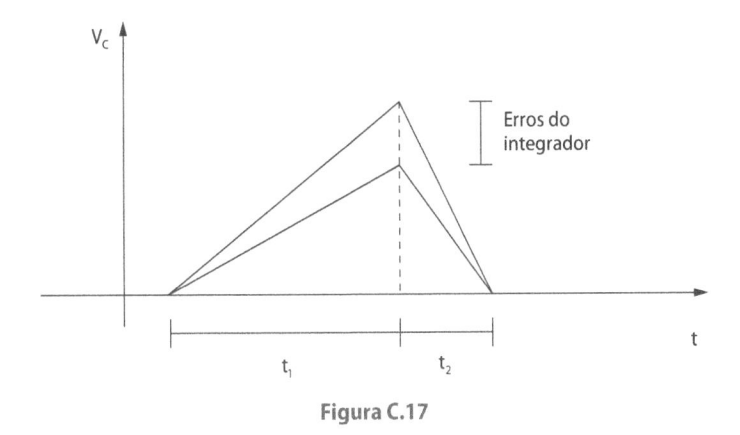

Se for necessário converter para digital uma faixa de valores que inclua tensões negativas, pode-se usar um retificador de precisão na entrada analógica para os valores medidos se tornarem sempre positivos, e a indicação de sinal negativo em um *display* seria feita comparando-se o sinal original de entrada com zero volts. Uma alternativa que pode ser mais vantajosa em alguns casos é trocar a polaridade do sinal de V_{ref} quando o sinal de entrada for negativo (usando o mesmo comparador com zero volts). Veja, para isso, um inversor controlado no Exercício B13, do Apêndice B.

apêndice D

Folhas de dados do CA741, CA747, CA1458

CA741, CA747, CA1458

AMPLIFICADORES OPERACIONAIS

Destaques:
- Corrente de polarização de entrada 500nA (máx.)
- Corrente de offset de entrada 200nA (máx.)

Aplicações:
- Comparador
- Amplificador CC
- Diferenciador ou integrador
- Multivibrador
- Filtro passa-faixa
- Amplificador somador

Os tipos SID CA1458 (duplo); CA741C, CA741, CA747C e CA747 (duplo) são amplificadores operacionais de uso geral com alto ganho para aplicações comerciais, industriais e militares.

Estes circuitos integrados monolíticos de silício têm proteção contra curto-circuito na saída e operam em "LATCH-FREE". Destacamos, também nestes tipos, a ampla faixa de sinal aplicável em modo-comum e em modo-diferencial, bem como sua capacidade de ajustar o offset, que é baixo, quando usado com um potenciômetro de valor adequado.

Para os tipos CA741C, CA741, CA747C e CA747 deve-se usar um potenciômetro de 10 Kilohm para "OFFSET NULL" e o CA1458 não apresenta terminais específicos para o "OFFSET NULL".

Estes tipos consistem de um amplificador diferencial na entrada, que efetivamente amplifica, seguido por um estágio de mudança de nível e tem como saída um estágio seguidor de emissor complementar. Todos eles têm compensação interna de fase.

Seu processo de fabricação permite que estes operacionais apresentem baixo ruído do tipo "POPCORN".

TIPO SID	Nº DE AMPL.	TERM. DE OFFSET NULL	MÍN. AOL	MÁX. VIO (mV)	TEMPERATURA DE OPERAÇÃO (ºC)
CA1458	dois	não	20K	6	0 a 70º*
CA741C	um	sim	20K	6	0 a 70º*
CA741	um	sim	50K	5	-55 a 125º
CA747C	dois	sim	20K	6	0 a 70º*
CA747	dois	sim	50K	5	-55 a 125º

*Estes tipos podem operar entre -55 a 125ºC, apesar de terem algumas especificações publicadas apenas a temperaturas de 0 a 70ºC.

SID MICROELETRÔNICA

CA741, CA747, CA1458

CARACTERÍSTICAS MÁXIMAS (Tamb = 25°C)

Tensão de alimentação CC (entre terminais V^+ e V^-)
    CA741C, CA747C, CA1458 .... 36V
    CA741, CA747 .... 44V

Tensão de entrada diferencial .... ± 30V
Tensão de entrada CC* .... ± 15V
Duração de curto-circuito na saída .... Indeterminada

Dissipação de potência
    Até 70°C (CA741C) 500mW
    Até 75°C (CA741) 500mW
    Até 30°C (CA747) 800mW
    Até 25°C (CA747C) 800mW
    Até 25°C (CA1458) 680mW

Resistência térmica (para as temperaturas acima) .... 150°C/W
Tensão entre "OFFSET NULL" e V (CA741C, CA741, CA747C) .... ± 0,5V

Temperatura de operação
    CA741, CA747 .... -55 à 125°C
    CA741C, CA747C, CA1458 .... 0 à 70°C +
Temperatura de armazenamento .... -65 à 150°C
Temperatura do terminal durante a soldagem (numa distância de 1,59 ± 0,79mm do encapsulamento por um período máximo de 10s) .... 265°C

* Se a tensão de alimentação for menor que +15V, então o limite para a máxima tensão de entrada CC será igual à tensão de alimentação.
o Valores de tensão aplicáveis para cada um dos amplificadores operacionais duplos.
+ Estes tipos podem operar entre -55 à 125°C, apesar de terem algumas especificações publicadas apenas à temperaturas de 0 à 70°C.

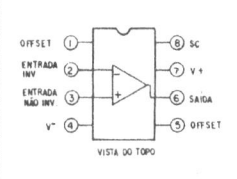

FIG. 1A - CA741CE E CA741E

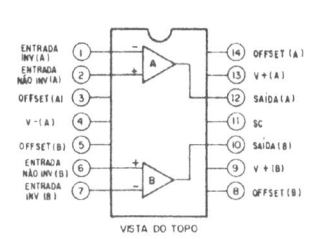

FIG 1B - CA747CE E CA747E

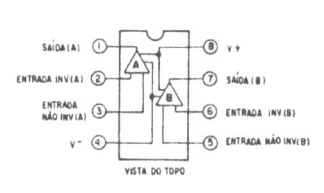

FIG 1C - CA1458E

FIG.1 - DIAGRAMA FUNCIONAL

CA741, CA747, CA1458

CARACTERÍSTICAS ELÉTRICAS
Valores típicos para projeto

CARACTERÍSTICAS	CONDIÇÕES DE TESTE $V^+ = +15V$	VALORES TÍPICOS	UNIDADE
Capacitância de entrada C_I	—	1,4	pF
Tensão de offset, Faixa de ajuste	—	± 15	mV
Resistência de saída R_O	—	75	Ω
Corrente de curto-circuito na saída	—	25	mA
Resposta transitória, tempo de subida t_r	Ganho unitário $V_I = 20mV$, $R_L = 2K\Omega$	0,3	µs
Overshoot	$C_L \leq 100pF$	5	%
Slew Rate, SR: Ganho unitário	$R_L \geq 2K$	0,5	V/µs

CARACTERÍSTICAS ELÉTRICAS
Para projeto de equipamentos

CARACTERÍSTICAS	CONDIÇÕES DE TESTE Tensão de alimentação $V^+ = 15V$ $V^- = -15V$	Temperatura ambiente Tamb	LIMITES CA741C, CA747C* CA1458* Mín	Típ	Máx	UNIDADE
Tensão de offset de entrada V_{IO}	$R_S \leq 10K\Omega$	25°C	-	2	6	mV
		0 à 70°C	-	-	7,5	
Corrente de offset de entrada I_{IO}		25°C	-	20	200	nA
		0 à 70°C	-	-	300	
Corrente de polarização de entrada, I_{IB}		25°C	-	80	500	nA
		0 à 70°C	-	-	800	
Ganho de tensão em malha aberta A_{OL}	$R_L \geq 2K$ $V_O = \pm 10V$	25°C	20.000	200.000	-	
		0 à 70°C	15.000	-	-	
Faixa da tensão de entrada em modo-comum V_{ICR}		25°C	± 12	± 13	-	V
Relação de rejeição em modo comum RRMC	$R_S \leq 10K\Omega$	25°C	70	90	-	dB
Relação de rejeição da fonte de alimentação RRFA	$R_S \leq 10K\Omega$	25°C	-	30	150	µV/V
Deslocamento da tensão de saída (swing) V_{OPP}	$R_L \geq 10K\Omega$	25°C	± 12	± 14	-	V
	$R_L \geq 2K\Omega$	25°C	± 10	+ 13	-	
		0 à 70°C	± 10	± 13	-	
Corrente de alimentação, $I^\pm$		25°C	-	1,7	2,8	mA
Dissipação de potência, P_D		25°C	-	50	85	mW

*Valores aplicáveis para cada secção do amplificador operacional duplo.

S/D MICROELETRÔNICA

CA741, CA747, CA1458

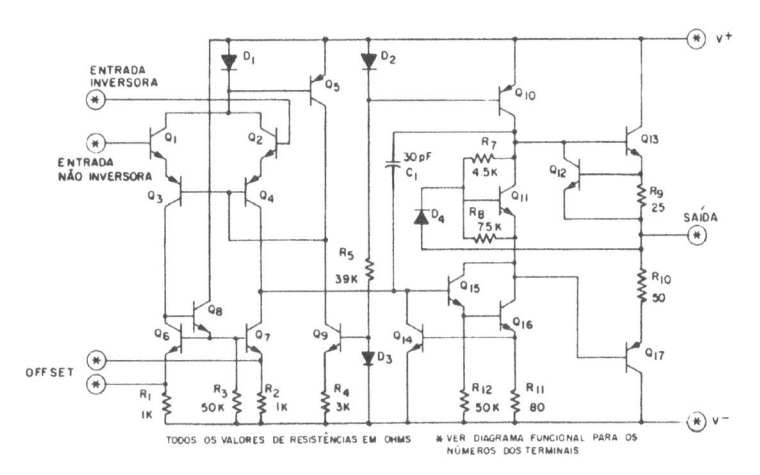

FIG.2 - DIAGRAMA ESQUEMÁTICO DOS AMPLIFICADORES OPERACIONAIS COM COMPENSAÇÃO INTERNA DE FASE DO CA741CE, CA741E E PARA CADA AMPLIFICADOR DO CA747E, CA747CE E CA1458E

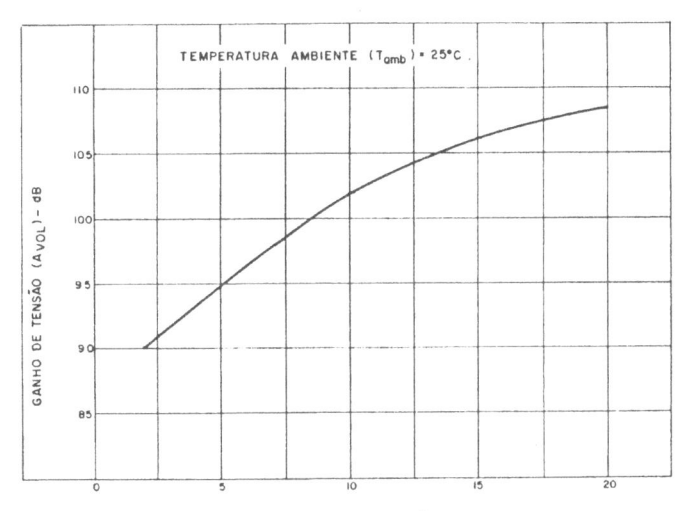

FIG. 3 - GANHO DE TENSÃO EM MALHA ABERTA VS. TENSÃO DE ALIMENTAÇÃO

CA741, CA747, CA1458

CARACTERÍSTICAS ELÉTRICAS
Para projeto de equipamentos

CARACTERÍSTICAS	CONDIÇÕES DE TESTE		LIMITES CA741, CA747*			UNIDADE
	Tensão de alimentação $V^+ = 15V$ $V^- = -15$	Temperatura ambiente Tamb	Mín	Típ	Máx	
Tensão de offset de entrada V_{IO}	$R_S \leq 10K\Omega$	25°C	-	1	5	mV
		-55 à 125°C	-	1	6	
Corrente de offset de entrada I_{IO}		25°C	-	20	200	nA
		-55°C	-	85	500	
		+125°C	-	7	200	
Corrente de polarização de entrada, I_{IB}		25°C	-	80	500	nA
		-55°C	-	300	1500	
		+125°C	-	30	500	
Resistência de entrada R_I			0,3	2	-	MΩ
Ganho de tensão em malha aberta, A_{OL}	$R_L \geq 2K\Omega$ $V_O = \pm 10V$	25°C	50.000	200.000	-	
		-55 à 125°C	25.000	-	-	
Faixa de tensão de entrada em modo comum V_{ICR}		-55 à 125°C	±12	±13	-	V
Relação de rejeição em modo comum RRMC	$R_S \leq 10K\Omega$	-55 à 125°C	70	90	-	dB
Relação de rejeição da fonte de alimentação RRFA	$R_S \leq 10K\Omega$	-55 à 125°C	-	30	150	μV/V
Deslocamento da tensão de saída (swing) VOPP	$R_L \geq 10K\Omega$	-55 à 125°C	±12	±14	-	V
	$R_L \geq 2K\Omega$	-55 à 125°C	±10	±13	-	
Corrente de alimentação I ±		25°C	-	1,7	2,8	mA
		-55°C	-	2	3,3	
		+125°C	-	1,5	2,5	
Dissipação de potência, P_D		25°C	-	50	85	mW
		-55°C	-	60	100	
		+125°C	-	45	75	

*Valores aplicáveis para cada secção do amplificador operacional duplo.

FIG 4 - GANHO DE TENSÃO EM MALHA ABERTA VS FREQUÊNCIA

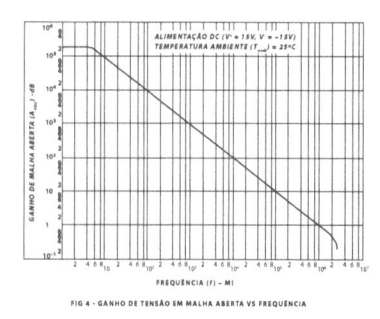

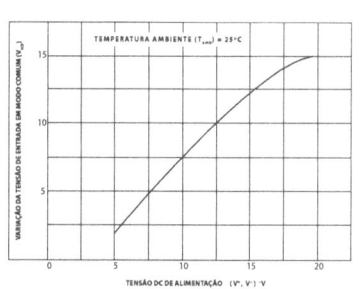

FIG 5 - VARIAÇÃO DA TENSÃO DE ENTRADA EM MODO COMUM VS TENSÃO DE ALIMENTAÇÃO

SID MICROELETRÔNICA

CA741, CA747, CA1458

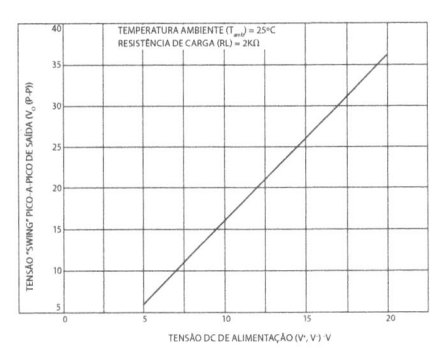

FIG. 6 – TENSÃO DE SAÍDA PICO-APICO VS TENSÃO DE ALIMENTAÇÃO

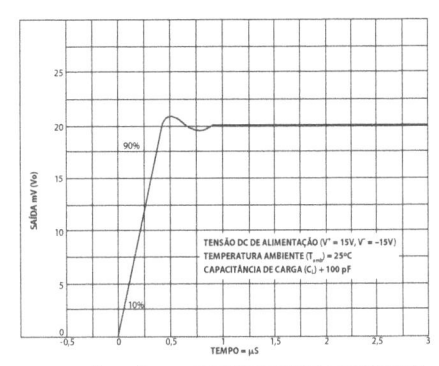

FIG 7 – TENSÃO DE SAÍDA VS RESPOSTA TRANSITÓRIA PARA O CA741CE E CA741E

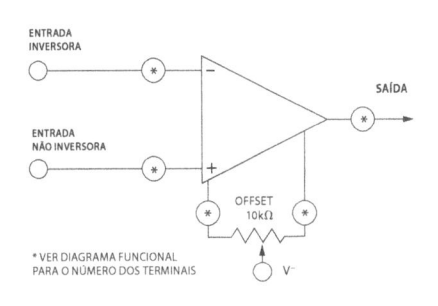

* VER DIAGRAMA FUNCIONAL PARA O NÚMERO DOS TERMINAIS

FIG. 8 – CIRCUITO PARA COMPENSAÇÃO DE OFFSET

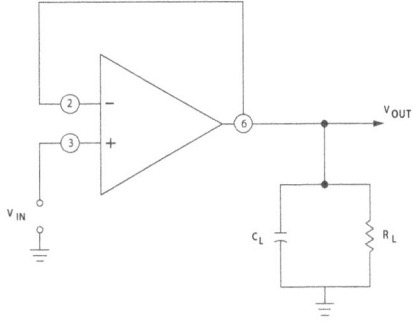

FIG 9 – CIRCUITO DE TESTE PARA TRANSITÓRIO

apêndice E

Folhas de dados do CA324

CA324

AMPLIFICADOR OPERACIONAL QUÁDRUPLO

Destaques:
- Opera com fonte de alimentação simples ou dupla
- Largura de banda com ganho unitário .. 1 MHz (tip)
- Ganho de tensão CC .... 100 dB (tip)
- Corrente de polarização de entrada ..... 45 nA (tip)
- Tensão de offset de entrada .... 2 mV (tip)
- Corrente de offset de entrada .... 5 nA (tip)
- Equivalente ao tipo industrial 324

Aplicações:
- Amplificador somador
- Multivibrador
- Oscilador
- Amplificador de transdutância
- Estágio de ganho CC

O tipo SID CA324E é fornecido em encapsulamento plástico de 14 pinos duplo em linha (Dual in Line) (Sufixo E).
O tipo SID CA324 consiste de quatro amplificadores operacionais de alto ganho em um único substrato.
A compensação de freqüência para ganho unitário é feita através de um capacitor difundido no próprio chip.
Ele foi projetado para operar com fonte de alimentação simples ou dupla, e com tensão diferencial igual à da fonte de alimentação. O CA324 pode operar com baterias, pois tem pequena dissipação de potência, e tensão de entrada em modo comum variando de 0V a $V^+ - 1{,}5V$.

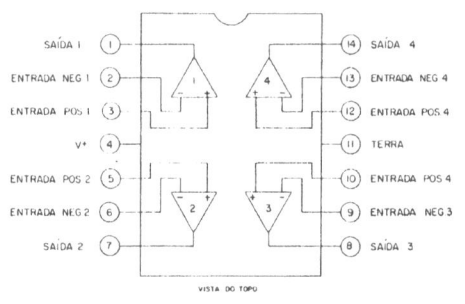

Pino		Pino	
1	SAÍDA 1	14	SAÍDA 4
2	ENTRADA NEG 1	13	ENTRADA NEG 4
3	ENTRADA POS 1	12	ENTRADA POS 4
4	V^+	11	TERRA
5	ENTRADA POS 2	10	ENTRADA POS 4
6	ENTRADA NEG 2	9	ENTRADA NEG 3
7	SAÍDA 2	8	SAÍDA 3

VISTA DO TOPO

FIG 1 - DIAGRAMA FUNCIONAL

CA324

ESPECIFICAÇÕES MÁXIMAS (Tamb — 25ºC)

Tensão de alimentação .... 32V ou ± 16V
Tensão de entrada diferencial .... ± 32V
Tensão de entrada .... -0,3V à ± 32V
Corrente de entrada (V_i < -0,3V) + ... 50mA
Saída em curto a terra ($V^+ +$ ≤ 15V)* .... contínua
Dissipação de potência (até 55ºC) 750mW
Resistência térmica (acima de 55ºC) 150ºC/W
Temperatura de operação .... -55 à 125ºC
Temperatura de armazenamento .... -65 à 150ºC
Temperatura de terminal na soldagem (à distância de 1,59 mm ± 0,79 mm durante 10s no máx.) .... + 265ºC

* A corrente máxima de saída é de aproximadamente 40mA, independe do valor de V^*. Curto circuitos à V^+>15V podem causar excessiva dissipação de potência e eventual destruição. Curtos entre a saída e V^+ podem causar sobreaquecimento e eventual destruição do dispositivo.

+ Esta entrada de corrente existe apenas quando a tensão em qualquer um dos terminais de entrada for negativa. Esta corrente é devida à junção coletor base dos transistores PNP de entrada, que ficam polarizados diretamente e atuam como diodos "CLAMPS". Há também a atuação de um transistor lateral, parasita e NPN no CI. A atuação deste transistor pode causar as tensões de saída dos amplificadores cheguem ao nível V^* durante o tempo em que a entrada é negativa. Este efeito não é destrutivo, e os estados normais de saída serão restabelecidos quando a tensão de entrada voltar à níveis maiores que -0,3V.

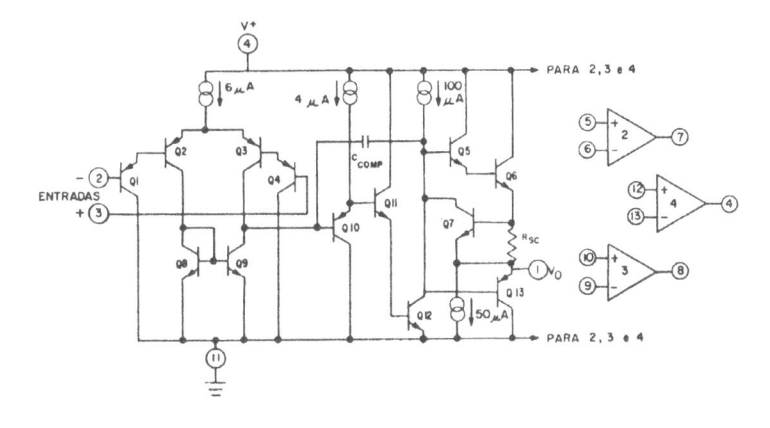

FIG. 2 - DIAGRAMA ESQUEMÁTICO - UM DOS QUATRO AMPLIFICADORES OPERACIONAIS

CA324

CARACTERÍSTICAS ELÉTRICAS

CARACTERÍSTICAS	CONDIÇÕES DE TESTE Tensão de alimentação = 5V a não ser quando especificada	LIMITES Mín	LIMITES Típ	LIMITES Máx	UNID.
$T_A = 25°C$					
Tensão de offset de ent. V_{IO}	Nota 3	-	2	7	mV
Tensão de deslocamento de saída (swing) V_{OPP}	$R_L = 2K\Omega$	0	-	$V^+ -1,5$	V
Tensão de entrada em modo comum V_{ICR}	Nota 2, $V^+ = 30V$	0	-	$V^+ -1,5$	V
Corrente de offset de ent. I_{IO}	$I_I^+ - I_I^-$	-	5	50	nA
Corrente de pol. de ent. I_{IB}	I_I^+ ou I_I^-, nota 1	-	45	250	nA
Corrente de saída fornecida I_O	$V_I^+ = +1V, V_I^- = 0V$, $V^+ = 15V$	20	40	-	mA
Corrente de saída absorvida I_O	$V_I^+ = 0V, V_I^- = 1V, V^+ = 15V$	10	20	-	mA
	$V_I^+ = 0V, V_I^- = 1V$, $V_O = 200mV$	12	50		µA
Ganho de tensão (sinal alto) A	$R \geq 2K\Omega, V^+ = 15V$ (para grande V_O swing)	88	100	-	dB
Relação de rejeição em modo comum RRMC	CC	65	70	-	dB
Relação de rejeição da fonte de alimentação RRFA	CC	65	100	-	dB
Casamento amplificador-amplificador	$f = 1$ a $20KHz$ (referente à entrada)	-	-120		dB
$T_A = 0$ à $70°C$					
Tensão de offset de ent. V_{IO}	Nota 3	-	-	9	mV
Coeficiente de temperatura da tensão de offset de ent. $\Delta V_{IO} / \Delta T$	$R_S = 0$	-	7	-	µV/°C
Corrente de offset de ent. I_{IO}	$I_I^+ - I_I^-$	-	-	150	nA
Coeficiente de temperatura da corrente de offset de ent. $\Delta I_{IO} / \Delta T$		-	10	-	pA/°C
Corrente de pol. de ent. I_{IB}	I_I^+ ou I_I^-	-	-	500	nA
Corrente de alimentação I^+	$R_L = \infty$ em todos os Amp.	-	0,8	2	mA
Tensão de entrada em modo comum V_{ICR}	$V^+ = 30V$	0	-	$V^+ -2$	V
Ganho de tensão sinal alto) A	$R_L \geq 2K\Omega, V^+ = 15V$ (para grande V_O swing)	83	-	-	dB
Tensão de deslocamento (swing)	$R_L = 2K\Omega, V^+ = 30V$	26	-	-	V
Nível alto V_{OH}	$R_L = 10K\Omega$	27	28	-	V
Nível baixo V_{OL}	$R_L = 10K\Omega$	-	5	20	mV
Corrente de saída Fornecida I_O	$V_I^+ = 1V_{CC}, V_I^- = 0$ $V^+ = 15V$	10	20	-	mA
Absorvida I_O	$V_I^- = 1V_{CC}, V_I^+ = 0$ $V^+ = 15V$	5	8	-	mA
Tensão de entrada diferencial	Nota 2	-	-	V^+	V

Nota 1 - Devido ao estágio de entrada PNP, a direção da corrente de entrada é para fora do CI. Não existe mudança de carga nas linhas de entrada porque esta corrente é constante, independente do estado da saída.

Nota 2 - As tensões do sinal de entrada e em modo comum não devem ser mais negativas que 0,3V. O limite positivo da tensão em modo comum é de $V^+ - 1,5V$, mas ambas entradas podem ir até 32V.

Nota 3 - $VO = 1,4VCC, RS = 0$ com $V+$ entre 5 e 30V, e dentro da faixa de tensão de modo comum (0V a $V^+ - 1,5V$).

SID MICROELETRÔNICA

CA324

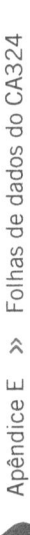

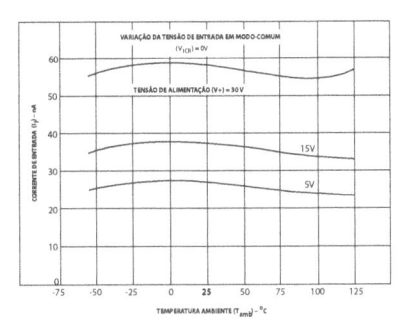

FIG. 3 – CORRENTE DE ENTRADA VS. TEMPERATURA AMBIENTE

FIG. 4 – CORRENTE DE ALIMENTAÇÃO VS. TENSÃO DE ALIMENTAÇÃO

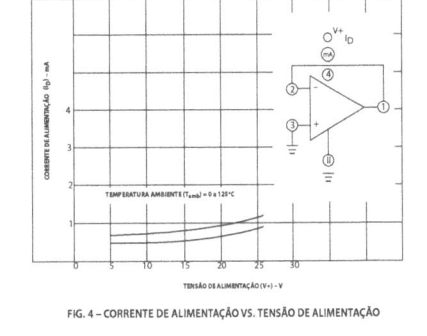

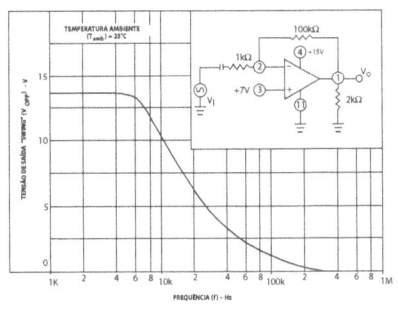

FIG. 5 – RESPOSTA DE FREQUÊNCIA PARA GRANDE SINAL

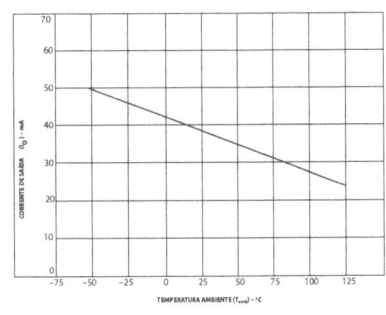

FIG. 6 – CORRENTE DE SAÍDA VS TEMPERATURA AMBIENTE

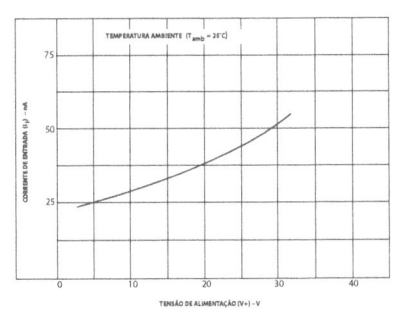

FIG. 7 – CORRENTE DE ENTRADA V.S TENSÃO DE ALIMENTAÇÃO

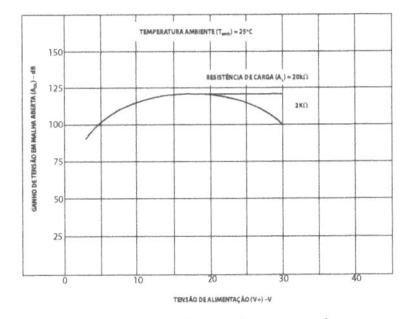

FIG. 8 – GANHO DE TENSÃO VS. TENSÃO DE ALIMENTAÇÃO

CA324

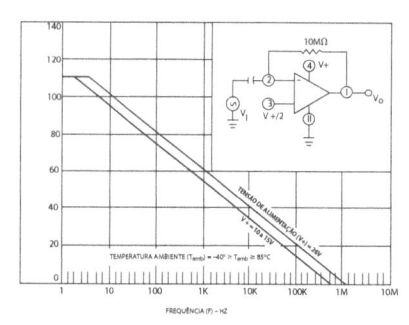

FIG 9 – RESPOSTA DE FREQUÊNCIA EM MALHA-ABERTA

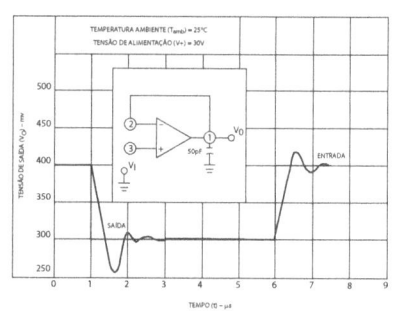

FIG 10 – RESPOSTA DE PULSO EM SEGUIDOR DE TENSÃO (PEQUENO SINAL)

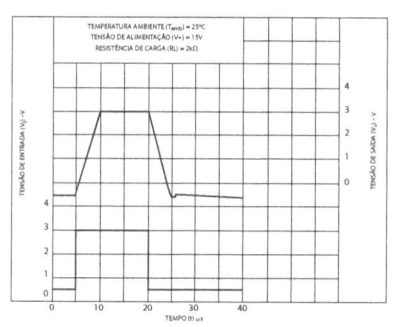

FIG 11 – RESPOSTA DE PULSO EM UM SEGUIDOR DE TENSÃO

apêndice F

O temporizador 555 e as folhas de dados

CA555

TEMPORIZADOR

Destaques:
- Temporizador preciso desde microssegundos até horas
- Operação astável ou monoestável
- Tempo de duração do ciclo ajustável
- Corrente de saída, fornecida ou absorvida de até 200mA
- Capacidade da saída compatível com níveis TTL
- Saída normalmente ligada ou desligada
- Alta estabilidade com a temperatura
- Equivalente aos tipos: SE555, NE555, MC555 e MC1455

Aplicações:
- Temporizador de precisão
- Temporizador seqüencial
- Gerador de atrasos de tempo
- Gerador de pulsos
- Modulador por largura ou posição de pulsos
- Detector de pulsos

Os tipos SID CA555 e CA555C são temporizadores altamente estáveis para aplicações que requeiram precisão como temporizadores, eles são capazes de produzir atrasos de tempo precisos por períodos numa faixa de microsegundos até horas. Estes dispositivos operam também como multivibradores astáveis, e mantêm com grande precisão e freqüência e o período de oscilação, isto com apenas o uso de duas resistências e um capacitor externo.
Estes integrados podem disparar com a borda de descida de uma forma de onda. A saída pode fornecer ou absorver correntes de até 200mA, podendo ainda ser compatível com níveis TTL.
Os tipos SID CA555 e CA555C são fornecidos em encapsulamento plástico de 8 pinos duplo em linha (Dual in Line) (sufixo E).
O CA555 é para ser usado em aplicações onde se requer uma excelente performance elétrica, e o CA555C para aplicações menos críticas.

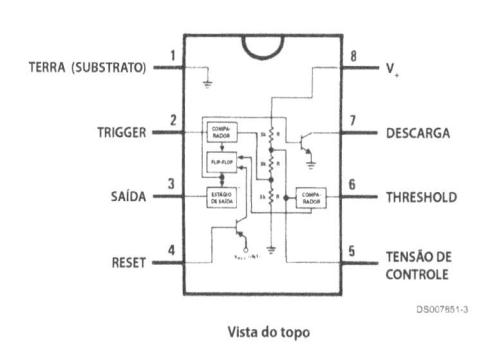

```
1  TERRA (SUBSTRATO)         8  V+
2  TRIGGER                   7  DESCARGA
3  SAÍDA                     6  THRESHOLD
4  RESET                     5  TENSÃO DE CONTROLE
```

Vista do topo

SID MICROELETRÔNICA

CA555

CARACTERÍSTICAS ELÉTRICAS ($T_{amb} = 25°C$)
$V^+ = 5$ à $15V$ a não ser que seja especificado ao contrário

CARACTERÍSTICAS	CONDIÇÕES DE TESTE	LIMITES CA555			LIMITES CA555C			UNIDADE
		Mín.	Típ.	Máx.	Mín.	Típ.	Máx.	
Tensão de alimentação CC, V^+	—	4,5	—	18	4,5	—	16	V
Corrente de alimentação CC (estado baixo)*, I^+	$V^+ = 5V$, $R_L = \infty$	—	3	5	—	3	6	mA
	$V^+ = 15V$, $R_L = \infty$	—	10	12	—	10	15	mA
Tensão limiar (Threshold), V_{TH}	—	—	$(2/3)V+$	—	—	$(2/3)V+$	—	V
Tensão de disparo	$V^+ = 5V$	1,45	1,67	1,9	—	1,67	—	V
	$V^+ = 15V$	4,8	5	5,2	—	5	—	
Corrente de disparo	—	—	0,5	—	—	0,5	—	µA
Corrente limiar Δ (Threshold), I_{TH}	—	—	0,1	0,25	—	0,1	0,25	µA
Tensão de reset	—	0,4	0,7	1,0	0,4	0,7	1,0	V
Corrente de reset	—	—	0,1	—	—	0,1	—	mA
Nível da tensão de controle	$V^+ = 5V$	2,9	3,33	3,8	2,6	3,33	4	V
	$V^+ = 15V$	9,6	10	10,4	9	10	11	V
Tensão de saída queda: Estado Baixo, V_{OL}	$V^+ = 5V$ Iabsorvida = 5mA	—	—	—	—	0,25	0,35	V
	Iabsorvida = 8mA	—	0,1	0,25	—	—	—	
	$V^+ = 15V$ Iabsorvida = 10mA	—	0,1	0,15	—	0,1	0,25	
	Iabsorvida = 50mA	—	0,4	0,5	—	0,4	0,75	
	Iabsorvida = 100mA	—	2,0	2,2	—	2,0	2,5	V
	Iabsorvida = 200mA	—	2,5	—	—	2,5	—	
Tensão de saída Estado Alto, V_{OH}	$V^+ = 5V$ Ifornecida = 100mA	3,0	3,3	—	2,75	3,3	—	
	$V^+ = 15V$ Ifornecida = 100mA	13,0	13,3	—	12,75	13,3	—	V
	Ifornecida = 200mA	—	12,5	—	—	12,5	—	
Erro de temporização (monoestável) precisão inicial	$R_1, R_2 = 1$ à $100K\Omega$	—	0,5	2	—	1	—	%
Variação da frequência com a temperatura	$C = 0,1 \mu F$ testado à $V+ = 5V$	—	30	100	—	50	—	p/m/°C
Variação com a tensão de alimentação	$V^+ = 5V$, $V^+ = 15V$	—	0,05	0,2	—	0,1	—	%/V
Tempo de subida na saída, t_r	—	—	100	—	—	100	—	ns
Tempo de descida na saída, t_f	—	—	100	—	—	100	—	ns

* Quando a saída está em estado alto, a corrente de alimentação CC é tipicamente 1mA menor do que se estivesse em estado baixo
ΔA corrente limiar determinará a soma dos valores de R1 e R2 a serem usadas na fig. 16 (operação astável): o valor máximo de R1 + R2 = 20MΩ

SID MICROELETRÔNICA

CA555

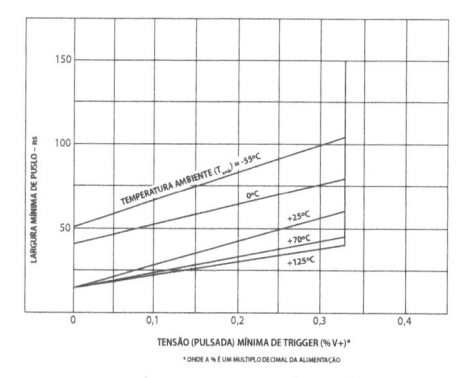

FIG 2 – MÍNIMA LARGURA DE PULSO VS MÍNIMA TENSÃO DE TRIGGER

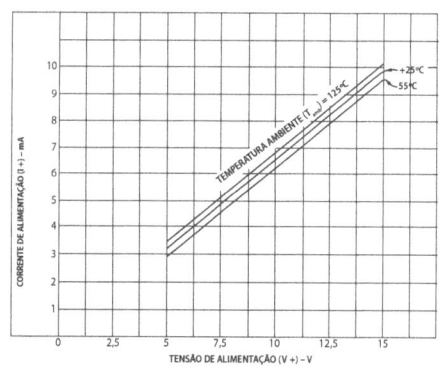

FIG 3 – CORRENTE DE ALIMENTAÇÃO VS TENSÃO DE ALIMENTAÇÃO

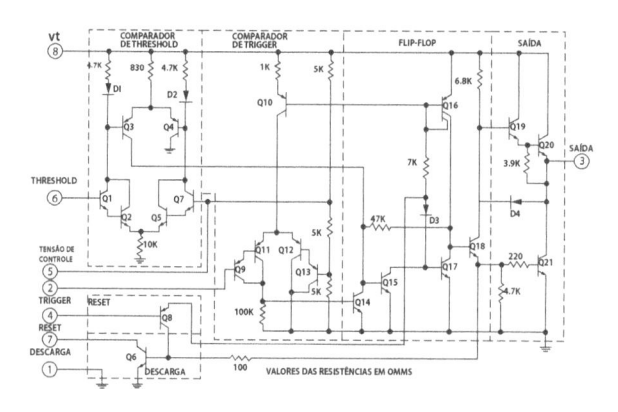

FIG 4 – DIAGRAMA ESQUEMÁTICO

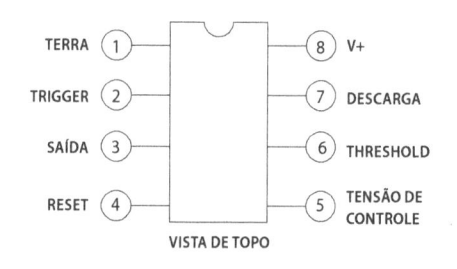

TERRA ①	⑧ V+
TRIGGER ②	⑦ DESCARGA
SAÍDA ③	⑥ THRESHOLD
RESET ④	⑤ TENSÃO DE CONTROLE

VISTA DE TOPO

FIG 5 – DIAGRAMA DOS TERMINAIS

CA555

CARACTERÍSTICAS MÁXIMAS

Tensão de alimentação CC. 18V
Dissipação de potência (até 55°C) 600mW
Resistência térmica (acima de 55°C) . . . . .200°C/W
Temperatura de operação . . . .-55 à 125°C
Temperatura de armazenamento . . . .-65 à 150°C
Temperatura do terminal durante a
 soldagem (numa distância de
 1,59 ± 0,79mm do encapsulamento por
 um período máximo de 10s) . . . . .265°C

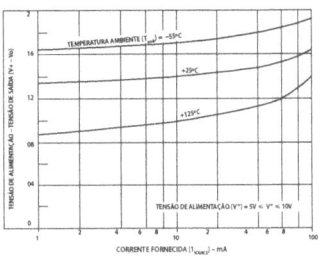

FIG. 6 – TENSÃO DE SAÍDA (ESTADO ALTO) VS CORRENTE FORNECIDA

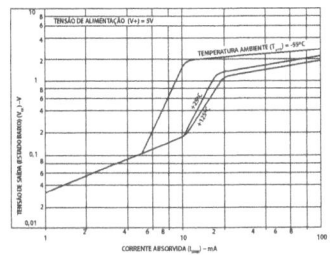

FIG. 7 – TENSÃO DE SAÍDA (ESTADO BAIXO) VS. CORRENTE ABSORVIDA A V+ = 5V

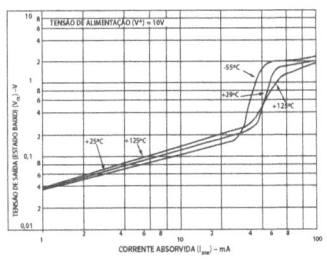

FIG. 8 – TENSÃO DE SAÍDA (ESTADO BAIXO) VS CORRENTE ABSORVIDA A V+ = 10V

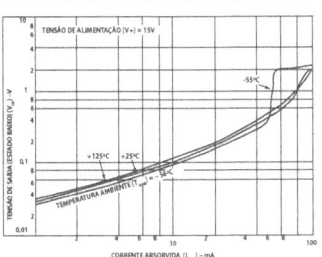

FIG. 9 – TENSÃO DE SAÍDA (ESTADO BAIXO) VS CORRENTE ABSORVIDA A V+ = 10V

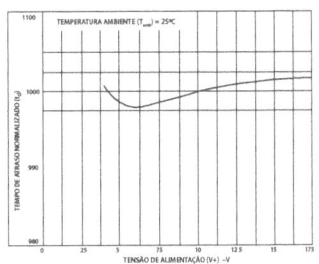

FIG. 10 – TEMPO DE ATRASO VS TENSÃO DE ALIMENTAÇÃO

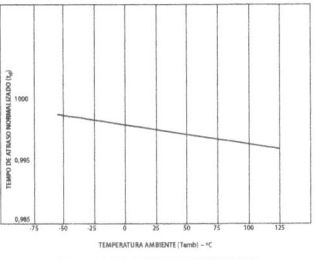

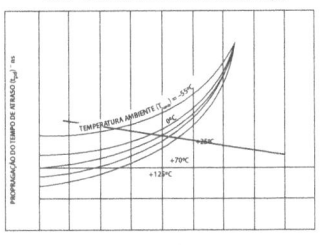

FIG. 11 – TEMPO DE ATRASO VS TEMPERATURA

FIG. 12 – PROPAGAÇÃO DO TEMPO DE ATRASO VS TENSÃO DE TRIGGER
*ONDE A % É UM MÚLTIPLO DA TENSÃO DE ALIMENTAÇÃO

CA555

APLICAÇÕES TÍPICAS
Operação Monoestável ("RESET TIMER")

A fig. 13 mostra o CA555 operando como um monoestável. Neste modo de operação, o capacitor CT está inicialmente descarregado pelo transistor no circuito integrado. Fechando-se a chave de "PARTIDA" (S_1) ou aplicando-se um pulso de gatilho negativo ao terminal 2, o flip-flop interno vai para o estado "SET" e abre o curto-circuito no capacitor C_T mudando a tensão de saída para nível alto, relé energisado.

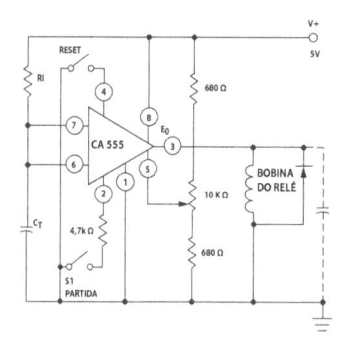

FIG. 13 – TEMPORIZADOR MONOESTÁVEL

Com isto, a tensão no capacitor cresce exponencialmente com o tempo, com uma constante de tempo t = R_1 . C_T. Quando a tensão no capacitor é igual à 2/3V⁺ o comparador faz com que o flip-flop vá para o estado "RESET", que por sua vez descarrega rapidamente o capacitor, levando a saída para o nível baixo.

Como a variação de carga e o nível de limiar ("THRESHOLD") do comparador são diretamente proporcionais a V⁺, o intervalo de tempo é praticamente independente das variações na tensão de alimentação. Tipicamente os tempos variam apenas 0,05% para cada 1V de variação em V⁺.

Aplicando um pulso negativo, simultaneamente, ao terminal de "RESET" (4) ao terminal de "TRIGGER" (2) durante o ciclo de tempo, acarretará a descarga de C_T fazendo com que o ciclo de tempo recomece. Fechando-se, momentaneamente, a chave de "RESET" fará com que o capacitor C_T se descarregue mas não ocasionará um novo início no ciclo de tempo.

A fig. 14 mostra as formas de ondas típicas para operação monoestável, e a fig. 15 dá a família de curvas do tempo de atraso em relação às variações de R_1 e C_T.

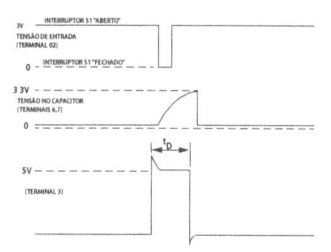

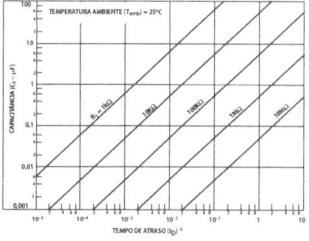

FIG 15 – TEMPO DE ATRASO VS RESISTÊNCIA E CAPACITÂNCIA

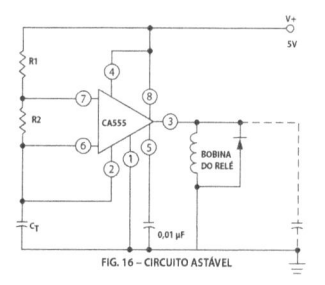

FIG. 16 – CIRCUITO ASTÁVEL

Operação astável

A fig. 16 mostra o CA555 operando como um circuito astável, com ciclo de tempo repetitivo. Neste modo de operação o período total é função de R_1, R_2 e C_T:
$T = 0,693 (R_1 + 2R_2) C_T = t_1 + t_2$
onde:
$t_1 = 0,693 (R_1 + R_2) . C_T$
$t_2 = 0,693 (R_2) . C_T$
e a duração do ciclo é:

$$\frac{t_2}{t_1 + t_2} = \frac{R_2}{R_1 + 2R_2}$$

Na fig. 17 temos as formas de onda típicas para operação astável e a fig. 18 dá a família de curvas da variação da frequência em função do valor de $(R_1 + 2R_2)$ e C_T.

CA555

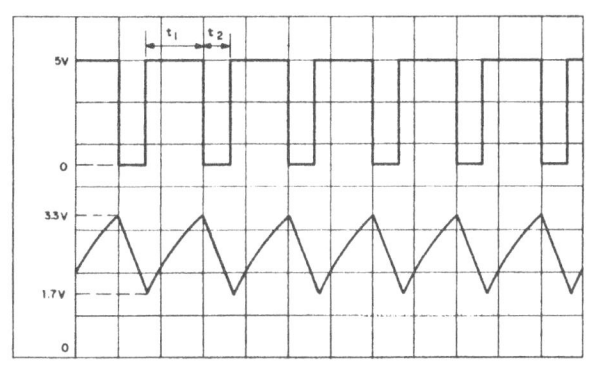

TRAÇO SUPERIOR: SAÍDA DE TENSÃO (2V/div e 0,5ms/div.)
TRAÇO INFERIOR: TENSÃO NO CAPACITOR (1V/div e 0,5ms/div.)
FIG.17 – FORMAS DE ONDAS TÍPICAS PARA O CIRCUITO ASTÁVEL

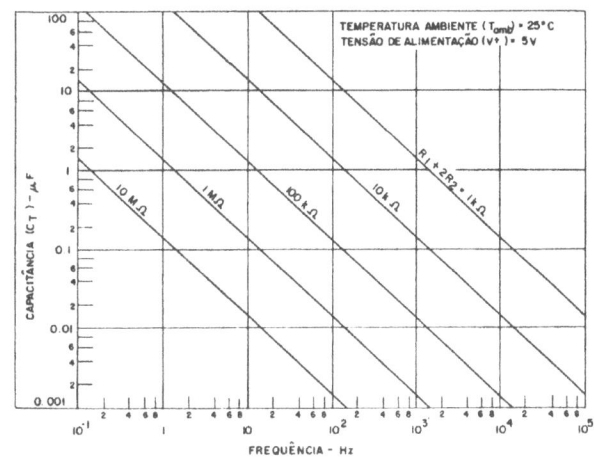

FIG.18 – FREQUÊNCIA DE OSCILAÇÃO LIVRE VS. VARIAÇÃO DA CAPACITÂNCIA E RESISTÊNCIA

SID MICROELETRÔNICA

apêndice G

Folhas de dados do AOP PA46 da Apex

HIGH VOLTAGE POWER OPERATIONAL AMPLIFIER

PA46

HTTP://WWW.APEXMICROTECH.COM (800) 546-APEX (800) 546-2739

ADVANCE INFORMATION

FEATURES

- MONOLITHIC MOS TECHNOLOGY
- PROGRAMMABLE I_Q (5 or 50 mA MAX)
- LOW COST
- HIGH VOLTAGE OPERATION—150V
- HIGH SLEW RATE—27V/µs
- HIGH POWER—5A, 75W DISSIPATION

APPLICATIONS

- MAGNETIC DEFLECTION
- PA AUDIO
- MOTOR DRIVE
- NOISE CANCELLATION

DESCRIPTION

The PA46 is a high power monolithic MOSFET operational amplifier that achieves performance levels unavailable even in many hybrid amplifier designs. Inputs are protected from excessive common mode and differential mode voltages as well as static discharge. The safe operating area (SOA) has no second breakdown limitations and can be observed with all type loads by choosing an appropriate current limiting resistor. External compensation provides the user flexibility in choosing optimum gain and bandwidth for the application. Class C operation with resulting low quiescent current is pin programmable. A shutdown input turns off the output stage.

This circuit utilizes a beryllia oxide (BeO) substrate to minimize thermal resistance. The 10-pin power SIP package is electrically isolated.

EQUIVALENT SCHEMATIC

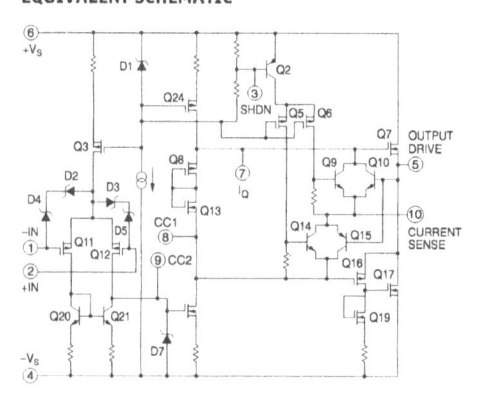

TYPICAL APPLICATION

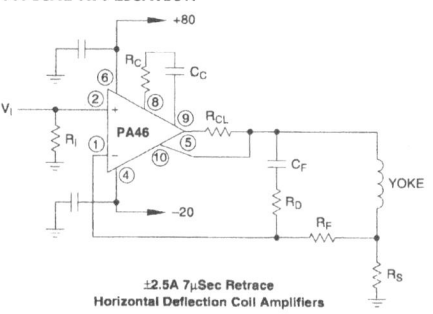

±2.5A 7µSec Retrace
Horizontal Deflection Coil Amplifiers

Horizontal deflection amplifiers require both high speed and low distortion. The speed at which current can be changed in a deflection coil is a function of the voltage available from the op amp. In this application an 80 volt power supply is used for the retrace polarity to provide a 7 µSec retrace time, half of which is required for amplifier slewing. This circuit can perform 15.75 KHz deflection in up to 50µH coils at up to 5A p-p.

EXTERNAL CONNECTIONS

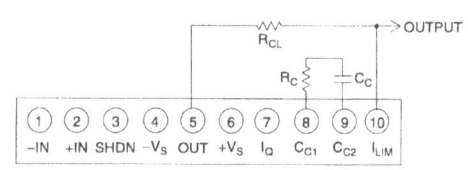

① -IN ② +IN ③ SHDN ④ -V$_S$ ⑤ OUT ⑥ +V$_S$ ⑦ I_Q ⑧ C_{C1} ⑨ C_{C2} ⑩ I_{LIM}

C_C is NPO rated for full suppy voltage.

Phase Compensation

Gain	C_C	R_C
≥10	10pF	1KΩ
≥1	68pF	1KΩ

APEX MICROTECHNOLOGY CORPORATION • TELEPHONE (520) 690-8600 • FAX (520) 888-3329 • ORDERS (520) 690-8601 • EMAIL prodlit@apexmicrotech.com

PA46

ABSOLUTE MAXIMUM RATINGS
SPECIFICATIONS

ABSOLUTE MAXIMUM RATINGS

SUPPLY VOLTAGE, $+V_S$ to $-V_S$	150V
OUTPUT CURRENT, continuous within SOA	5A
POWER DISSIPATION, continuous @ $T_C = 25°C$	75W
INPUT VOLTAGE, differential	±16 V
INPUT VOLTAGE, common mode	$±V_S$
TEMPERATURE, pin solder – 10 sec	220°C
TEMPERATURE, junction	150°C
TEMPERATURE, storage	–65 to +150°C
TEMPERATURE RANGE, powered (case)	–55 to +125°C

SPECIFICATIONS

PARAMETER	TEST CONDITIONS[1]	MIN	TYP	MAX	UNITS
INPUT					
OFFSET VOLTAGE, initial			5	10	mV
OFFSET VOLTAGE, vs. temperature	Full temperature range		10	50	µV/°C
OFFSET VOLTAGE, vs supply			8	15	µV/V
OFFSET VOLTAGE, vs time				2	µV kh
BIAS CURRENT, initial			20	100	pA
BIAS CURRENT, vs supply				2	pA/V
OFFSET CURRENT, initial				200	pA
INPUT IMPEDANCE, DC			10^{11}		
INPUT CAPACITANCE			5		pF
COMMON MODE, voltage range		$±V_S-10$			V
COMMON MODE REJECTION, DC		90	106		dB
NOISE, broad band	10kHz BW, R_S = 1K		10		µV RMS
GAIN					
OPEN LOOP at 15Hz		94	106		dB
GAIN BANDWIDTH PRODUCT @ 1MHz	$R_L = 500Ω$, $C_C = 10pF$		4.5		MHz
POWER BANDWIDTH	$C_C = 10pF$, 130V p-p, $R_L = 8Ω$		66		kHz
PHASE MARGIN	Full temp range, $C_C = 68pF$, $R_L = 10Ω$		60		°
OUTPUT					
VOLTAGE SWING	$I_O = 5A$	$±V_S-10$	$±V_S-8$		V
CURRENT, continuous		5			A
SETTLING TIME to .1%	10V step, $A_V = -10$		2		µs
SLEW RATE	$C_C = 10pF$, $R_L = 8Ω$		27		V/µs
CAPACITIVE LOAD	$A_V = +1$, $C_C = 68pF$	10			nF
RESISTANCE, no load	$R_{CL} = 0$		150		
POWER SUPPLY					
VOLTAGE[3]	See Note 3	±15	±50	±75	V
CURRENT, quiescent			30	50	mA
CURRENT, quiescent, class C				5	mA
THERMAL[2]					
RESISTANCE, AC junction to case	F > 60Hz			1.3	°C/W
RESISTANCE, DC junction to case	F < 60Hz			1.7	°C/W
RESISTANCE, junction to air	Full temperature range		30		°C/W
TEMPERATURE RANGE, case	Meets full range specifications	–25		+85	°C

NOTES:
1. Unless otherwise noted $T_C = 25°C$, $C_C = 10pF$, $R_C = 1K$. DC input specifications are ± value given. Power supply voltage is typical rating.
2. Long term operation at the maximum junction temperature will result in reduced product life. Derate internal power dissipation to achieve high MTTF. For guidance, refer to heatsink data sheet.
3. Derate maximum supply voltage .5 V/°C below case temperature of 25°C. No derating is needed above $T_C = 25°C$.

CAUTION The PA46 is constructed from MOSFET transistors. ESD handling procedures must be observed.

The exposed substrate is beryllia (BeO). Do not crush, machine, or subject to temperatures in excess of 850°C to avoid generating toxic fumes.

APEX MICROTECHNOLOGY CORPORATION • 5980 NORTH SHANNON ROAD • TUCSON, ARIZONA 85741 • USA • APPLICATIONS HOTLINE: 1 (800) 546-2739

TYPICAL PERFORMANCE GRAPHS

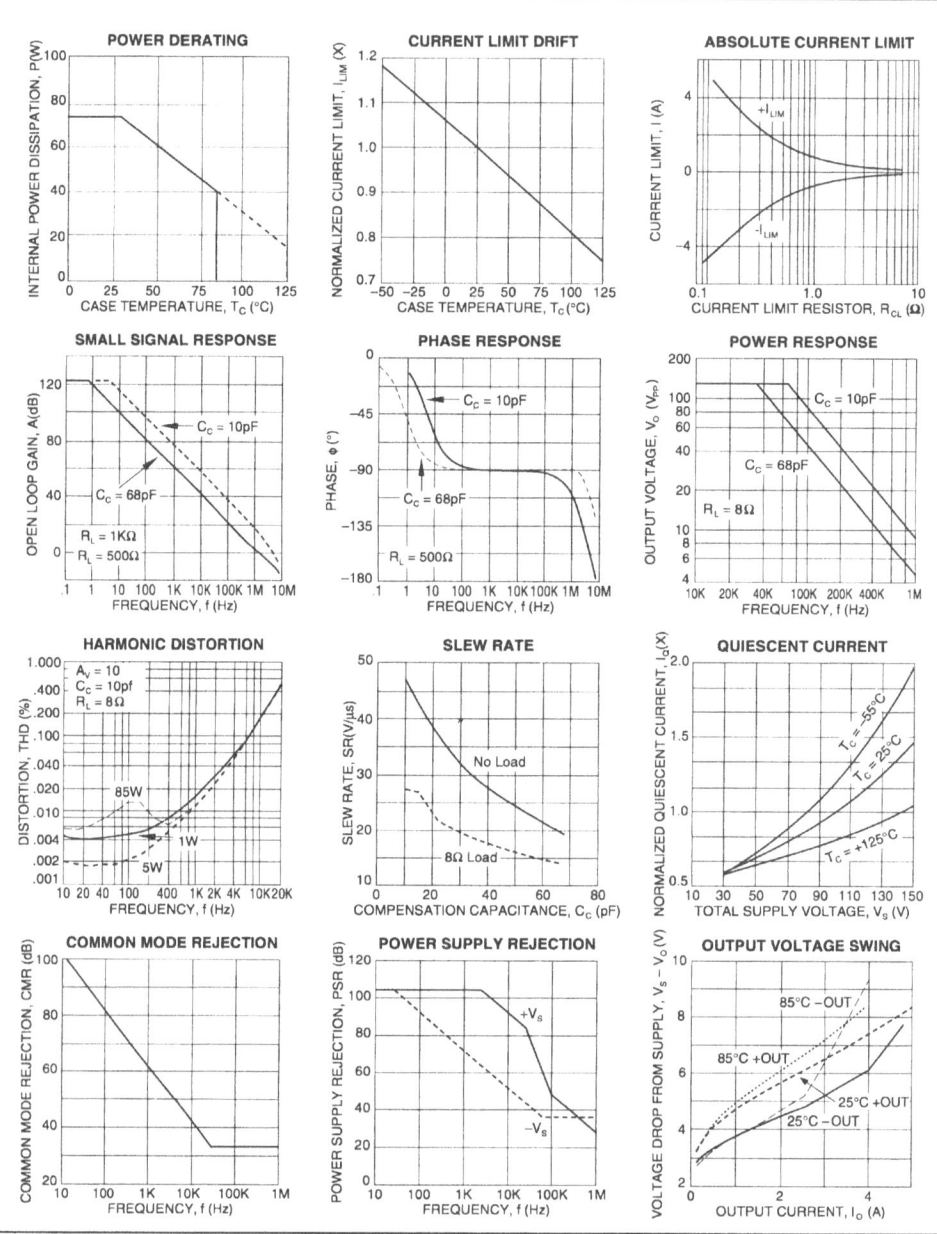

PA46

PA46

OPERATING CONSIDERATIONS

GENERAL

Please read the General Operating Considerations section, which covers stability, supplies, heat-sinking, mounting, current limit, SOA interpretation, and specification interpretation. Additional information can be found in the application notes. For information on the package outline, heatsink, and mounting hardware, consult the "Accessories Information" and "Packaging" mechanical data section of the data book.

CURRENT LIMIT

Current limiting is achieved by developing 0.83V on the amplifiers current sense circuit by way of an internal tie to the output drive (pin 8) and an external current sense line (pin 1). A sense resistor R_{CL} is used to relate this sense voltage to a current flowing from output drive.

$$R_{CL} = \frac{0.83 - 0.05 * I_{CL}}{I_{CL}}$$

$$I_{CL} = \frac{0.83}{R_{CL} + 0.05}$$

with a maximum practical value of 16Ω. R_{CL} is added to the typical value of output resistance and affects the total possible swing since it carries the load current. The swing reduction, V_R can be established $V_R = I_{OUT} \cdot R_{CL}$.

INPUT PROTECTION

The PA46 inputs are protected against common mode voltages up to the supply rails, differential voltages up to ±16 volts and static discharge. Differential voltages exceeding 16 volts will be clipped by the protection circuitry. However, if more than a few milliamps of current is available from the input drive source, the protection circuitry could be destroyed. The protection circuitry includes 300 ohm current limiting resistors at each input. This security may be insufficient for severe overdrive of the input. Adding external resistors to the application which limits severe input overdrive current to 1mA, will prevent damage.

STABILITY

The PA46 has sufficient phase margin when compensated for unity gain to be stable with capacitive loads of at least 10nF. However, the low pass circuit created by the sum-point (–in) capacitance and the feedback network may add phase shift and cause instabilities. As a rule, the sum-point load resistance (input and feedback resistors in parallel) should be 1k ohm or less. Alternatively, use a bypass capacitor across the feedback resistor. The time constant of the feedback resistor and bypass capacitor combination should match the time constant of the sum-point resistance and sum-point capacitance.

The PA46 is externally compensated and performance can be tailored to the application. The compensation network C_C-R_C must be mounted closely to the amplifier pins 8 and 9 to avoid noise coupling to these high impedance nodes.

SAFE OPERATING AREA (SOA)

The MOSFET output stage of this power operational amplifier has limitations from its channel temperature.

NOTE: The output is protected against transient flyback. However, for protection against sustained, high energy flyback, external fast-recovery diodes should be used.

SAFE OPERATING AREA

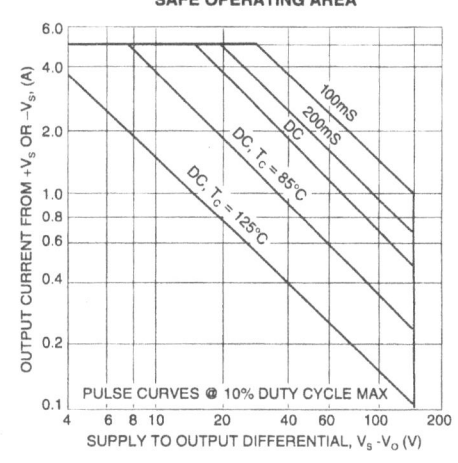

SHUTDOWN

Pin 3 (SHDN) will shut off the output stage when at least 90µA is pulled from pin 3 to any voltage at least 3 volts less than +V_s (ground, for example).

BIAS CLASS OPTION FOR LOWER QUIESCENT CURRENT

Normally pin 7 (I_Q) is left open. When pin 7 is tied to pin 8 (C_{CI}) the quiescent current in the output stage is disabled. This results in lower quiescent current, but also class C biasing of the output stage.

This data sheet has been carefully checked and is believed to be reliable, however, no responsibility is assumed for possible inaccuracies or omissions. All specifications are subject to change without notice.
PA46U REV. 2 MARCH 1998 © 1998 Apex Microtechnology Corp.

Leituras recomendadas

≫ A)   Textos em português

1. SADIKU, M. N.O. et al. *Análise de circuitos elétricos com aplicações*. Porto Alegre: AMGH, 2014.
2. FOWLER, R. *Fundamentos de eletricidade*. 7. ed. Porto Alegre: AMGH, 2013. 2 v.
3. HART, D. W. *Eletrônica de potência*. Porto Alegre: AMGH, 2012.
4. MALVINO, A. P.; BATES, D. J. *Eletrônica*. 7. ed. Porto Alegre: AMGH, 2008. 2 v.
5. ALEXANDER, C. K.; SADIKU, M. *Fundamentos de circuitos elétricos*. 5. ed. Porto Alegre: AMGH, 2013.
6. FRANKLIN, G. F. et al. *Sistemas de controle para engenharia*. 6. ed. Porto Alegre: Bookman, 2013.

≫ B)   Textos em inglês

7. CHIRLIAN, P. M. *Analysis and design of integrated electronic circuits*. 2nd ed. New York: Harper & Row, 1987.
8. COUGHLIN, R. F.; DRISCOLL, F. F. *Operational amplifiers and linear integrated circuits*. 3rd ed. Englewood Cliffs: Prentice-Hall, 1987.
9. SCOTT, D. E. *An introduction to circuit analysis*: a system approach. New York: McGraw-Hill, 1987.
10. WONG, Y. J.; OTT, W. E. *Function circuits*: design and applications. New York: McGraw-Hill, 1976.
11. GRAEME, J. G. *Designing with operational amplifiers*: applications alternatives. New York: McGraw-Hill, 1977.
12. DARYANANI, G. *Principles of active network synthesis and design*. New York: John Wiley & Sons, 1976.
13. NATIONAL SEMICONDUCTOR CORP. *Voltage regulator handbook*. Santa Clara: National Semiconductor Corp, 1980.

≫ C)   *Databooks*[1]

14. Linear Databook, Fairchild, USA.
15. Linear Databook, Motorola, USA.
16. Linear Databook, National, USA.
17. Linear Databook, RCA, USA.
18. Linear Databook, Texas Instruments, USA.
19. Manual de Circuitos Integrados, SID Microeletrônica, Brasil.

---

[1] Alguns destes títulos estão esgotados, mas você poderá encontrá-los em bibliotecas de faculdades ou escolas técnicas.

≫ D) *Sites* úteis

20. National Semiconductor – Disponível em: www.national.com
21. Texas Instruments – Disponível em: www.ti.com
22. www.electronicsworkbench.com ou www.ni.com. Nestes sites o leitor poderá obter detalhes sobre o Multisim® bem como poderá visualizar uma demonstração interativa do software.
23. Utilizando a internet o leitor poderá encontrar informações sobre todos os circuitos integrados, pois existem sites especializados para visualização e impressão de Data Sheets de componentes eletrônicos.

Índice

A

Ações de controle, 70-74
Amostragem/retenção, 257-258
Amplificador
   antilogarítmico, 104-108, 225-227
   CA, 54-56, 199-201
   características, 10-11
   de ganho programável, 225-227
   diferencial, 48, 197-199, 229-230
   ganho, 9-11, 17-19
   generalizado, 61-62
   instrumentação, 50-52
   inversor, 37-38, 190-192
   logarítmico, 104-108, 225-227
   não inversor, 39-40, 191-193
   somador, 46, 195-198
   somador não inversor, 46-47
Amplificador operacional
   de potência, 115-119
   diagrama em blocos, 230-232
   equação fundamental, 83-85, 232-234
   modelo, 18-20
   modos de operação, 15-16
   definição, 3-4
   aplicações, 3-5
   simbologia, 3-5
   BIFET, 5-7
   BIMOS, 5-7
   histórico, 5-7
   pinagem, 6-7
   encapsulamentos, 6-8
   fabricantes, 6-8
   alimentação, 12-14
Amplitude de *ripples*, 151-154
Análise de falhas, 129-131
Ângulo de fase, 29-31, 155-156
Aproximação
   de Butterworth, 144-152
   de Cauer, 144-149, 154-155
   de Chebyshev, 144-154
Aproximação sucessiva, 268-269

B

Balanceamento externo, 40, 42-43
Bandwidth, 12-13, 148-150
Buffer, 42-44

C

Chaveamento de resistores, 257-258, 260-261
Comparador
   inversor, 81-83, 203-205
   não inversor, 81-83
   regenerativo (Schmitt *trigger*), 88-91, 204-206
   sob a forma de CI, 86-88
Compensação interna de frequência, 20-24
Contador binário
Controlador derivativo, 75-77
Controlador integral, 74-76
Controlador proporcional, 70-74
Controladores analógicos, 68-71
Conversor, 69-73
Conversor A/D (analógico – digital)
Conversor D/A (digital – analógico)
Corrente de curto-circuito de saída, 115-116
Corrente de polarização de entrada, 18-20
Curto-circuito virtual, 18-20

D

Décadas, 13-14
Decibel, 9-11
Detector de passagem por zero, 81-83, 203-205
Diferenciador, 61-63
Diferenciador prático, 62-65, 201-204
Distribuição de correntes, 56-58

E

Elemento final de controle, 69-73
Equação de Black, 18-19
Escalamento de impedância, 163-165
Estágios não interagentes, 44-45
Estreitamento da largura de faixa, 45-46
Estrutura de implementação
   MFB, 159-160
   VCVS, 159-160

F

Fator de qualidade, 148-151
Fator de realimentação negativa, 17-19
Filtro
   ativo, 143-148
   classificação, 142-146
   curvas de respostas, 145
   de ordem superior, 169-172
   definição, 141-142
   deslocador de fase, 155-156, 175-180, 217-219
   digital, 144-149
   faixa de corte, 143-148
   faixa de passagem, 143-148
   faixa de transição, 143-148
   ganho, 142-146
   passa-altas, 142-146, 165-170, 214-216
   passa-baixas, 142-146, 159-166, 212-215
   passa-faixa, 142-146, 171-175, 215-217
   passivo, 143-148
   rejeita-faixa, 142-146, 174-177, 216-219
   simbologia, 143-146
   sob a forma de CIs, 179-181
   tabelas para projetos, 181-182
Filtro anti-alias, 257-258
Filtro de reconstrução, 257-258
Flash, 262-263, 266
Fonte controlada, 19-21, 159-160
Fonte simétrica, 12-14, 221-222
Fotocontrole para relé, 223-225
Frequência de corte, 26-28, 142-146, 148-151
Frequência de ganho unitário, 20-24
Frequência de transição, 20-24

G

Ganho de tensão de modo comum, 50
Ganho diferencial de tensão, 232-234
Gerador de funções, 209-211

Gerador de onda dente de serra, 102-106
Gerador de onda quadrada, 101-106, 207-210
Gerador de onda triangular, 210-213
Gyrator, 254

H

Histerese, 88-91

I

Impedância de entrada, 25-27
Impedância de saída, 25-27
Indicador de balanceamento de ponte, 221-223
Integrador, 64-66
Integrador prático, 66-69, 200-202
Integradores especiais, 68-70
Interface óptica para TIL, 222-225

L

Largura de faixa, 148-150

M

Margem de tensão de histerese, 88-91
Multiplexador analógico, 257-258
Multiplicador de variáveis, 110-111
Multivibrador
 astável, 100-104
 biestável, 100-104
 monoestável, 100-103

O

Oitavas, 13-14
Ordem, 150-152

Oscilador com ponte de Wien, 93-95, 209-211

P

Polinômio de Chebyshev, 151-154
Ponte de Wien, 94-96
Ponto de meia potência, 26-29
Produto ganho *versus* largura de faixa, 20-24
Proteção
 contra *latch-up*, 128-131
 contra ruídos e oscilações, 129-131
 da saída, 127-129
 das entradas de alimentação, 128-131
 das entradas de sinal, 127-128

R

Rampa de aceleração, 77-78
Rampa de desaceleração, 77-78
Rampa dupla, 272-273
Razão de rejeição de modo comum (CMRR), 49-50
Realimentação negativa, 16-18, 190-193, 206-208
Rede de atraso, 28-29
Rede R-2R, 260-261
Regulador de tensão, 118-120
Resistor de equalização, 42-44
Resposta em malha aberta, 20-23
Resposta em malha fechada, 20-23
Ressonância, 144-149
Retificador de precisão, 110-112, 207-209
Ruído, 25-27

S

Saturação, 23-25, 81-83, 91-94
Seguidor de tensão (*buffer*), 42-44, 191-194
Seletividade, 148-151
Sensibilidade à temperatura (*drift*), 12-13
Set-point, 54-55, 69-73
Slew-rate, 20-24, 193-196
Sobredisparo (*overshoot*), 33-34
Subtrator, 48, 197-198

T

Tacômetro, 250-251
Taxa de atenuação, 26-28, 150-155
Taxa de trabalho, 99-102
Tempo de subida (*rise-time*), 32
Temporizador, 98-100
Tensão de disparo inferior, 89-92
Tensão de disparo superior, 89-92
Tensão de *offset* de entrada, 40, 42-43, 194-197, 233-235
Tensão de *offset* de saída, 7-9, 40, 42-43, 233-235
Tensão diferencial de entrada, 19-21, 102-106, 127-128, 229-231
Terra virtual, 18-20
Teste
 de ganho CC, 133-135
 de retorno CC para terra, 133-135
 de saída nula, 132-134
 utilizando osciloscópio, 134-135
Transdutor, 69-73

V

Vantagens da realimentação negativa, 25-27
Variável controlada, 69-73
VCO, 104-108

CÓDIGO DE CORES PARA RESISTORES

	ABC	M	T
PRETO	0	0	—
MARROM	1	1	1%
VERMELHO	2	2	2%
LARANJA	3	3	—
AMARELO	4	4	—
VERDE	5	5	—
AZUL	6	6	—
VIOLETA	7	7	—
CINZA	8	8	—
BRANCO	9	9	—
OURO	—	−1	5%
PRATA	—	−2	10%

A B M T $AB \times 10^M \pm T\%$

A B C M T $ABC \times 10^M \pm T\%$

NOTA:
Os resistores de 5 faixas são de alta precisão.
Exemplo: 10,2 kΩ ± 1%

código { marrom / preto / vermelho / vermelho / marrom }

VALORES COMERCIAIS — SÉRIE E.24 (±5%)

10	11	12	13	15	16	18	20
22	24	27	30	33	36	39	43
47	51	56	62	68	75	82	91

VALORES COMERCIAIS — SÉRIE E.96 (±1%)

100	133	178	237	316	422	562	750
102	137	182	243	324	432	576	768
105	140	187	249	332	442	590	787
107	143	191	255	340	453	604	806
110	147	196	261	348	464	619	825
113	150	200	267	357	475	634	845
115	154	205	274	365	487	649	866
118	158	210	280	374	499	665	887
121	162	215	287	383	511	681	909
124	165	221	294	392	523	698	931
127	169	226	301	402	536	715	953
130	174	232	309	412	549	732	976